U0611458

本书受"河南科技大学学术著作出版基金"资助出版

和谐社会的伦理意蕴

—— 在黑格尔与马克思之间

彭晨慧　苗贵山　著

中国社会科学出版社

图书在版编目（CIP）数据

和谐社会的伦理意蕴：在黑格尔与马克思之间／彭晨慧，苗贵山著.
—北京：中国社会科学出版社，2013.10

ISBN 978 - 7 - 5161 - 3588 - 4

Ⅰ.①和…　Ⅱ.①彭…②苗…　Ⅲ.①道德社会学—研究—中国

Ⅳ.①B82-052

中国版本图书馆 CIP 数据核字（2013）第 265692 号

出 版 人	赵剑英
责任编辑	顾世宝
责任校对	林福国
责任印制	张汉林

出　　　版	中国社会科学出版社
社　　　址	北京鼓楼西大街甲 158 号（邮编 100720）
网　　　址	http://www.csspw.cn
	中文域名:中国社科网　　010 - 64070619
发 行 部	010 - 84083685
门 市 部	010 - 84029450
经　　　销	新华书店及其他书店

印　　　刷	北京市大兴区新魏印刷厂
装　　　订	廊坊市广阳区广增装订厂
版　　　次	2013 年 10 月第 1 版
印　　　次	2013 年 10 月第 1 次印刷

开　　　本	710×1000　1/16
印　　　张	14.25
插　　　页	2
字　　　数	253 千字
定　　　价	45.00 元

凡购买中国社会科学出版社图书,如有质量问题请与本社联系调换
电话:010 - 64009791
版权所有　侵权必究

目　录

绪 论

伦理生活:和谐社会不可或缺的内容

按照唯物史观的解释,任何一个历史时代,不仅根植于特定的生产方式,而且还须以建立在这种特定的生产方式基础之上的伦理道德为内在的精神支撑,为自己的存在作价值合理性的论证。时代的价值合理性根据,存在于人类生活世界的本身之中。伦理道德对于一个时代虽然不是唯一的,但却是不可或缺的。

黑格尔和马克思都曾肯定:哲学是时代的精神,哲学应当针对特定时代的矛盾,担负起完善人类生活的历史重任。那么,黑格尔与马克思所处的时代是怎样的?他们怎样来完善人类生活?借用德国人卡尔·洛维特的话来讲就是:"内在生活与外在生活、私人生活与公共生活不再协调,这使得整体成为'无精神的',或者像马克思站在费尔巴哈的立场上所说,成为'非人的'。因此,无论是对于黑格尔来说还是对于马克思来说,对现存事物的批判的积极倾向都是在现实生活的整体中重建一种富有精神的、也就是说属人的统一。"① 具体地说就是,启蒙运动对个体自主性的充分张扬在现实生活中造成个体与共同体的分裂。分裂的后果是:一方面,由于个体基于自然法所赋予的个人主义的权利而恣意行动造成一切人反对一切人的战争;另一方面,个体以个人主义的自然权利来对抗政治国家,政治国家沦为保护私人权利的工具,最终使社会秩序变成了在规则和制度约定下的利益关系,共同体缺失了支撑人与人、人与社会和谐共处的伦理生活。现实的社会秩序依靠外在的规则约束,而一旦规则本身出现了伦理道德困境,不尊重人,不把人当作人来看待,把人与人的关系降为冰

---

① [德]洛维特:《从黑格尔到尼采》,三联书店2006年版,第224页。

冷的、赤裸裸的利益关系，那么，社会便失去了伦理的内在支撑，社会秩序就彻底走向了和谐的反面。

黑格尔与马克思都致力于解决启蒙运动基于自然权利论与社会契约论凸显个体权利而贬损国家权威所造成的个体与共同体分裂这一现代社会的困境，以求实现个体与共同体的和谐共生，但其具体途径却有着根本的不同。美国学者莱文指出："同黑格尔一样，马克思放弃了社会契约论和自然权利理论，同黑格尔和古希腊思想家一样，马克思寻找一种支持集体主义和共同体的政治理论，黑格尔在道德和实体中找到了这个基础，而马克思发现这个基础在经济生活中。马克思使经济生活中的相互依赖成为实体。马克思的政治理论是伦理学和经济学的综合。"① 德国学者卡尔·洛维特讲得更为清楚："马克思和黑格尔都把市民社会当做一个需求体系来分析，这个体系的道德丧失在极端中，它的原则就是利己主义。他们的批判性分析的区别在于，黑格尔在扬弃中保留了特殊利益和普遍利益之间的差异，而马克思却想在清除的意义上扬弃这种差异，为的是建立一个拥有公有经济和公有财产的绝对共同体。"② 这就是说，就黑格尔与马克思的和谐之道所蕴含的伦理道德诉求而言，黑格尔并没有彻底否定个人主义的伦理道德，而只是扬弃了它，主张一种国家伦理生活；马克思又在扬弃黑格尔的国家伦理观的基础上，主张一种集体主义的伦理道德。

需要指出的是，在黑格尔之前，道德和伦理这一对概念并没有严格的区分。黑格尔从主观和客观的角度界定了道德与伦理的区别，使道德与伦理的模糊概念得到了清楚的厘定。黑格尔认为，道德和伦理是精神发展过程中的不同阶段和环节，它们都是自由意志的定在形式，都是客观精神领域内的"善"的基地。它们的区别在于道德主要是自由意志的主观性的反思环节，而伦理则是客观性的东西，或者说是主观和客观的统一实体。"善"在道德范畴内，仍然是抽象的东西，也正因为其主观性，"善"在道德范畴内是欠缺客观的实在内容的。而伦理则是对这种主观性和片面性的扬弃。即是说，在黑格尔那里，道德被视为主观意志的法，或者说主观意志的普遍化；伦理则是客观意志的法，这是道德和伦理的本质差异，道

---

① [美]莱文：《不同的路径：马克思主义与恩格斯主义中的黑格尔》，北京师范大学出版社 2009 年版，第 264 页。

② [德]洛维特：《从黑格尔到尼采》，三联书店 2006 年版，第 332 页。

德作为反思的自由意志,仅仅具有自为的性质,还不能作为自在自为的实体而存在。而伦理则是主观与客观的结合。"主观的善和客观的、自在自为地存在的善的统一就是伦理,在伦理中产生了根据概念的调和。其实,如果道德是从主观性方面来看的一般意志的形式,那末伦理不仅仅是主观的形式和意志的自我规定,而且还是以意志的概念即自由为内容的。"①明显可以看出,黑格尔是试图扬弃康德意义上的空洞的形式道德,将康德的先验道德落实到客观中来,并以道德和法的结合,进入统一的伦理阶段,从而将停留在康德那里的抽象的、形式的"善",变成真正的现实意义上的"善"。抽象的、形式上的"善",仅仅是要求尊重人,把人当作人来看待;现实意义上的"善",则不仅要求尊重人,把人当作人来看待,而且要求人融入共同体中,成为共同体的成员,遵守共同体的制度和实务所规定的义务,做到主观自由与客观自由的统一,从而在自由地被限制中过一种社会伦理生活。

因此,我们在黑格尔的思想资源中可以体悟出:"伦理"范畴侧重于社会,强调客观的方面,"道德"范畴侧重于个体,强调主观内在操守方面;"个体道德"是关于"修身"的学问,"社会伦理"是关于"治世"的学问;如果说个体道德的核心是道义论或义务论,那么,社会伦理的核心是权利—义务关系。虽然在个体道德中也包含着对个体自身权利的体认与要求,但个体道德作为一种美德、修养却并不以某种权利为必要条件,唯其如此,才能凸显个体操守品德的崇高与神圣;社会伦理由于其自身的客观性、社会性之特征,只能以权利—义务关系为其核心。如果社会中的成员只主张自己的权利,而缺乏义务感,那么,这个社会无秩序可言,就失去了自身的和谐。② 黑格尔与马克思都致力于探寻实现社会共同体和谐的具体路径,但因其具体路径的根本不同,而在各自的理论中显示出他们既有联系又有区别的和谐社会的伦理之道。

黑格尔与马克思的和谐社会的伦理之道,有其传统的思想渊源,就是在古希腊由柏拉图和亚里士多德开创的个体融入城邦的理想城邦政治理论,这也正是黑格尔与马克思所钟情的共同体伦理生活的发轫。对于古希腊的理想城邦政治理论与黑格尔和马克思的政治理论之间的内在关系,莱

---

① [德]黑格尔:《法哲学原理》,商务印书馆1961年版,第162页。
② 参见高兆明《伦理学理论与方法》,人民出版社2005年版,第131—135页。

文指出："麦卡锡的著作《马克思和古代思想家》包括两章，'古希腊城邦中的认识论、政治和社会正义'和'古代思想家、民主和马克思对古典自由主义的批判'，该书深入研究了马克思的国家理论。麦卡锡令人信服地证明了黑格尔政治理论和马克思政治理论的亚里士多德式的本质。它表明黑格尔想捍卫国家，而马克思想要消除国家。对黑格尔来说，没有国家类似于无政府状态，'主奴'的环境或国家是文明秩序的所在。对马克思来说，没有国家意味着阶级压迫和阶级统治的终结。不管这些差别，虽然马克思和黑格尔采用了不同的方式，但他们都渴望政治秩序建立在城邦共同体观念的基础之上。亚里士多德没有将政治生活从道德中分离出来，而马克思和黑格尔的政治思想尽管采用不同的方式，但都使亚里士多德将道德和政治结合起来的传统永久化。"①

然而，经过文艺复兴和启蒙运动的个人主义的理性主义滥觞，个体的自然权利相对于国家的公权力来讲具有至高无上的地位，国家沦为保障个人权利的工具，个体权利与国家权力是对抗性的关系，个体与共同体由融合走向分离。面对着个人主义的理性主义滥觞所造成的现代社会的困境，黑格尔在坚持自由主义所强调的个体自由这一基本价值原则的前提下，把个人主义的理性主义扬弃为个体的主观自由与共同体的客观自由和谐共生的理性主义，重建国家伦理生活。然而，在马克思看来，黑格尔的理性国家在现实的物质利益面前总是要出丑，沦为保护私人利益的工具，社会的整体利益最终不能得到实现，社会成员之间依然处在分裂的、对抗性关系之中。因此，马克思决心颠覆黑格尔的国家伦理观的形而上学基础，从市民社会决定政治国家这一唯物史观的基本原则入手，强调对生产资料资本主义私人占有制的废除，通过建立生产资料社会公共占有制，把私人劳动变成联合劳动，以实现个体与共同体真正的和谐共生。借用加拿大学者汉娜·阿伦特的话来讲就是，在马克思的政治理论中，"作为人类营生活动的劳动，不再被严格地看做属于私人领域里的行为，而堂堂正正地进入了公共、政治领域里的事实，才是他学说的重要部分"②。这样，伴随着劳

---

① ［美］莱文：《不同的路径：马克思主义与恩格斯主义中的黑格尔》，北京师范大学出版社 2009 年版，第 262—263 页。

② ［美］汉娜·阿伦特：《马克思与西方政治思想传统》，江苏人民出版社 2007 年版，第 13 页。

动从私人领域转化为公共领域,阶级对立得以消除,从而作为阶级统治工具的政治国家也得以消亡,而变为联合劳动的共同体,人的自由个性得以发展。这样,马克思最终扬弃了黑格尔的国家伦理生活的主张,开辟了以劳动解放为主线的个体与共同体和谐共生的伦理之道。

　　需要指出的是,对于启蒙运动以来思想家们对于个体与共同体关系思考的纷争,美国学者尼克尔斯在其所著的《苏格拉底与政治共同体——〈王制〉义疏:一场古老的争论》中曾指出这是现代政治思想相反的两极,而亚里士多德的政治学为调和现代政治思想相反的两极奠定了基础。他说:"简而言之,早期的现代思想家(以霍布斯为代表——引者注)试图牺牲共同体来保全个人,而晚近的现代思想家(以马克思为代表——引者注)则以个体为代价捍卫共同体。无论处于现代社会的早期还是晚近期,哲学和理论都在实现以上目标的过程中活跃起来。"① 然而,"早期现代思想强调个体,晚近现代思想则强调共同体,二者针锋相对,不可调和。任何一方关于人类生活的见解都未能正确对待人类的复杂性。一方构想个人主义,共同体对其而言不过是一种手段,另一方构想共同体,却又忽略了任何个人要素或个体差别。与这些现代思想不同,亚里士多德政治学提出的理论能够解释并指导政治生活,同时它涵盖了现代思想的核心内容。接受亚里士多德的观点并非重返古代城邦,而是要证实早期现代思想建立的个人主义原则,同时确认后期现代思想发现的共同的,也是更高的人性之意义。亚里士多德的政治学为调和现代政治思想相反的两极奠定了基础"。尼克尔斯之所以这样认为,是因为"亚里士多德的政治学优于其他现代政治思想,因为现代思想所包含的部分真理可以通过他的政治学所提供的视角得到理解和接受"。在他看来,"对于现代思想,亚里士多德比柏拉图持有更多的保留意见。早期的现代思想家之所以能够建立一门政治学,因为他们否认人是整体的一部分;晚近的现代思想家建立政治学,是因为他们否认人不仅仅是整体的一部分。亚里士多德的成就在于,他所建立的政治学平衡了以上两方面的事实。实际上,他的政治学表明,政治共同体需要多样性,城邦必然需要家庭,最至高无上、经久不衰的个人成

---

① ［美］尼克尔斯:《苏格拉底与政治共同体——〈王制〉义疏:一场古老的争论》,华夏出版社2007年版,第228页。

就就是政治功绩"。① 也就是说，亚里士多德在思考共同体时，肯定了个人主义因素在共同体当中所应有的作用。这或许对于当下我国构建社会主义和谐社会具有重要的借鉴作用。

还需进一步指出，和谐社会的构建离不开和谐伦理的教育。古希腊思想家们大都认为，未来理想城邦的公民都应具备高尚的美德，而要获得美德则要通过教育，教育是实现社会和谐的重要途径。

苏格拉底主张"美德即知识"，他特别重视知识的作用，认为国家要靠掌握政治知识的人来治理。他虽然强调天赋，但并不否定后天教育的作用，而且认为自己就是一个负有培育美德责任的教师。作为苏格拉底的学生，柏拉图继承了苏格拉底关于美德即知识、知识须通过教育获得的观点，认为教育是建立理想社会、塑造善的心灵的重要途径，是使人获得美德的唯一方法。他在其代表作《理想国》中用了很大篇幅谈论教育，把教育放到非常重要的地位。也正因为如此，卢梭认为《理想国》不是一部关于政治学的著作，而是关于教育的最好的论文。柏拉图认为，教育应当面对全体城邦公民，但首先应当对城邦的统治者和军人进行教育，因为他们是国家的掌管者和保卫者，需要有更多、更完善的知识。亚里士多德同样重视教育的作用，主张通过教育启发人们的理性，培养公民的善德，并使公民能适应本邦的政治体制和生活方式。他认为，城邦一定要使每个公民具有善德，成为"善民"。人的善德有三个来源：一是天赋，二是习惯，三是理性。在他看来，人虽然没有天赋的美德，但是有一种潜在的倾向善的能力，因为人作为理性的、社会的动物，具有接纳美德的特性和功能，具有追求美德的能力。正因为如此，人才能通过教育与训练使德性趋于完善。但是，这种自然赋予人们接受德性的能力的成熟，还需要通过习惯而达到完满。亚里士多德重视行为习惯在品德形成中的重要作用，但并未到此为止。他认为，行为习惯固然重要，而选择什么样的行为进行训练，则需要理性的指导。在选择行为时如果不通过理性具备关于美德的种种知识，就会误入歧途。亚里士多德主张天赋、习惯与理性三者的和谐一致。而当天赋、习惯与理性不相和谐时，他认为，宁可违背天赋和习惯，把理性作为行为的准则。"人类对此三端必须求其相互间的和谐，方才可

---

① ［美］尼克尔斯：《苏格拉底与政治共同体——〈王制〉义疏：一场古老的争论》，华夏出版社 2007 年版，第 230 页。

以乐生遂性。[而理性尤应是三者中的基调。]"① 由于习惯可以改变天赋,理性可以改变习惯,所以理想城邦中的立法者应重视教育,通过教育启发人们的理性和培育人民的良好习惯。他说:"邦国如果忽视教育,其政制必将毁损。"② 教育的目的不仅仅在于培育个人的私德,更重要的是培育人民的公德,提高公民的政治素质,教导公民适应本邦的政治体系和生活方式。因此理想的城邦应当把教育作为公共要务。

启蒙时代的思想家传承了古希腊思想家的德性教育的观念。卢梭对柏拉图主张通过公共教育的巨大作用来实现理想国家的思想大加肯定:"如果你想知识公共的教育是怎么回事,就请你读一下柏拉图的《理想图》",并赞美它是"一篇最好的教育论文"。③ 卢梭的赞美很大程度上是肯定柏拉图要求国家对"一切儿童"实施"强迫教育",由此培养具有理想公民美德的人的设想。他认为柏拉图正是试图通过国家的公共教育设施来培养"心灵纯洁的人",把"我"转移到共同体中去的人,为保卫祖国而勇于牺牲的人,充分了解自己对社会的应有义务的人。卢梭对柏拉图这一设想的肯定正反映了他对普及教育的基本认识,即理想社会应通过普及教育来培养爱国的、懂得公民责任和义务的公民。

卢梭强调实施普及教育是理想社会极为重要的政治任务。他认为自由、平等和国家是由公民的美德筑成的,必须通过普及教育来养成公民的美德。否则,这个国家就只有专制统治者和奴隶,社会的种种对立、冲突及道德堕落就无法克服,种种社会丑恶现象就会泛滥。因此国家必须建立统一、普及的教育制度来取代旧制度中等级的、贵族式的教育,对所有儿童不分贫富一视同仁地施以平等的教育。

卢梭认为,道德教育的主要任务是培养善良的感情、善良的判断和善良的意志,而其核心是博爱。人生的目的无非是爱人类,使一切人达到幸福的境地。他说:"要教育你的学生爱一切的人,甚至爱那些轻视人民的。"④ "在自然秩序中,所有的人都是平等的,他们共同的天职是取得人品;不管是谁,只要在这方面受了很好的教育,就不至于欠缺同他相称的

① [古希腊] 亚里士多德:《政治学》,商务印书馆 1965 年版,第 385 页。
② 同上书,第 406 页。
③ [法] 卢梭:《爱弥尔》上卷,商务印书馆 1978 年版,第 11 页。
④ 同上书,第 311 页。

品格……从我门下出去,我承认,他既不是文官,也不是武人,也不是僧侣;他首先是人:一个人应该怎样做人,他就知道怎样做人,他在紧急关头,而且不论对谁,都能尽到做人的本分;命运无法使他改变地位,他始终将处在他的地位上。"①

康德曾言,我轻视无知的大众,卢梭纠正了我,我学会了尊重人。这是因为,卢梭发现了人的内在本性,强调必须恢复人性的真实观念。循此,康德认为,一个人只有当他尊重并且热爱人性与自由时,同时当他自己的个性、自由同样受到别人的尊重、热爱时,他才能真正地成为一个人。然而,在黑格尔的眼中,康德的道德理念是在主体与客体对立的情况下,回到自身的纯粹内在性,把义务当成本质。因此,在康德那里,一方面是人的理性与自然性之间不能得到终极和解;另一方面是个人的主观意志与国家的客观意志之间不能得到终极和解。

在黑格尔看来,实现上述两方面的和解,离不开伦理教育。黑格尔强调,为了反对单个人意志的原则,必须教育人们,使之在理性国家内过着一种伦理生活,而作为个体的主观意志与作为国家的客观意志的统一就是伦理生活,而个人的主观自由的权利,只有在个人成为具有良好法律的国家的公民,过一种国家伦理生活的时候才能得到实现。所以,他说:"为了使大公无私、奉公守法及温和敦厚成为一种习惯,就需要进行直接的伦理教育和思想教育。"②

黑格尔的伦理教育思想对青年马克思有着深刻的影响。青年马克思针对德国《科伦日报》第 179 号社论认为国家作为法的组织与真正的教育机关,其"整个公共教育"是以基督教为基础的说法,曾有过神似于黑格尔的论述:"实际上,国家的真正的'公共教育'就在于国家的合乎理性的公共的存在。国家本身教育自己成员的办法是:使他们成为国家的成员,把个人的目的变成普遍的目的,把粗野的本能变成合乎道德的意向,把天然的独立性变成精神的自由;使个人以整体的生活为乐事,整体则以个人的信念为乐事",一句话,"把国家看作是相互教育的自由人的联合体"。③ 马克思与黑格尔都是基于个体与共同体和谐共生的立场来认同个

① ［法］卢梭:《爱弥尔》上卷,商务印书馆 1978 年版,第 13 页。
② 《西方思想家论教育》,人民出版社 1985 年版,第 127 页。
③ 《马克思恩格斯全集》第 1 卷,人民出版社 1995 年版,第 217 页。

体自由的,不同的是,在黑格尔看到市民社会与政治国家分离的地方,马克思却把它们看成一个整体和同一个事物。黑格尔的伦理教育观是以承认人权的私人财产权为基础的,而马克思的伦理教育观则是站在公有制的基础上,在承认人的政治自由权利的同时,反对以私有制为基础的资本对劳动占有与剥夺这一特殊但又不平等的人权,强调个体只有在自由人的联合体中才能得到自由而全面的发展。在《德意志意识形态》中,马克思强调无产阶级自身必须形成无产阶级的革命意识,意识到自身"必须承担社会的一切重负,而不能享受社会的福利,它被排斥于社会之外,因而不得不同其他一切阶级发生最激烈的对立;这种阶级形成全体社会成员中的大多数,从这个阶级中产生出必须实现彻底革命的意识,即共产主义的意识"①。具体地说,共产主义的意识,就是无产阶级必须意识到:"无产者,为了实现自己的个性,就应当消灭他们迄今面临的生存条件,消灭这个同时也是整个迄今为止的社会的生存条件,即消灭劳动。"② 而"消灭劳动",不是不劳动,而是要消灭雇佣劳动制度。在马克思看来,无产阶级能不能形成这种彻底的革命的共产主义意识,对于实现无产阶级自身的解放至关重要。可以说,马克思对蒲鲁东、杜林以及拉萨尔的批判,从根本上说就是因为他们的思想主张与马克思主义经典作家是背道而驰的,马克思忧虑的是,这些人的思想主张在工人运动中会造成严重的消极影响,使工人阶级不能形成整体的无产阶级意识。

---

① 《马克思恩格斯选集》第 1 卷,人民出版社 1995 年版,第 90 页。
② 同上书,第 121 页。

第一章

个体融入城邦生活:国家伦理的发轫

　　罗素说过:"在荷马诗歌中所能发现与真正宗教感情有关的,并不是奥林匹克的神祇们,而是连宙斯也要服从的'命运'、'必然'与'定数'这些冥冥的存在。"① 在古希腊,从神话中摆脱出来的哲学仍然像神话那样以寻求主宰世界的终极实在为根本。而对终极实在的探究为人类提供了安身立命之道。这一探究经历了一个从对自然和谐的思考到对社会和谐的把握的精神升华的过程。20世纪20年代,时为德国社会民主党的理论家亨利希·库诺在其所著的《马克思的历史、社会和国家学说》中探讨了马克思的历史、社会和国家学说的思想渊源,在讲到亚里士多德的国家哲学时,他指出:"国家哲学是强烈影响希腊历史撰写的第三个因素。如果说当初希腊哲学向自己提出的问题几乎是自然哲学方面的问题,那么,自公元前五世纪后,随着纷争和内部革命骚乱的日趋激烈,众人所日益关心的便是'国家如何组织,在国家事务中公民相互间的关系如何?'这样重要的问题。这使所有其他公开争论的问题退居次要地位,于是国家权力哲学和国家伦理学便取代了自然哲学的地位。"② 苏格拉底针对雅典城邦内部纷争不断,将和谐哲学理念从"天上"回归"人间",和谐理念被有意识地引入政治领域,开创了以城邦成员德性修养为主调的道德哲学,主张依靠法律、道德、知识、教育来建立一个和谐城邦,经柏拉图和亚里士多德的演绎,逐步形成了以整体性价值为目的、以个体美德来实现社会和谐伦理秩序的德性论。

---

① ［英］罗素:《西方哲学史》上卷,商务印书馆1996年版,第33页。
② ［德］亨利希·库诺:《马克思的历史、社会和国家学说》,上海书店出版社2006年版,第12—13页。

一　自然秩序的和谐理念

萨拜因在《政治学说史》中讲道：在希腊人那里，"协调或均衡这个基本观念，一开始是不加区分地既作为自然界的一个原则又作为伦理道德的一个原则来运用的，而且不加区分地认为它是自然界的一种特性或人性的一种合乎情理的特性。然而，这个原则的最初发展起于自然哲学，而这一发展又转过来对这一原则后来在道德和政治思想方面的运用产生了影响"①。

在古希腊，"philosophie"（哲学）这个词语，意即对智慧的爱，就起源于毕达哥拉斯。"毕泰戈拉学派的一条根本原则，似乎是得到大多数哲学史家的公认的，那就是：他们研究数，特别是在音乐的研究中，发现一定的数的比例，构成和谐。他们将这个思想运用到天体上，认为各个天体之间的距离，也是按照这种数学比例的，因而整个天体就是一个大的和谐。"② 毕达哥拉斯学派认为，整个世界是由"数"组成的，"数"有奇数和偶数，而"每一个数都与奇偶这组对立有关，都是奇偶两个对立方面的统一，而奇偶两个对立方面的统一就是和谐"③。他们在数目中发现了各种各样的和谐的特性和比例，认为世界的统一就是万物之间数量关系的和谐比例，和谐产生了秩序，万事万物都表现为和谐。他们从数的和谐的观点出发，认为音乐是由不同的声音和音符构成的一种和谐，音乐的和谐是由数的比例决定的，并且将音乐上的和谐描写为对立面的协调、多的统一，意见冲突者的调和。毕达哥拉斯把音乐上的和谐上升到哲学意义上的和谐，无疑闪烁着辩证法的思想火花。对此，策勒尔曾评价道："从音调的和谐中毕达哥拉斯认识到统一和对立的一般规律。他们因此把统一和对立称作结合起来的和谐。"④ 以此为据，毕达哥拉斯学派对气候季节等自然现象进行了观察。认为"在地球上光明的部分与黑暗的部分是相等的，冷与热、干与湿也是相等的。热占优势时就是夏天，冷占优势时就是

---

① ［美］乔治·萨拜因：《政治学说史》上册，商务印书馆 1986 年版，第 49 页。

② 汪子嵩等：《希腊哲学史》第 1 卷，人民出版社 1997 年版，第 342 页。

③ ［德］E. 策勒尔：《希腊哲学史》第 1 卷，山东人民出版社 1992 年版，第 385 页。

④ 同上书，第 386 页。

冬天，干占优势时就是春天，湿占优势时就是多雾的秋天。最好的季节是这些元素均衡的季节"①。所谓"均衡的季节"，也即是和谐的季节。不仅如此，毕达哥拉斯学派还把这种"和谐"理论运用于考察社会现象。认为美德、友谊、爱情等也是和谐的。毕达哥拉斯说："美德乃是一种和谐，正如健康、全善和神一样。所以一切都是和谐的。友谊就是一种平等的和谐"，②"爱情和友谊是和谐的"③。

　　在此基础上，毕达哥拉斯学派断言：整个宇宙也是一种和谐的关系。他们认为天体星球间有一种比例关系，这种关系造成了一种天体的和谐。"'这十个星球和一切运动体一样，造成一种声音。而每一个星球各按其大小与速度的不同，发出一种不同的音调。这是由不同的距离决定的，这些距离按照音乐上的音程，彼此之间有一种和谐的关系；由于这和谐关系，便产生运动着的各个星球（世界）的和谐的声音（音乐）'，一个和谐的世界合唱。"④

　　对于毕达哥拉斯学派的以"数"为本体的和谐思想对后世的影响，罗素在其《西方哲学史》中这样讲道："数学与神学的结合开始于毕达哥拉斯，它代表了希腊的、中世纪的以及直迄康德为止的近代的宗教哲学的特征。毕达哥拉斯以前的奥尔弗斯教义类似于亚洲的神秘教。但是在柏拉图、圣奥古斯丁、托马斯·阿奎那、笛卡尔、斯宾诺莎和康德的身上都有着一种宗教与推理的密切交织，一种道德的追求与对于不具时间性的事物之逻辑的崇拜的密切交织；这是从毕达哥拉斯而来的，并使得欧洲的理智化了的神学与亚洲的更为直截了当的神秘主义区别开来。只是到了最近的时期，人们才可能明确地说出毕达哥拉斯错在哪里。我不知道还有什么别人对于思想界有过象他那么大的影响。我所以这样说，是因为所谓柏拉图主义的东西倘若加以分析，就可以发现在本质上不过是毕达哥拉斯主义罢了。有一个只能显示于理智而不能显示于感官的永恒世界，全部的这一观念都是从毕达哥拉斯那里得来的。如果不是他，基督徒便不会认为基督就是道；如果不是他，神学家就不会追求上帝存在与灵魂不朽的逻辑证明。

①　北京大学哲学系编：《古希腊罗马哲学》，三联书店1961年版，第334页。
②　同上书，第36页。
③　[美]梯利：《西方哲学史》上卷，商务印书馆1995年版，第17页。
④　[德]黑格尔：《哲学史讲演录》第1卷，商务印书馆1959年版，第241页。

但是在他的身上，这一切还都不显著。"①

继毕达哥拉斯学派之后，古希腊爱非斯的晦涩哲人赫拉克利特在西方哲学史上第一次明确地表述了事物的矛盾即对立统一的思想，并以此深刻地阐述了他的辩证的和谐观。

赫拉克利特首先非常明确地肯定了和谐即对立面的统一，并且认为对立统一是宇宙的普遍现象。他认为和谐是矛盾双方斗争的结果。他说："对立造成和谐。"② 又说："相反的东西结合在一起，不同的音调造成最美的和谐。"③ 亚里士多德曾说，赫拉克利特认为："当荷马说'但愿斗争从神和人之间消失'时，他是错了。因为如果没有高音和低音，就没有和谐；没有雌和雄也就没有动物，它们都是对立的。"④ "赫拉克利特从自然界说到艺术，又从社会现象说到神，以证明他的这一思想。他说："自然也追求对立的东西，它是从对立的东西中产生和谐，而不是从相同的东西产生和谐。例如自然便是将雌和雄配合起来，而不是将雌配雌，将雄配雄。自然是由联合对立物造成最初的和谐，而不是由联合同类的东西。艺术也是这样造成和谐的，显然是由于模仿自然。绘画在画面上混合着白色和黑色、黄色和红色的部分，从而造成与原物相似的形相。音乐混合不同音调的高音和低音、长音和短音，从而造成一个和谐的曲调。书法混合元音和辅音，从而构成整个这种艺术。"⑤ 至于社会现象，诸如善与恶、战争与和平、好与坏、正义与不义等，他都认为是对立统一的。就连神，也是如此。他说："神是日又是夜，是冬又是夏，是战又是和，是不多又是多余。"⑥ 可见，在赫拉克利特那里，和谐并不是对立面的消除，恰恰相反，和谐正是以承认对立并保持对立为基础的，是对立的产物。没有对立的结合，就没有和谐与统一。

由上可见，较之毕达哥拉斯，赫拉克利特的思想更为深刻。同时，赫拉克利特还认识到了对立面之间的相互依存和转化。赫拉克利特认为

---

① ［英］罗素:《西方哲学史》上卷，商务印书馆1996年版，第65页。

② 北京大学哲学系编:《古希腊罗马哲学》，三联书店1961年版，第23页。

③ 北京大学哲学系编:《西方哲学原著选读》上卷，商务印书馆1981年版，第23页。

④ 汪子嵩等:《希腊哲学史》第1卷，人民出版社1997年版，第484页。

⑤ 北京大学哲学系编:《古希腊罗马哲学》，三联书店1961年版，第19页。

⑥ 同上书，第25页。

"相反者相成"①。他说："疾病使健康成为愉快，坏事使好事成为愉快，饿使饱成为愉快，疲劳使安息成为愉快。""如果没有不义，人们也就不知道正义的名字。"他还说："我们身上的生和死、醒和梦、少和老始终是同一的。前者转化，就成为后者；后者转化，就成为前者。""不死者有死，有死者不死；后者死则前者生，前者死则后者生。"② 从这里可以看出，赫拉克利特克服了毕达哥拉斯学派僵死的、绝对的、静止的和谐观点，而把和谐看作运动、变化和发展的，而且能够发生转化，充满着生机和活力。

此外，赫拉克利特还认为和谐是相对的、暂时的和有条件的，而只有对立面的斗争才是普遍的、绝对的和无条件的。赫拉克利特在欧洲哲学史上第一次提出了"斗争"这个重要的哲学范畴，并把它看成万物生成、变化的力量和源泉。他说："应当知道，战争是普遍的，正义就是斗争，一切都是通过斗争和必然性而产生的。""战争是万物之父，也是万物之王。"在"和谐"与"斗争"的关系上，他主张："看不见的和谐比看得见的和谐更好。"在赫拉克利特看来，正是对立双方的斗争，才促成矛盾双方的转化，旧的统一体的瓦解。由此，他批评了毕达哥拉斯等人否定对立和斗争，片面地强调统一、和谐的主张。他指出："他们不了解如何相反者相成：对立的统一，如弓和竖琴。"③ 在赫拉克利特看来，世界上不存在绝对的和谐，万物既是和谐的，又是不和谐的，而和谐是由于对立和斗争造成的。

二　社会秩序的和谐城邦伦理

西塞罗说："苏格拉底第一个把哲学从天上拉了回来，引入城邦甚至家庭之中，使之考虑生活和道德、善和恶的问题。"④ 前苏格拉底哲学时期，思想家们在泰勒斯、毕达哥拉斯、赫拉克利特的带领下，研究数、运动，以及万物产生及复归的源泉，这些早期的思想家热衷于探讨天体行星

---

① 北京大学哲学系编：《西方哲学原著选读》上卷，商务印书馆 1981 年版，第 23 页。

② 同上书，第 24、24、22、22 页。

③ 同上书，第 27、27、24、24 页。

④ 转引自叶秀山《苏格拉底及其哲学思想》，人民出版社 1986 年版，第 73 页。

的大小、距离和轨迹。在他们的熏陶下，苏格拉底年轻时曾热衷于研究自然，希望知道事物存在、产生、消灭的原因。但他在思考自然的因果关系时遇到了困难，现实存在的自然因果联系的不可穷尽性和人类思维能力的相对有限性促使苏格拉底产生了这么一种思想：自然的形成及其规律都是"神"的安排。由于我们无法认识"神的智慧"，因此就不应该将"自然"作为哲学的研究对象，而应研究社会和个人。于是，苏格拉底"把伦理学加进了哲学，而过去哲学是只考察自然的"①。正是这种哲学视角的转变，催生了他的"和谐社会观"。

苏格拉底"和谐社会观"的产生与其所处的社会现实密不可分。一场旷日持久的希腊内战——伯罗奔尼撒战争使正处于黄金时代的雅典城邦逐渐走向衰落。而"社会政治动乱又使得希腊精神世界发生极大的混乱和危机，人性普遍堕落，生活行为准则乖变，狂热的野心和贪婪的私欲成为合理的动机和判断美德的标准，是非颠倒，黑白混淆，柏拉图在《第七封信》中说：希腊人的传统道德'以惊人的速度崩析堕落'"②。苏格拉底作为热爱雅典城邦的公民，看出了当时那个社会，已从原来的"有序"变成了"无序"，从原来的"治"变成了"乱"。正是这种无序和混乱促使苏格拉底产生了和谐城邦的设想。苏格拉底针对当时雅典城邦公民不遵守法律，社会道德败坏，城邦领袖不具备管理国家的知识，城邦过于强调个人的主体性和能动性等弊端，主张依靠法律、道德、知识、教育来建立一个和谐城邦。而这些都给黑格尔构建伦理国家，实现社会和谐以重要的启示。

第一，苏格拉底针对古希腊城邦公民不遵守纪律、公民之间勾心斗角、互相伤害等弊端，强调守法就是正义，主张建立一个法治的城邦。在古希腊，法律被视为城邦安全的基础，具有女神般的尊严，可以说是城邦真正的保护神。在此神灵的保护下，古希腊的城邦按法律治理，任何人的地位都不得高于法律。法律最初体现为自然法即神法，神法是神明为人类制定、受到普遍遵守的法律。它包含敬畏神、孝敬父母、父母与子女不结婚、以德报德等内容。可见，神法是调整当时社会关系、具有较强效力的道德规范。遵守神法，有利于形成较好的社会道德秩序。紧随其后的法律

---

① ［德］黑格尔：《哲学史讲演录》第 2 卷，商务印书馆 1960 年版，第 42 页。
② 汪子嵩等：《希腊哲学史》第 2 卷，人民出版社 1993 年版，第 306 页。

是城邦所颁布的成文法即人定法，人定法是"公民们一致制定的协议，规定他们应该做什么和不应该做什么"①。虽然人定法具有易变性不如自然法那样普遍，但是苏格拉底认为，不能因为法律可变而轻视它的价值，只有遵守法律才能使人们同心协力，凡人民遵守法律的城邦最强大、最幸福。一个城邦的理想状态必须是人人从内心守法的状态，"守法就是正义"② 是苏格拉底一生的理想和信仰。

第二，苏格拉底倡导伦理政治，主张以道德来治理城邦，以改善灵魂来拯救社会。"苏格拉底强调社会道德秩序的稳定是城邦兴盛的基础，他认为政治家的根本任务是改善人的灵魂，培植好公民；他严厉批评伯里克利不懂得道德是政治的根本，将雅典公民培植得娇纵、怠慢和狂野，认为这是雅典城邦产生危机的根源。"③ 他把美德与知识等同起来，希望通过对真知的寻求，建立起充满正义与民主的德性社会。所谓美德，是指人们在日常生活中对善的追求和实现。苏格拉底将人的所有优良品质诸如正义、智慧、勇敢、友爱、虔诚等，都称为美德。苏格拉底认为："知识的可教性蕴涵着美德的可教性。"④ 人们可以通过学习知识来认识自己的理性，也可以通过道德教育来改善灵魂，从而使城邦和谐有序、团结强大。

第三，苏格拉底主张贤人政治。他认为治理城邦是"最伟大的工作"，"最美妙的本领和最伟大的技艺"，治国平天下的政治家是"帝王之才"，政治技艺"决不是一种自然禀赋"，不可能通过和那些自称知识渊博的智者交往而获得。因此，"君主和统治者不是那些拥大权、持王笏的人，也不是那些由群众选举出来的人，也不是那些中了签的人，也不是那些用暴力或者凭欺骗手法取得政权的人，而是那些懂得怎样统治的人"⑤。他主张政治家应培养精确深厚的知识和道德素养，不仅有引导灵魂从善的哲学修养，而且有丰厚博大的从政知识。他指出若让那些不懂治国之道的人治理城邦是很危险的，就像"一个没有必要的知识的人却被任命去驾驶一条船或带领一支军队，他只会给那些他所不愿毁灭的人带来毁灭，同

---

① ［古希腊］色诺芬：《回忆苏格拉底》，商务印书馆1984年版，第164页。

② 同上书，第164页。

③ 汪子嵩等：《希腊哲学史》第2卷，人民出版社1993年版，第477—478页。

④ 同上书，第3卷，第436页。

⑤ ［古希腊］色诺芬：《回忆苏格拉底》，商务印书馆1984年版，第118页。

时使他自己蒙受羞辱和痛苦"①。因此，国家必须也只有依靠受过教育的具有较高素质的专家来领导和治理才有出路，才能使社会由无序走向有序，从而形成正义的和谐社会。苏格拉底理想的政治家后来就演变为柏拉图的哲学王。

第四，苏格拉底强调要建立一个崇尚集体主义的城邦。古希腊人相信，个人只有成为城邦的一部分，也就是成为城邦的公民，才有生存的真实意义。苏格拉底完全继承了这种公民与城邦关系的传统观念，强调要建立一个崇尚集体主义的城邦。苏格拉底认为雅典城邦的衰落是由于雅典城邦过于强调个人的主体性和能动性，过分重视"利"对个人和城邦的作用，从而使城邦失去了一个可以统治和控制的最高权威所致。针对民主政体下这种公民日益以个人自由和利益为中心、为实现个人利益不惜损害整个城邦利益的社会现象，苏格拉底强烈呼吁城邦公民应以城邦整体利益为重、停止争吵、同心协力、团结一致。只有这样才能建立一个"强大、幸福"的城邦，避免城邦在对外战争中被打败，避免城邦公民被压迫和被奴役。总之，苏格拉底的政治目的就是要重建他认为已经被智者学派所破坏的公民与城邦利益的一致性原则。

在苏格拉底和谐社会观的基础上，他的学生柏拉图提出建立由统治者、武士、生产者各司其职，统一起来成为和谐的整体的"理想国"的主张。

对于柏拉图与苏格拉底之间的思想关系，德国人恩斯特·卡西尔在其所著的《国家的神话》中曾这样讲道："柏拉图是苏格拉底最虔诚、最忠实的学生，他既接受了苏格拉底的方法，也接受了苏格拉底的基本伦理思想。但是，即使在他思想的第一个时期，也即所谓的'苏格拉底对话'时期，就已存在着一个不同于苏格拉底思想的因素。苏格拉底曾试图让柏拉图相信，哲学必须从人的问题开始。但是在柏拉图看来，如果我们不拓宽哲学研究的领域，就无法回答苏格拉底的问题。只要我们把自己禁锢在人的个体生活的界限之内，我们就不能发现一个关于人的确切的界说。人的本性是不会在这种狭隘的范围内暴露其真面目的。因此，写在个体灵魂上的'小写符号'几乎都是晦涩难读的，唯有以人的政治和社会生活的'大写字母'表达，我们才能读懂他们。这一原则是柏拉图的《理想国》

---

① ［古希腊］色诺芬：《回忆苏格拉底》，商务印书馆1984年版，第39页。

的立足点。从此，关于人的全部问题都被改变了：政治学被宣布为通向心理学的一条路径。对于起源于征服自然的尝试并通过寻求伦理生活的理性规范和准则而延续至今的希腊思想的发展来说，它无疑是最终的决定性的步骤，终于达到了一种关于国家的理性学说的新的基点。"① 因此，"柏拉图开始意识到，只要人对待主要的问题仍然是盲目的，对于政治生活的性质和范围缺乏一种真正的洞察的话，那么，苏格拉底关于'自知'的要求就无法达到。个体的灵魂是维系于社会本质之上的。我们不能把一个人与另一个人分离开来。私人生活与公众生活是互相依赖的。如果后者是恶劣的、腐败的，则前者也不可能完满地达到它的目的。柏拉图在他的《理想国》中，对于把个人置于一种邪恶的腐化的状态中的全部危险的描述给人印象极深……这就是柏拉图基本的洞见，通过它，柏拉图由他最初对辩证法的研究，返回到他对政治学的研究。如果我们不从变革国家开始，我们也就不能指望变革哲学。倘若我们想要改变人的伦理生活，上述方法是唯一的途径。寻找正常的政治秩序，是首要的也是最紧迫的问题"②。这就是说，苏格拉底的哲学关注的是个体的道德完善对于城邦的意义，而柏拉图则侧重从城邦的"善"出发来教化个体。柏拉图接受了苏格拉底的观点，认为"幸福"是每个人灵魂的最终目标，但对幸福的追求并不是对愉快的追求。"希腊语的幸福是'福祉'（eudaimonia），它意味着具有一种'善的守护神'。对于苏格拉底的界说，柏拉图增添了一种新的特征。"③ 因此，柏拉图的伦理思想是苏格拉底式的伦理思想，同时又远远超过了他。苏格拉底的理想被柏拉图移植到一个崭新的领域，即政治生活领域。

柏拉图的和谐社会思想建立在他的"善理念"的基石之上。在柏拉图的哲学中，理念是世界的本体，而"善理念"是他的理念论的核心，是他进行政治思考的逻辑起点，也是他整个理念世界的制高点。柏拉图以"日喻"对"善理念"作了说明。由于太阳的照射，自然的万物成为可视的状态。那是因为，阳光在使眼睛拥有视力的同时也让被视物得以显现。更进一步，太阳不但赋予万物光和热，而且促使万物成长，成为万物生长

---

① ［德］恩斯特·卡西尔：《国家的神话》，华夏出版社 1999 年版，第 74 页。
② 同上书，第 75—76 页。
③ 同上书，第 90 页。

的原因。"善理念"在理念世界的作用也像太阳一样。首先，它赋予思维存在的各种真理性与被认识的可能。其次，赋予被思维存在之所以存在的依据。这样，"善理念"成为这两种因素得以成立的理由，也就是成为各种"理念"存在与被认识的原因。在认识论上，柏拉图用洞穴之喻说明了两种认识——意见和知识的关系。他把人们在现实世界中的生活比作在阴暗狭窄的洞穴里逗留。洞穴里的人们被缚而无法动弹，且背向出口，视力所触的只是被火光投射在墙壁上的影子。人们只有走出洞穴，摆脱这些影子，思想才终有一天可以见到永恒不变的真理。不难看出，柏拉图把"善理念"放在他的认识论的最高处，认为人的思想只有获得了"善理念"，才获得了真正的知识，获得了真理，达到最真实的、最绝对的存在。可见，"善理念"既是存在，又是真理的源泉。他认为只有遵循"善理念"的指引，才能认识真理，而"善理念"本身，正是理性认识的终极、最高对象、最高的真理。因此，建立在他的"善理念"之下的和谐社会才有实现的可能，因为柏拉图"善理念"的核心是正义，正义就是至善。他希望按照他的正义原则建立一个代表奴隶主贵族利益的和谐国家。根据他的正义原则，他的"理想国"就是"每个人必须在国家里执行一种最适合他天性的职务"①。他又根据人的天性将人分为三个等级：第一等级是统治者；第二等级是军人；第三等级是劳动者和商人。他们分别按照他们的理智、意志和情欲而派生的智慧、勇敢和节制的品德，合理分工，履行各自的管理国家、保卫国家和从事生产的职责，相互合作，各尽其能，各负其责，各安其位，各守其序。只有这样，才能建立一个和谐的社会。而他们各自的品德依靠知识，在不断的教育中才能获得。所有这些知识的获得必须在"善理念"的指导下才能正确地获得。而他的"善理念"就是"给予认识对象以真理并给予认识主体以认识能力的东西"②。因此，柏拉图的和谐社会思想的基石就是他的"善理念"。

柏拉图根据他的正义观建立他的"理想国"，认为这种国家必将是一个和谐安定的社会。如果人人能按照柏拉图的正义观的要求在国家里执行一种最适合自身天性的职务，而各安其位、各司其职、各尽其责的话，那么就能建立起柏拉图所谓的和谐安定的"理想国"。正如他所说："把正

---

① ［古希腊］柏拉图：《理想国》，商务印书馆1986年版，第154页。

② 同上书，第267页。

义看作是最重要和最必要的事情，通过促进和推崇正义使自己的城邦走上轨道。"① 柏拉图首先从个体的正义出发，通过理性的归纳，引出国家正义问题的讨论，并最终把二者有机结合起来，构建了一个国家和个人的和谐统一的国家主义正义观。

柏拉图认为，个体的正义就是灵魂的和谐，他又将灵魂分为三个部分：理性、激情和欲望。这三部分又分别与三种德行：智慧、勇敢和节制相对应。柏拉图驳斥了日常生活中的具体的不正义现象和观念，从而得出个体的正义的内涵。第一，对"正义就是欠债还债"的批驳。在《理想国》的开篇，柏拉图借苏格拉底之口对色拉叙马霍斯的这一观点进行了批驳。柏拉图指出在下面的两种情况下欠债还债都是不正义的。一是当债主精神（脑子）不正常的时候，还债是不符合正义的。二是当债主是我们的敌人的时候，还债也是不正义的，因为这样做会资助敌人。第二，正义不是"把善给予朋友，把恶给予敌人"②。因为，首先，"对于那些不识好歹的人来说，伤害他们的朋友，帮助他们的敌人反而是正义的——因为他们的若干朋友是坏人，若干敌人是好人"③。其次，正义是人的一种德性，好人不可能用他的美德使人变坏，所以"伤害不是好人的功能，而是和好人相反的功能"。"伤害朋友或任何人不是正义者的功能，而是和正义者相反的人的功能，是不正义的功能。"就像"发冷不是热的功能，而是和热相反的事物的功能；发潮不是干燥的功能，而是和干燥相反的事物的功能"④ 一样。因此，正义不是把善给予朋友，把恶给予敌人。第三，正义不是"强者的利益"，而是"全体人民"的"共同利益"。柏拉图批驳了色拉叙马霍斯的"正义不是别的，就是强者的利益"⑤ 的观点。柏拉图指出："正义有时是不利于统治者的，即强者的，统治者无意之中也会规定出对自己有害的办法来的。"⑥ 正义的价值目标应该是恰恰相反，是应该照顾弱者的利益。"他不能只顾自己的利益而不顾属下的老百姓的

---

① ［古希腊］柏拉图：《理想国》，商务印书馆 1986 年版，第 310 页。
② 同上书，第 8 页。
③ 同上书，第 13 页。
④ 同上书，第 14、15 页。
⑤ 同上书，第 18 页。
⑥ 同上书，第 20 页。

利益，他的一言一行都是为了老百姓的利益。"① 因此，柏拉图绝不同意色拉叙马霍斯"正义是强者的利益"的说法。第四，对"不正义比正义更有利"的驳斥。柏拉图认为色拉叙马霍斯把"不正义归在美德和智慧这一类，把正义归在相反的一类"② 是极端错误的。他认为正义应该是智慧和善，不正义应该是愚昧和恶。如果认为不正义带给我们的好处反而更多，就会混淆是非。再者，不正义者不可能比正义者更快乐。正义是心灵的德性，不正义是心灵的邪恶。正义的心灵是人的行为的指导机构，好的心灵导致好的行为方式，获得好的功能、德行，生活自然是好的、快乐的；而在坏的心灵指导下的人不可能是幸福的。

　　柏拉图在《理想国》中，把国家作为实现他正义观念的工具，主张服从法律、城邦（整体）的利益才是正义的。柏拉图的国家正义观从根本上来说是通过公民的正义来体现的，正是每个个体的正义有机结合才形成国家正义观。因此，柏拉图的正义观是与他的社会分工理论息息相关并建立在社会分工论和等级论的基础上的。柏拉图的国家正义就是各等级的人各司其职、各守其序、各安其位、各得其所，从而形成一种稳定和谐的等级秩序。柏拉图指出，每个人必须在国家里执行一种最适合自己天性的职务。"正义就是有自己的东西干自己的事情。"③ 只有在这种等级制度下的各阶级安于现况，各守其责，社会就会平稳和谐发展。柏拉图的理想城邦（国家）由三部分组成，第一等级为统治者，第二等级为军人或者说护国者，第三等级为劳动者和商人。柏拉图认为统治者的美德是智慧，军人（护国者）的美德是勇敢，劳动者的美德是节制，如果三个等级各自拥有了其美德，国家就达到了正义。正义即和谐，这个国家就会健康发展。相反，如果这三个等级不安守其分，不各司其职，国家就会出现动荡，就会出现"不正义"，不正义就是三个部分之间争斗不和、相互之间管闲事和相互干涉。所以，柏拉图所追求的国家的正义就是他所要达到的理想目标。卡西尔指出："根据柏拉图在个人灵魂与国家灵魂之间所构画的平行线，国家也置于同样的责任之下，这是十分清楚的。它不是接受命运，而是要创造命运。若要想管理其他人，首先必须学会管理他自己。然

① ［古希腊］柏拉图：《理想国》，商务印书馆1986年版，第25页。
② 同上书，第32页。
③ 同上书，第155页。

而，这不是靠炫耀纯粹的物质力量就可以达到的一个伦理目标。雅典的政治领袖们完全没有看到这一点，这是一个根本的错误……他们难以胜任国家管理和政治领导的真正使命。他们迷失了方向，因为他们未能'使市民们的心灵高尚起来'。不仅个人要选择他的守护神，国家也要选择他的善的守护神，这就是柏拉图的《理想国》的伟大的革命原则。只有选择一个'善的守护神'，一个国家才能保住它的福祉，它的真实的幸福。"①

柏拉图通过社会分工和社会等级分层理论来使国家正义和个人正义有机结合起来，最主要的目标还是为了实现国家的正义，构建一个安定和谐的"理想国"蓝图。但是，他的和谐社会最终还是代表奴隶主贵族的利益，反映的是奴隶主贵族在城邦制度出现危机时力图恢复等级思想的主张。建立在社会等级内的和谐社会只是实现其所代表奴隶主贵族的利益的工具而已。

亚里士多德在批判和继承柏拉图的和谐社会观的基础上，结合雅典当时的社会混乱、政局动荡的社会现实，为维护奴隶主的阶级统治而提出一种理想的和谐社会形态。

亚里士多德认为优良生活是人类共同追求的和谐目标。他讲道："就我们各个个人说来以及就社会全体说来，主要的目的就在于谋取优良的生活。"②"城邦的长成出于人类'生活'的发展，而其实际的存在却是为了'优良的生活'。"③ 那么，优良生活是怎样的生活？亚里士多德将优良的生活视为在突出"灵魂诸善"的前提下实现"灵魂诸善、躯体诸善和外物诸善"内在和谐的人类目标。亚里士多德认为："人类无论个别而言或合为城邦的集体而言，都应具备善性而又配以那些足以佐成善行善政的必需事物［外物诸善和躯体诸善］，从而立身立国以营善德的生活，这才是最优良的生活。"④ 即优良生活就是追求和实现善德的生活。但优良生活的实现又有赖于一定的物质条件。"人们能够有所造诣于优良生活者一定有三项善因：外物诸善、躯体诸善和灵魂（性灵）诸善。"⑤ 外物诸善是指人们拥有的物质财富和权势等，躯体诸善是指人们健壮的体魄，灵魂

① ［德］恩斯特·卡西尔：《国家的神话》，华夏出版社 1999 年版，第 91 页。
② ［古希腊］亚里士多德：《政治学》，商务印书馆 1965 年版，第 130 页。
③ 同上书，第 7 页。
④ 同上书，第 343 页。
⑤ 同上书，第 340 页。

诸善是指人们的智慧和高尚的品德。这三要素在人类优良生活中的地位有所差异。灵魂诸善最为重要。亚里士多德认为灵魂诸善是人们追求的目标,越多越好。相反,外物诸善和躯体诸善是实现灵魂诸善的工具,它们应该有所限制。"外物诸善,犹如一切使用工具,[其为量]一定有所限制。实际上,一切应用的事物[包括外物诸善和躯体诸善],在这里情况完全相同;任何这类事物过了量都对物主有害,至少也一定无益。[至于灵魂诸善,情况就恰好相反。]灵魂的各种善德都愈多而愈显见其效益。""所有这些外物[财产和健康]之为善,实际都在于成就灵魂的善德。因此一切明哲的人正应该为了灵魂而借助外物,不要为了外物竟然使自己的灵魂处于屈从地位。"① 可见,亚里士多德所提出的人类追求的目标——优良生活构成要素的内在关系是:在突出灵魂诸善前提下的灵魂诸善与外物诸善、躯体诸善之间相互依存、相互制约。一方面,灵魂诸善与外物诸善、躯体诸善互为条件。灵魂诸善的实现要以外物诸善和躯体诸善为条件。没有一定的外物诸善和躯体诸善,就不可能实现灵魂诸善;同时,外物的效益有赖于灵魂诸善而显露。"所有这些外物[财产和健康]之为善,实际是为了成就灵魂的善德。"② 另一方面,过量的外物诸善不利于灵魂诸善的实现。因此,灵魂诸善和外物诸善、躯体诸善处于对立统一之中。但是,亚里士多德将灵魂诸善置于突出的地位,使它成为这个矛盾统一体中的主要方面。简言之,亚里士多德是在强调灵魂诸善的前提下来实现人类共同目标——优良生活的内在和谐。

亚里士多德把优良城邦看作实现优良生活的根本保障。正如亚里士多德所言:"全人类的目的显然在于优良生活或幸福(快乐)。"③ 那如何实现人类的优良生活呢?他认为,人类优良生活的实现首先在于建立最为优良的城邦。因为"治理最为优良的城邦,才有获致幸福的最大希望"④。那么,什么样的城邦才算最为优良的城邦?从道德的角度来说,他认为:"凡能成善邀福的城邦必然是在道德上最为优良的城邦。"⑤ 从政体的角度来说,他认为具有最为优良政体的城邦为最为优良的城邦。"只有具备最

① [古希腊]亚里士多德:《政治学》,商务印书馆1965年版,第341页。
② 同上。
③ 同上书,第382页。
④ 同上书,第383页。
⑤ 同上书,第342页。

为优良政体的城邦，才能有最为优良的治理。"① 可见，最为优良的城邦实际上具有两种意思：一是最为优良的城邦有利于实现人们的善德或实现人们的优良生活。"重复说来，城邦必须被理解为不仅仅是为生活而且是为更好、更高尚或更幸福的生活而存在的。因而只有在城邦中，人才能实现其达于幸福的潜能，所谓幸福也就是合于美德的生活；由于城邦对于人的自然潜能的实现至关重要，所以城邦本身也是非常自然的。"② 另一层意思是最为优良的城邦应建立在最为优良的政体上。那么，什么样的政体才是最为优良的政体？亚里士多德认为最为优良的政体应该是按照"中道原则"建立的政体。"［对于大多数城邦而言，］最好是把政体保持在中间形式。"③ 所谓的中间形式是指以中产阶级为基础，由中产阶级奴隶主掌权的政体。亚里士多德认为，中产阶级行事守"中庸之道"，能较好地协调全邦各阶级的矛盾，实现各阶级的利益平衡。"在一切城邦中，所有公民可以分为三部分（阶级）——极富、极穷和两者之间的中产阶级。"若让富人阶级或穷人阶级当权，社会就容易陷入混乱。富人"常常逞强放肆，致犯重罪"。穷人"往往懒散无赖，易犯小罪"。而"大多数的祸患就起源于放肆和无赖"。④

因此，亚里士多德认为，若让富人阶级或穷人阶级当权，都会导致城邦阶级的对立。穷人阶级因缺乏财产而自暴自弃，仅知服从，就像一群奴隶；而富人阶级因拥有过多的财产而不愿服从他人的统治，就像一群只知道发号施令的主人。仅由穷人和富人组成的城邦就成为"主人和奴隶合成的城邦"。在这样的城邦里，阶级关系紧张。"这里一方暴露着蔑视的姿态，另一方则怀着妒恨的心理。一个政治团体应有的友谊和交情这里就看不到了。"⑤ 中产阶级则有所不同，"他们既不像穷人那样希图他人的财物，他们的资产也不像富人那么多得足以引起穷人的觊觎。既不对别人抱有任何阴谋，也不会自相残害，他们过着无所忧惧的平安的生活"⑥。正因为如此，由中产阶级掌权的政体有利于实现政治的稳定。亚里士多德认

---

① ［古希腊］亚里士多德：《政治学》，商务印书馆1965年版，第382页。
② ［美］列奥·斯特劳斯等主编：《政治哲学史》，法律出版社2009年版，第125页。
③ ［古希腊］亚里士多德：《政治学》，商务印书馆1965年版，第207页。
④ 同上书，第205页。
⑤ 同上书，第206页。
⑥ 同上。

为,若一个城邦的中产阶级强大得足以抗衡富人阶级和穷人阶级,后二者就谁也不能主宰政治。亚里士多德实际上是站在雅典城邦中产阶级奴隶主的立场上,企图通过扩大中产阶级的阶级基础,让中产阶级掌握城邦政权,以调和城邦内的富人阶级和穷人阶级之间的矛盾,实现城邦内阶级关系的和谐,以控制当时混乱的社会政治局面。若中产阶级掌权,则容易使城邦形成和谐的阶级关系。对此,列奥·斯特劳斯在《政治哲学史》中这样写道:"亚里士多德政治学说的典型特征,以及从当今政治理论观点来看的最令人感兴趣的特征,是他为'中间分子'所指定的作用,即调解城邦中富人和穷人之间的斗争。"① "不要错误地认为亚里士多德视中产阶级为政治美德的可靠源泉,他明白地指出,他所寻求的政体并不以'那种一般人无法企及的美德'或反复灌输有关此种政体的教育为先决条件;中产阶级的特征与其说是具备美德,不如说是没有恶德,或者说它拥有有利于获得美德的外在条件。另一方面,亚里士多德之所以对中产阶级抱有如此明显的热情,部分原因可能是他认为中产阶级是一种美德或绅士品格的温床,这种美德或绅士品格在为城邦服务中比那种因袭的贵族式的美德或绅士品格更少有歧义。"②

当然,最为优良的政体还应该是实施法治的政体和多数人统治的政体。在权衡"人治"和"法治"的利弊之后,亚里士多德主张实施"法治"。他认为,人治难免受到统治者个人感情的影响,而"法律恰恰正是免除一切情欲影响的神祇和理智的体现"③。在讨论"少数人之治"和"多数人的统治"的利弊之后,亚里士多德主张实施"多数人的统治"。因为多数人的统治比少数人更富有理智,更不会犯错误。

亚里士多德认为培养公民优良品质是建立优良城邦的内在要求。为实现人们的优良生活,亚里士多德主张建立优良的城邦。然而,城邦是由公民组成的,再好的政治制度也需要人来运行。这就对城邦公民的素质提出了要求。为保证最好的政治制度得到良好的运行,亚里士多德主张加强城邦公民的道德教育,培养公民优良的品质。在亚氏的优良城邦里,"全体

---

① [美]列奥·斯特劳斯等主编:《政治哲学史》,法律出版社 2009 年版,第 133 页。

② 同上书,第 133—134 页。

③ [古希腊]亚里士多德:《政治学》,商务印书馆 1965 年版,第 169 页。

公民对政治人人有责"①。也就是说，亚里士多德认为全体的城邦公民都应该关心城邦，积极参与城邦的政治活动。但若城邦的公民品质低劣，他们参与城邦政治的目的只是想为自己谋取私利，即使这个城邦是建立在最为优良的政体之上的，"全体公民对政治负责的城邦"也未必能成为优良的城邦。因此，亚里士多德认为："一个城邦，一定要参预政事的公民具有善德，才能成为善邦。"② 于是，亚里士多德将建立优良城邦的希望寄托于对公民进行道德教育、培养公民善德。"在我们这个城邦中，全体公民对政治人人有责［所以应该个个都是善人］。那么我们就得认真考虑每一个公民怎样才能成为善人。"③ 如何培养公民的善德呢？亚里士多德认为应根据形成善德的三个来源的内在关系，在实现这三个来源的和谐关系的基础上来培养公民善德。他认为，天赋、习惯和理性是善德形成的三大来源。"人们所由入得成善者出于三端。这三端为［出生所禀的］天赋，［日后养成的］习惯，及［其内在的］理性。"④ 那么，如何实现善德三大来源的内在和谐呢？亚氏根据天赋、习惯和理性的各自特点，提出"以理性为基调，对城邦公民进行习惯训练，培养公民善德"的主张。"人类的某些自然品质，起初对于社会是不发生作用的。"但是"积习变更天赋；人生的某些品质，及其成长，日夕熏染，或习于向善，或惯常从恶"。⑤ 因此，应根据公民的天赋，让公民养成和训练良好的习惯，培养公民良好的品德。除了重视习惯训练在公民优良品质培养的作用外，亚氏还注重理性的作用。他认为："理性尤应是三者中的基调……三者之间要是不和谐，宁可违背天赋和习惯，而依从理性，把理性当作行为的准则。""公民可以由习惯训练，养成一部分才德，另一部分则有赖于［理性方面的］启导。"⑥ 这说明亚里士多德主张从城邦公民的天赋出发，以人的理性为基调，对公民的良好习惯进行训练，培养公民的良好品德，以建立优良城邦、实现公民的优良生活。

总之，亚里士多德的和谐社会理论呈现这样一种思路：将培养公民优

---

① ［古希腊］亚里士多德：《政治学》，商务印书馆1965年版，第384页。
② 同上。
③ 同上。
④ 同上书，第384页。
⑤ 同上书，第385页。
⑥ 同上书，第385页。

良的道德品质和建立最为优良的政体作为主要途径,建立优良城邦,以实现优良生活。在这条思路中,亚里士多德的和谐思想贯穿始终。外物诸善、躯体诸善和灵魂诸善三者的和谐,是人类优良生活的体现;在中道原则指导下,由奴隶主中产阶级掌权,实现城邦的富人、穷人和中产阶级的和睦相处,是最为优良政体建立的应有目的;以理性为基调,实现公民天赋、习惯和理性的内在和谐,是形成公民善德的前提条件。亚里士多德将个体和社会的优良生活寄希望于优良城邦。而优良城邦的形成又有赖于实现城邦阶级关系和谐基础上的中庸政体的建立和公民个人优良品质的培养。这样,亚里士多德认为就能实现社会和谐和个人和谐的统一。

柏拉图与亚里士多德都致力于实现城邦的普遍的善,但就具体的经济制度的构想而言,二者有着根本的区别。亚里士多德在经济制度的构想上,完全超越了柏拉图,针对柏拉图的"公产公妻"制,亚里士多德提出了财产的"私有公用"制度。他认为,柏拉图的"公产公妻"既违背了城邦的性质,也违背了人的本性。首先,城邦的本质就是许多不同品类分子的集合。强求多类集合体整齐划一,变成同类体,"实际上是城邦的消亡"①。其次,自爱是人的天赋本性,人们总是关心属于自己的事物,而忽视公共的东西。据此,亚里士多德认为,如果实行财产的"私有公用",即以私有制为前提,在财物的使用上彼此互相资助,则是一种既有利于城邦,又符合人的本性的制度。在此,亚里士多德看到了个人的利益和需求,赋予个人在国家中的价值和地位,以明确的个人主义因素融入了柏拉图的整体主义国家观。这对黑格尔日后构建其理性国家观影响甚大。

综上所述,苏格拉底、柏拉图和亚里士多德继承了希腊人的国家观念,即"求得国家全体成员共同生活的协调"②,以理性主义的方式,来构建他们心目中的理想城邦生活,尽管他们之间在具体内容的构思上有着差异,但是,他们都强调,德性是至善,过一种社会生活是人类存在的目标或目的,国家的目的就是要培育好的公民,使个体成员能够过一种有德性的和幸福的生活。这样,城邦实质上就是一种伦理共同体。

① [古希腊]亚里士多德:《政治学》,商务印书馆1965年版,第47页。
② [美]乔治·萨拜因:《政治学说史》上册,商务印书馆1986年版,第48页。

三　黑格尔的评论及继承

在《哲学史讲演录》中，黑格尔称毕达哥拉斯派的哲学形成了实在论哲学到理智哲学的过渡。他讲道："伊奥尼亚学派说，本质、原则是一种确定的物质性的东西。跟着来的规定便是：一、不以自然的形式来了解'绝对'，而把它了解为一种思想范畴；二、于是现在必须建立起各种范畴，——最初者是完全不确定者。毕泰戈拉派哲学作了这两点。（一）因此，毕泰戈拉派哲学原始的简单的命题就是：'数是一切事物的本质，整个有规定的宇宙的组织，就是数以及数的关系的和谐系统。'在这里，我们首先觉得这样一些话说得大胆得惊人，它把一般观念认为存在或真实的一切，都一下打倒了，把感性的实体取消了，把它造成了思想的实体。本质被描述成非感性的东西，于是一种与感性、与旧观念完全不同的东西被提升和说成本体和真实的存在。"①

在黑格尔看来，毕达哥拉斯学派"数"的观念对于柏拉图与亚里士多德的影响甚大。他借用马尔可的《毕达哥拉斯传》中的一段详细的叙述作了如下解释：因为毕达哥拉斯派不能清楚地通过思想表达"绝对"和第一原则，所以他们求助于数、数学观念，因为这样范畴就容易表达了。例如，用"一"来表达统一，相等，原则；用"二"来表达不相等。这种凭借数的讲法，因为它是最初的哲学，由于其捉摸不定的性质，已经消灭了。以后柏拉图、斯彪西波、亚里士多德等人用轻易的手法窃取了毕达哥拉斯派的果实——建立便利的范畴、思想范畴来代替数。②

黑格尔指出，在毕达哥拉斯的体系中，一部分是数表现为思想范畴，首先就是统一、对立的范畴，以及这两个环节统一的范畴；一部分则是毕达哥拉斯学派把数的一般普遍的理想范畴认作原则。而他们认作事物的绝对原则的，并不是有算术差别的直接的数，而是"数的原则"，亦即数的概念的差别。那么，整个抽象的一与事物的具体存在之间彼此的关系是什么呢？毕达哥拉斯派用"模仿"表达了普遍范畴对具体存在的这种关系。柏拉图用"分有"替换了"模仿"。对此，黑格尔赞美道："绝对单纯的

----

① ［德］黑格尔：《哲学史讲演录》第 1 卷，商务印书馆 1959 年版，第 217—218 页。
② 参见 ［德］黑格尔《哲学史讲演录》第 1 卷，商务印书馆 1959 年版，第 219 页。

本质分裂为单元与多元，分裂为殊异的对立，这种对立是同时存在的，因为纯粹的殊异是消极性的；而绝对单纯本质之回复到自身，也同样是消极的统一，个别的主体和普遍者或积极者两者的统一。事实上这就是绝对本质的纯粹思辨理念，这就是纯粹思辨理念的运动；这也就是柏拉图所谓理念。思辨的理念在这里作为思辨的理念出现了。不认识思辨理念的人，不会明白用这种单纯的概念作为记号就可以表达绝对本质……这样的人看不出，用这些环节就能表达出思辨意义的上帝，在这些平凡的文字中就能表达出最庄严的东西，在这些熟知的平淡无奇的文字中就能表达出最深刻的东西，在这些贫乏的抽象概念中就能表达出最丰富的东西。与普遍的实在（一般说来即是类）、与全部实在的普遍概念相对立的，首先就是单纯本质的分裂、构成和多元化，它的对立和对立的持续，就是量的差别。因此这个理念在其自身中便具有实在性；它是实在的本质的、单纯的概念，——是提高到思想，但不是逃避实在事物，而是在本质上表示出实在事物的本身。我们在这里发现了理性；它表示出了它的本质；绝对的实在直接就是统一自身。"①

在谈到毕达哥拉斯学派关于"数之应用于宇宙"这部分内容中，黑格尔指出，毕达哥拉斯学派把宇宙机体、宇宙的各个天体、音乐乃至灵魂看作数的关系，它们在数的关系中体现出和谐状态。而对于毕达哥拉斯学派的实践哲学即道德哲学，黑格尔虽然也同意亚里士多德所说的"他第一个试图讲道德，但是并不以正确的方式讲；因为他由于把道德还原为数，所以不能建立真正的道德理论"的思想，但他强调："在毕泰戈拉的学说中，我们看到绝对本质的实在性在思辨中从感觉的实在性向上提升，本身被当作思想的本质说出，——不过还不是完满的；同样，道德本质也被他从实际生活中提了出来，——对于整个实际生活加上一个道德的规则，不过并不是对一个民族的生活，而是对一个社团的生活给予道德的规则。"② 因此，黑格尔认为毕达哥拉斯基本上的确具有"道德的本体是普遍"这一思想，关于这一点，黑格尔指出，可以从下面的话中见到一个例子，即"一个毕泰戈拉派分子回答一个父亲所提出的问题：怎样方能

---

① ［德］黑格尔：《哲学史讲演录》第 1 卷，商务印书馆 1959 年版，第 230—231 页。
② 同上书，第 248 页。

给他的儿子最好的教育？他答道：'除非他成为一个治理良好的国家的公民。'"① 黑格尔把这个答复看作一个伟大的、真实的答复。这一思想，黑格尔在《法哲学原理》中再次体现出来。在《法哲学原理》中，黑格尔借用毕达哥拉斯学派的话回答了一个父亲的提出的"要在伦理上教育儿子，用什么方法最好"的提问，答案就是"使他成为一个具有良好法律的国家的公民"。②

对此，黑格尔是这样诠释的："个人在家庭里受教育，然后在他的祖国里受教育，——通过建立在真正的法律上面的祖国的情况受到教育。在他的民族的精神中生活，一切其他情况都必须从属于这个大原则。……人在国家中受教养；它是最高的权力。人不能脱离国家，虽然他想脱离，他仍然不知不觉地存在于这个普遍中。便是在这个意义之下，毕泰戈拉的实践哲学的思辨成分，正在于道德理念应该实现为这个盟会。正如自然过渡到概念，上升到思想：思想，作为有意识的现实的思想，也进到实在，——思想作为一个团体的精神而存在，而个别的意识，并不作为实在的意识，只是在一个盟会中保有其实在性；所以他的生长或营养、自保正是在于在这样的本体里，并且与这本体相联系，然后它在本体里才成为普遍的意识。我们看到，在泰利士的时代，伦理习惯变成为普遍的宪法，而伦理习惯的普遍原则也同样是一个普遍的实在的东西，在毕泰戈拉，理论原则部分地从现实生活中提高到思想，——数是一个中间物：伦理也同样地从普遍的有意识的现实生活中提了出来，变成一个盟会，一个社团，——普遍的现实的伦理习惯与个人自身为了他的伦理习惯而必须遵守者（道德）之间的中介，个人的道德是化为普遍精神了。当我们见到实践哲学出现时，将发现它是如此的。"③

对于赫拉克利特，黑格尔在《哲学史讲演录》中是这样讲的："赫拉克利特把绝对本身了解为这种过程——了解为辩证法本身……赫拉克利特的客观性，亦即让辩证法本身为原理。这是必然的进步，这也就是赫拉克利特所作出的进步。'有'是'一'，是第一者；第二者是'变'——赫拉克利特进到了'变'这个范畴。这是第一个具体者，是统一对立者在

① ［德］黑格尔：《哲学史讲演录》第1卷，商务印书馆1959年版，第249—250页。
② ［德］黑格尔：《法哲学原理》，商务印书馆1961年版，第172页。
③ ［德］黑格尔：《哲学史讲演录》第1卷，商务印书馆1959年版，第250页。

自身中的'绝对'。因此在赫拉克利特那里,哲学的理念第一次以它的思辨形式出现了:巴门尼德和芝诺的形式推理只是抽象的理智;所以赫拉克利特普遍地被认作深思的哲学家,虽说他也被诽谤。[像在茫茫大海里航行],这里我们看见了陆地;没有一个赫拉克利特的命题,我没有纳入我的逻辑学中。"① 也正因为如此,黑格尔称他是"第一次说出了无限的性质的人,亦即第一次把自然了解为自身无限的,即把自然的本质了解为过程的人",并认为"哲学存在的开端必须自他始——这开端便是长存的理念"②。

在黑格尔看来,赫拉克利特所谓的"长存的理念"的本质就是对立统一。"赫拉克利特的哲学所报道给我们的,初看起来似乎是很矛盾的,但是可以用概念来打通它,我们发现了他是一个有深刻思想的人,他是前此[一切]意识的完成——一个从理念到全体性的完成,而这个全体性就是哲学的开始,或者说,这个全体性说出了理念的本质、无限的性质,[作为对立的统一。]"③

黑格尔指出,和谐本质上就是对立统一。"简单的东西、一种音调的重复并不是和谐。差别是属于和谐的;它必须在本质上、绝对的意义上是一种差别。和谐正是绝对的变或变化——不是变成他物,现在是这个,然后变成别的东西。本质的东西是:每一不同的、特殊的东西之与他物不同——不是抽象的与任何他物不同,而是与它的对方不同:它们每个只在它的对方本身被包含在它的概念中时才是存在的。变化是统一,是两个东西联系于一,是一个有,是这物和他物。在和谐中或在思想中我们承认是如此;我们看到、思维到这个变化——本质上的统一。精神在意识中与感性的东西相关联,而这个感性的东西就是精神的对方。音调也是这样;各种音调必须互相不同,因为是这样地不同,所以它们仍能统一起来——而这就是音调本身。属于和谐的是确定的对立及它的相互对立面,正如颜色的和谐一样。主观性是客观性的对方。不是一张纸的对方——如果是后一种情形,那就完全是无意义的事;它必须是它的对方,而在这当中恰恰有着它们的同一性:这样,每一个都是对方的对方,也就是它的对方的对

---

① [德]黑格尔:《哲学史讲演录》第 1 卷,商务印书馆 1959 年版,第 295 页。
② 同上书,第 311 页。
③ 同上书,第 298—299 页。

方。这就是赫拉克利特的伟大原理，它可能显得晦涩，但它是思辨的；而思辨的真理对于理智永远是晦涩的，理智坚执着有与无、主观与客观、实在与理想的分离。"①

赫拉克利特基于对立统一的方法论所形成的和谐观为人们观察世界提供了一种辩证法的方法论。这种影响我们可以通过黑格尔在其《美学》中的一段话来体会。"和谐是从质上见出的差异面的一种关系，而且是这些差异面的一种整体，它是在事物本质中找到它的根据的……同时这些质的差异面却不只是现为差异面及其对立和矛盾，而是现为协调一致的统一，这统一固然把凡是属于它的因素都表现出来，却把它们表现为一种本身一致的整体。各因素之中的这种协调一致就是和谐。和谐一方面见出本质上的差异面的整体，另一方面也消除了这些差异面的纯然对立，因此它们的相互依存和内在联系就显现为它们的统一。"② 黑格尔把和谐看作事物差异面的统一、多样性的统一，即事物之质的对立统一，这种观点无疑是受到了赫拉克利特的影响。

在《哲学史讲演录》中，黑格尔论及苏格拉底与智者学派关于主体"意识"方面的区别时，对苏格拉底和柏拉图伦理共同体思想作了如下解释，这一解释也贴切于他在《法哲学原理》中对伦理国家的定义。他指出："苏格拉底的出发点是认识到：存在者是以思维为中介的。第二个规定是：苏格拉底所说的意识与智者们所说的意识有一个不同之处，就是在建立和产生思维的同时，也产生和建立了一种并非建立的、自在自为的东西，即客观的东西，它超越利益和欲望的特殊性，是统治一切特殊事物的力量。在苏格拉底和柏拉图那里，一方面，意识是主观的，是为思维的活动所建立的——这是自由的环节，主体优游于自身范围之内，这是精神的本性——；而另一方面，意识又是自在自为的客观的东西，并非外在的客观性，而是精神的普遍性。这就是真实的东西，用近代的术语说，就是主观与客观的统一。"③

在黑格尔看来，正是道德主体自身的自由意识的显现，与传统的共同体伦理精神发生了冲突，酿成了苏格拉底之死的悲剧性事件。苏格拉底作

---

① ［德］黑格尔：《哲学史讲演录》第 1 卷，商务印书馆 1959 年版，第 302—303 页。

② ［德］黑格尔：《美学》第 1 卷，商务印书馆 1979 年版，第 180 页。

③ ［德］黑格尔：《哲学史讲演录》第 2 卷，商务印书馆 1960 年版，第 41—42 页。

为悲剧性人物是以建立道德哲学而被处死的。"在真正悲剧性的事件中，必须有两个合法的、伦理的力量互相冲突，苏格拉底的遭遇就是这样的。他的遭遇并非只是他本人的个人浪漫遭遇，而是雅典的悲剧，希腊的悲剧，它不过是借此事件，借苏格拉底而表现出来而已。这里有两种力量在互相对抗。一种力量是神圣的法律，是朴素的习俗，——与意志相一致的美德、宗教，——要求人们在其规律中自由地、高尚地、合乎伦理地生活；我们用抽象的方式可以把它称为客观的自由，伦理、宗教是人固有的本质，而另一方面这个本质又是自在自为的、真实的东西，而人是与其本质一致的。与此相反，另一个原则同样是意识的神圣法律，知识的法律（主观的自由）；这是那令人识别善恶的知识之树上的果实，是来自自身的知识，也就是理性，——这是往后一切时代的哲学的普遍原则。我们将看见这两个原则在苏格拉底的生活和哲学中互相冲突。"①

黑格尔指出，希腊世界一开始并非停留在单纯的主体精神世界中，勿宁说，希腊世界从荷马史诗开始就直接面对着它的客观世界。从神话中我们可以了解希腊人和他们的世界有着直接的统一性，这也就是所谓的"伦理实体"。伦理实体可以理解为作为实体之伦理，亦即希腊人的伦理生活有如实体般的坚固将希腊人统一为一个整体。希腊的伦理世界是一种牢不可破的统一整体，在此整体中没有个人的主体性思考，所有的个体性完全融入整体之中，每个希腊人的行动完全和整体希腊价值观一致，个人并无超越整体价值的独特思考活动。

黑格尔认为，苏格拉底的悲剧是与他对希腊伦理实体的破坏有关，苏格拉底充当的是实体大地的掘墓人，但同时他也埋葬了自己。依照黑格尔的看法，希腊的精神是具有纯朴伦理的特色，希腊人还没有达到自己反思的境界，习俗、法律等不仅存在而且被坚持着，它们基本上是被视为蒙昧地独立发展着的传统。这些法律具有为诸神所批准的神圣的法律的外形，希腊人的行为和决定并不是根据主观或主体意志的。智者就是以个体性的抽象普遍性对抗实体性的抽象普遍性的方式出现的，换言之，智者在此是作为传统伦理的破坏者而出现的。黑格尔认为，苏格拉底的思想正是处在这两种抽象的普遍性之间而试图寻找出路的一种思想形态，因此我们可以说，苏格拉底陷于两面作战：一是对传统的伦理实体力量，二是对智者的

---

① ［德］黑格尔:《哲学史讲演录》第 2 卷，商务印书馆 1960 年版，第 44—45 页。

相对主义的主观性力量。而传统力量又视苏格拉底是智者的同路人而加以反扑，这是因为苏格拉底在主体性的反思方面和智者有其共同性，而在对传统的伦理实体的破坏方面两者是一致的，所以，无论是苏格拉底或者是智者，都代表了希腊的时代精神正面临新的转折，换言之，希腊传统的伦理大厦正遭到摧毁的命运。

尽管如此，苏格拉底和智者的最终目标是不同的，苏格拉底并不反对传统，他只是要把传统的伦理建立在一个更稳固而具有普遍性的基础上面，或者说他只是要扬弃传统伦理的抽象面，他对传统的否定是一种具体的否定；而在智者那里，以"人是万物的尺度"这一原则对现存事物进行反思，使得一切都陷于不稳固的状态，一切都陷于动摇之中。黑格尔认为，苏格拉底与智者的思想是不同的，并且是对立的。智者所谓的"人是万物的尺度"其中还包含着人的主体利益的特殊限定；在苏格拉底那里人也是万物的尺度，不过是作为思想者的人。"在苏格拉底和柏拉图那里也提出过同样的命题，不过加了进一步的规定；在他们那里，人是尺度，是就人是思维的、人给自己提供一个普遍的内容而言。"① "他一生的真正事业是与他所遇着的每一个人讨论伦理哲学。他的哲学把本质当作在意识里面的共相，因而应该认为这是属于他个人生活中的东西；他的哲学并不是真正的思辨哲学，而仍然是一种个人的行为。而且他的内容也是关于个人行为的真理。他的哲学的实质与目的，就是把个人的个别行为化为一种有普遍意义的行为。"② 这意味着，到了智者时期，希腊的传统伦理实体性的普遍的、统一的精神与个体性精神开始发生了冲突，习俗与法律的条文在人的意识面前发生了动摇，于是主体便成了限定者。但是，我们可以看出，苏格拉底与智者的异同所在：智者未给予"人是万物的尺度"这一原则以普遍性的内涵，而苏格拉底试图把希腊的伦理实体性的基础建立在主体的思想上。

这种向主体性的转折即是由智者所开展出来的思想取向，然而在智者那里，这种思想取向仍然充满着怀疑主义和相对主义的印记，智者就以为万物（包括城邦的伦理：政治、宗教、法律等）都是易变的、相对的，而人却是对万物之真理性、存在性的保证，但是这种保证却不是永恒性

---

① ［德］黑格尔：《哲学史讲演录》第 2 卷，商务印书馆 1960 年版，第 27 页。
② 同上书，第 47—48 页。

的，因此智者只承认相对性的真理，他们并不是纯粹的怀疑主义者。智者固然认为人是一种感觉和思想的存在，但是在对万物保证时他们并没有深挖作为思想者的这一主体性的普遍性力量。而对于苏格拉底来说，黑格尔指出："一、苏格拉底采纳了阿那克萨戈拉的学说，即思维和理智是统治的、真实的和自身规定的有普遍性的东西。这个原则，在智者们那里较多地采取形式文化的形式，抽象的哲学论证的形式。对于苏格拉底，像对于普罗泰戈拉一样，思想是本质；自觉的思想扬弃一切特定的事物，这在苏格拉底那里也是相同的，但同时他还把思维理解为静止和固定的东西。思想的这个固定的东西，这个自在自为的本体，这个绝对自我保存者，已被规定为目的，并且被进一步规定为真理，规定为善了。二、在给普遍的本质作了这个规定之后，还得加上一个规定，就是：这个善既然被视为实质的目的，就必须为我所认识。无限的主观性，自我意识的自由，在苏格拉底的学说中生长出来了。我必须出现于我所思维的一切事物中。这个自由在我们现代是无限地、经常地为人所要求的。实质的东西是永恒的、自在自为的，但也同样必须通过我产生出来，不过我的作用只是形式的活动。"①

　　古希腊作为现存的伦理共同体，其法律作为至高无上的东西没有经过道德主体的检验和考究，只是一种自身满足的直接的确信，到了智者尤其是苏格拉底这里，个体性的道德意识就开始要对传统的法律、习俗质疑，现存的法律、习俗也开始动摇，这种由外在的直接性（伦理）向主体性（道德）的折回是精神自由的展现，黑格尔赞美说："这个向自身的折回，是希腊精神的高度发展，因为它不再是这些伦理所笼罩的一种存在，是对这些伦理的一种生动的意识，这种意识虽然具有着同样的内容，但却是在自身中自由活动的精神了。"② 由此看来，黑格尔是以苏格拉底为希腊精神转变的临界点的，智者只是作为达到这个临界点的运动过程而已，在苏格拉底之前希腊没有道德学说，苏格拉底建立了伦理学，他的学说是地道的道德学说。"在苏格拉底所属的那个民族的精神中，我们看到伦理［即礼俗］转化为道德，并且看到苏格拉底站在顶峰上，意识到了这个

---

① ［德］黑格尔：《哲学史讲演录》第 2 卷，商务印书馆 1960 年版，第 40 页。
② 同上书，第 64 页。

转变。"①

　　黑格尔认为："道德的主要环节是我的识见，我的意图；在这里，主观的方面，我对于善的意见，是压倒一切的。道德学的意义，就是主体由自己自由地建立起善、伦理、公正等规定，而当主体由自己自由地建立起这些规定时，也就把'由自己建立'这一规定扬弃了，这样一来，善、伦理等规定便是永恒的、自在自为的存在了。伦理之为伦理，更在于这个自在自为的善为人所认识，为人所实行。苏格拉底以前的雅典人，是伦理人，而不是道德人；他们曾经作了对他们的情况说是合理的事，却未曾反思到、不认识他们是优秀的人。道德将反思与伦理结合，它要去认识这是善的，那是不善的。伦理是朴素的，与反思相结合的伦理才是道德。"② 苏格拉底就是带着这种道德感情出现的，他认为，人人都应当关心自己的伦理，传统的普遍的精神既然在实际生活中消失了，他就在自己的意识中去寻求它。在希腊，智者摧毁了古希腊的伦理共同体大厦，苏格拉底重新为大厦奠立基础，但就因为如此，苏格拉底的道德主体的普遍性也就和传统的伦理实体的普遍性发生了冲突。而这一冲突酿成了苏格拉底之死的悲剧。黑格尔指出，苏格拉底的悲剧性在于"他的主观思维对现存的伦理的反抗，他自己并未认识到他是站在现存的伦理上面，而只是抱着一个朴素的目的，引导人们走向真正的善，走向普遍的观念"③。

　　在对导致苏格拉底之死这一悲剧性事件的原因及其苏格拉底的共同体伦理思想作了深刻的分析之后，黑格尔也指出了苏格拉底与柏拉图和亚里士多德关于"善"的理解的不同之处："苏格拉底最初只是从实践的特殊意义了解善，即是：凡是对我的行为有实质意义的东西，我就必须对它关心。柏拉图和亚里士多德则从更高的意义来了解善：善是普遍的，不仅是为我的；——而苏格拉底所谓善仅是理念的一种形式、方式，表现意志的理念。"④

　　在黑格尔看来，相对于苏格拉底把自觉的思想的权利提高为原则，柏拉图则把思想这种仅仅抽象的权利扩张到科学的领域里。"他放弃了苏格

---

①　［德］黑格尔：《哲学史讲演录》第 2 卷，商务印书馆 1960 年版，第 63 页。
②　同上书，第 42—43 页。
③　同上书，第 57 页。
④　同上书，第 42 页。

拉底认独立自在的思想为自觉的意志之本质和目的的狭隘观点，而进一步认这种思想为宇宙的本质。他曾经扩大了苏格拉底的原则，并且发展了解释和推演这原则的方式，虽说他的发挥未必完全是科学的。"因此，"柏拉图哲学的特点，在于把哲学的方向指向理智的、超感性的世界，并且把意识提高到精神的领域里；于是，理智的成分便获得了那属于思维的超感性的、精神的形式，并且在这样的形式下，得到了对意识的重要性，进入了自觉的阶段，而意识在这个基础上，也取得了一个坚实的立足点"①。

　　在柏拉图那里，超感性的世界就是由苏格拉底开创的精神世界，并被柏拉图演绎为理念世界，这是柏拉图对哲学的首要贡献。黑格尔指出："苏格拉底所开始的工作，是由柏拉图完成了。他认为只有共相、理念、善是本质性的东西。通过对于理念界的表述，柏拉图打开了理智的世界。理念并不在现实界的彼岸，在天上，在另一个地方，正相反，理念就是现实世界。即如在留基波那里，理想的东西已经被带到更接近现实，而不是超物理的东西了。但是只有自在自为地有普遍性的东西才是世界中的真实存在。理念的本质就是洞见到感性的存在并不是真理，只有那自身决定的有普遍性的东西——那理智的世界才是真理，才是值得知道的，才是永恒的、自在自为的神圣的东西。区别不是真实存在的，而只是行将消逝的。柏拉图的'绝对'，由于本身是一，并与自身同一，乃是自身具体的东西。它是一种运动，一种自己回复到自己，并且永恒地在自身之内的东西。对于理念的热爱就是柏拉图所谓热情。"②

　　再者，在黑格尔看来，在苏格拉底把伦理学引入哲学从而创立了道德哲学之后，柏拉图又加上了辩证法。这种辩证法并不是把观念弄混乱的那种智者派的辩证法，而是在纯概念中运动的辩证法，是逻辑理念的运动。他讲道："思想中的辩证运动是和共相有关系的。这种运动是理念的规定；理念是共相，不过是自己规定自己的、自身具体的共相。只有通过辩证的运动，这自身具体的共相才进入这样一种包含对立、区别在内的思想里。理念就是这些区别的统一；于是理念就是规定了的理念。这就是知识的主要方面。苏格拉底停留在善、共相、自身具体的思想上面；他没有发展这些概念，没有通过发展的过程把它们揭示出来。通过辩证的运动并且

---

① ［德］黑格尔：《哲学史讲演录》第 2 卷，商务印书馆 1960 年版，第 152 页。
② 同上书，第 178—179 页。

把它们的矛盾归结到应有的结果［按即统一］，我们就得到规定了的理念。在柏拉图那里缺点在于两者［按即规定性和普遍性］还是彼此外在的。他谈到正义、善、真。但他却没有揭示出它们的起源；它们不是［发展的］结果，而只是直接接受过来的前提。只是意识对于它们有了直接的信念，相信它们是最高的目的，但是它们的这种规定性却还没有找到。因此许多对话仅仅包含一些消极的辩证法；这就是苏格拉底的谈话。"①

以正义为核心内容的"善理念"是柏拉图进行政治思考的逻辑起点。黑格尔认为柏拉图在《理想国》中的"国家篇"里从"国家大于个人"这一判断出发强调"我们宁肯考察表现在国家中的正义"的话语是一个素朴而可爱的导言，是一个伟大的见解。"柏拉图在这里说得好像平淡无奇，实际上已接触到事情的本性了。因为正义的实在性和真理性只表现在国家里。法律是自由的具体表现，是自我意识的实现，是精神的实在的一面和实在的形式。国家是法律的客观实现。法律是精神之自在的和自如的存在，是有其确定的存在的，是能动的。法律是自己实现其自身的自由。譬如，这财物是我的，这就是说，我在这外在的财物里建立起我的自由。精神一方面是能认识的，另一方面它又是有意欲的，这就是说，它要使它自己成为现实。全部精神浸透在其中的实在性就是国家，国家不仅是对于我这个个人的知识。因为由于自由合理的意志规定其自身，所以就有自由的法律；不过这些法律也正是国家的法律，因为合理的意志存在和实际出现的地方正是国家。在国家里这些法律是有效力的，它们是国家的习俗、国家的伦理。因为在国家内武断任性仍然直接地存在着，所以这些法律不仅仅是伦理，而且必须同时又是反对武断任性的威力，有如法律之表现在法庭上和政府内一样。这就是国家的本质。凭借这种理性的本能，柏拉图特别注意这些特征以及国家如何表达正义的这些特征。"②

黑格尔进一步指出："作为柏拉图理想国的根据的主要思想，就是可以认作希腊伦理生活的原则的那个原则：即伦理生活具有实体性的关系，可以被奉为神圣的。所以每一个别的主体皆以精神、共相为它的目的，为它的精神和习惯。只有在这个精神中欲求、行动、生活和享受，使得这个

---

① ［德］黑格尔：《哲学史讲演录》第 2 卷，商务印书馆 1960 年版，第 206 页。
② 同上书，第 244 页。

精神成为它的天性，亦即第二个精神的天性，那主体才能以有实体性的风俗习惯作为天性的方式而存在。这无疑地就是一般的基本特性、实体。"①但是，柏拉图在确定"伦理生活具有实体性的关系"这一原则时，他排斥了与国家这一伦理实体相反的个人的主观任性的特性。而这一点正好与近代国家确信人们有良心的自由或每一个人有权利要求顺从他自己的兴趣的原则恰恰相反。在黑格尔看来，柏拉图只是强调：就个人说来，人是国家的一个成员，人之为人本质上是伦理的。正义就是实体性的精神之成为现实性，正义意味着合乎正义的人只是作为国家一个伦理的成员而生存着，正义就是每个人做适合他的天性的工作，并做得很好。只有这样他才有正当权利成为确定的个体。正义容许每一特殊规定享有它的权利，同时又导使每一特殊规定回复到全体。

　　黑格尔指出，与柏拉图一样，亚里士多德也把理念规定为善、目的、最普遍的共相，但是，在理念的深度与广度上，亚里士多德比柏拉图向前推进了一步。"柏拉图的理念一般是客观的东西，但其中缺乏生命的原则、主观性的原则；而这种生命的原则、主观性的原则（不是那种偶然的、只是特殊的主观性，而是纯粹的主观性）却是亚里士多德所特有的。"②而生命的原则、主观性的原则，即"活动性也是变化，但却是维持自身等同的一种变化，——它是变化，但却是在共相里面作为自身等同的变化而被设定的：它是一种自己规定自己的规定。反之，在单纯的变化里面，就没有包含着在变化中维持自身。那共相是积极活动的，它规定自己；目的就是体现出来的自身规定。这就是亚里士多德所最关切的主要思想"③。在这里，黑格尔的意思是，亚里士多德的"共相"的活动性既反对赫拉克利特所谓的"一个人不能同时踏进同一条河流"的无实体的单纯变化的主张，也反对柏拉图的抽象的自身等同的理念。

　　黑格尔指出，在亚里士多德那里，理念的自身活动性就是"逻各斯"。"就其位自由的活动性而言，就其具有目的于自身之中、为自己设定目的、并积极为自己确立目的，——就其为规定、目的的规定、目的的实现而言，就叫'隐德来希'。灵魂本质上就是'隐德来希'，'逻各

---

① ［德］黑格尔：《哲学史讲演录》第 2 卷，商务印书馆 1960 年版，第 250—251 页。
② 同上书，第 289 页。
③ 同上书，第 289—290 页。

斯'，——普遍的规定，自己设定自己并自己运动的东西。"① 而以实现自己为目的的理念就是最高的善，而最高的善就是幸福。"在实践里面，亚里士多德把幸福规定为最高的善；——最高的善并不是抽象的理念，而是其中具有实现其自身的环节的那种理念。亚里士多德不满足于柏拉图那种善的理念，因为善的理念只是共相，而问题在于善的特性。亚里士多德说，善乃是以自身为目的的东西……就是那不是为了别的缘故而是为了自身的缘故而被渴望的东西。这就是……幸福。绝对自在自为的实在的目的，他规定为幸福。幸福的定义是：'按照自在自为的实在的（完善的）美德，以本身为目的的实在的（完善的）生命的活动能力。'他同时更把理性的远见当作美德的条件。他把善和目的规定为合理的活动（幸福在本质上必然属于它）。"②

　　黑格尔讲道，亚里士多德的政治哲学把"人"的定义规定为"政治的动物，具有理性的动物"，表明他非常重视国家。亚里士多德的意思是说："'国家按其本性'（就是说在本质上、实质上、按其概念、理性和真理性而言，而不是按时间而言）'乃是先于家庭'（家庭是自然的而不是理性的结合）'和先于我们任何一个人的。'"③ 亚里士多德不认为个人及其权利是第一性的，而认为国家按其本质而言是比个人和家庭为高的，并且构成了这两者的实体性。国家乃是个人的本质，个人如果离开全体，就像一个有机体的部分脱离了有机体一样，不再是什么自在自为的东西。黑格尔指出："这与近代的原理正相反，近代的原理是以个人为出发点，使每一个人都有一个投票权，从而才产生了国家。在亚里士多德那里，国家是实质，是根本的东西；最优越的东西是政治权力，由主观的活动来加以实现，因而主观的活动在政治里面获得了自己的使命、自己的本质。因此，政治是最高的东西；因为它的目的在实践方面来说乃是最高的目的。'但是谁如果不能参加这个结合，或者由于自己的独立性而不需要这个结合，那么这个人就或者是一个野兽，或者是神。'"④ 黑格尔指出，在亚里士多德那里，就善、正义方面来说，国家是本质的存在。国家的目的就是一般的普

---

① ［德］黑格尔：《哲学史讲演录》第 2 卷，商务印书馆 1960 年版，第 294 页。
② 同上书，第 358—359 页。
③ 同上书，第 363 页。
④ 同上书，第 363—364 页。

遍幸福。道德固然属于个人，但是它的完成只能够在国家里面才能达到。

综上所述，我们可以看出，黑格尔对苏格拉底、柏拉图与亚里士多德的作为社会伦理秩序的和谐社会理念的评论，是以近代社会所重视的个体性原则为基准的，当他窥见近代的个体性原则在现实社会中造成个体与共同体分离的时候，他对古希腊的国家伦理生活极尽褒扬；当他认识到近代的个体性原则是自由之精神促进的历史环节的时候，他对古希腊的国家伦理生活缺乏个体独立性而持历史的批判态度。这一点，我们透过他在《哲学史讲演录》中对亚里士多德的政治学的最后评论可以看出。他说："此外，他的政治学还包含着一些富于启发性的观点，像关于国家的内在环节的知识，以及各种不同的法制的描述等等。没有一个国家像希腊那样同时既富于各种不同类型的法制，又屡屡在同一城邦中变动法制；（由于古代的和近代的国家的原理不同，这些法制已失去意义。）但是同时希腊也不认识我们近代国家的抽象的权利，这种权利把个人孤立起来，准许他按个人的选择去行动（使得他主要地是作为个人而存在），但它又像一种不可见的精神，把一切人结合起来，——使得在任何一个人里面，真正说来，既没有那种为了整体的意识，也没有那种为了整体的活动；他为整体而工作，但是却不知道他在怎么样为它工作，他只是关心于保存自己。这乃是一种分工的活动，在这种分工活动中每个人只占一份；正如在一个工厂里面，没有什么人自己单独制造一件完整的产品，每个人只是制造产品的一部分，不懂得制造其他各部分的技能，只有少数几个人才把各部分装配成一件产品。只有自由的民族才意识到整体并为它而活动；在近代，一个人如果作为独立的个人，就会感到不自由，——市民的自由就是等于不需要普遍的原则，就是孤立的原理。但是市民的自由（我们没有两个不同的字眼来代表 bourgeois ［市民］和 citoyen ［公民］）是一个必要的环节，那是古代的国家所不熟悉的：或者说，古代国家不认识这种点的完全独立，以及整体的更大的独立，——更高级的有机生命。国家接受了这个原理之后，就能够有更高级的自由产生出来；前面所讲的那些国家只是自然的玩艺儿、自然的产物、偶然的结果和个人的任意作品，——而这里所说的国家才有那种内在的生存和不可摧毁的普遍性，这种普遍性在其各个部分中成为真实，获得了巩固。"①

---

① ［德］黑格尔：《哲学史讲演录》第2卷，商务印书馆1960年版，第364—365页。

　　对于黑格尔对古希腊哲学的继承，英国学者华莱士曾经说过："黑格尔打算提供的不是什么新奇的、特殊的学理，而是那普遍的哲学；这个哲学经过许多世纪时窄时宽的变迁，但在本质上仍然保持同一。这个哲学自觉到它是柏拉图和亚里士多德的教诲的继续并以这种同一性而自豪。"①这段话告诉我们，如果把黑格尔哲学和古希腊哲学放在一起，我们会很容易地注意到黑格尔哲学是古希腊哲学主题的延续，这个主题就是对普遍同一的东西的追求。

　　希克斯在其所撰写的《黑格尔伦理思想中的个人主义、集团主义和普世主义》一文中较为详细地阐述了黑格尔对古希腊城邦理想的追慕之情，并且批驳了像罗素、波普尔以及马里坦等人把黑格尔描绘成为伦理复古论者的看法。他指出："从黑格尔早期的图宾根手稿以后便影响着他伦理思想的一个重要因素，是他对于古希腊和古典的希腊城邦理想的追慕之情。黑格尔跟他那个时代的很多德国知识人一样，在古希腊看到了一种集团性的精神和一种关乎文化整体的范式，而这两种东西跟现代社会的破碎与分裂形成了鲜明的对比。"②但是，"黑格尔一直都在否认自己是政治有机论者或者道德复古论者。相反，他认为自己的目的是提出一种社会安排，而这种社会安排则要容纳而不是要排斥个体性的道德反思以及对于社会生活的批判。他希望提出一种关于现代社会生活的观点，这种观点可以允许个体性的人格（即我们作为彼此不同的，有着自我意识的存在已经被建构起来的特殊性）与公民资格（即我们在人际性的一制度性的行为和语境当中采取理性行为的能力）可以通过一种一方不会吃掉另外一方并且每一方都有一种充足的位置的方式被整合在一起。确实的，黑格尔也倾向于认为，现代世界基本的社会——政治难题便是如何把如下两个方面统一起来的问题：一方面是后启蒙时代的、对于最大限度的个体独立、自我决断和基于差异与多样性的特权的自由的追求；另一方面是一种更早、更传统的将具有表述功能的共同体（要表述的内容包括，共同的目标、集团性的追求和规划）作为社会生活之基础的观点。简单来说就是：人们怎样才能在一个共同体中既获得充分发展的个人，又获得充分发展的参

　　①　转引自［英］斯退士《黑格尔哲学》，鲍训吾译，河北人民出版社1986年版，第1页。
　　②　［美］希克斯：《黑格尔伦理思想中的个人主义、集团主义和普世主义》，载刘小枫主编《黑格尔与普世秩序》，华夏出版社2009年版，第21—22页。

与者？或者用黑格尔的话说：人们怎样才能'一方面居住在实体性的东西里面，一方面又保留主观自由？'"①

美国学者莱文也指出："在黑格尔看来，积极的主观性是一种与国家、政治和道德共同体具有共同关系的个性化理解力。这种相互关联是思想和存在、主体和客体同一的基础之一。如果哲学与世界交织在一起，那没理念和现实之间就没有差别，这样理念就不能判断现实，因为实现是理念本身，因此，尽管黑格尔发现斯多亚主义、伊壁鸠鲁主义和怀疑主义对主观性的捍卫是古希腊——罗马思想发展的关键步骤，但他还是抨击了这些学派，因为他们严重地歪曲了主观性理念。除了拒斥抽象主观性外，黑格尔还发现斯多亚主义、伊壁鸠鲁主义和怀疑论者关于幸福的理念存在着严重的缺陷。尽管它们对幸福的定义不同，但这些学派都认为幸福是一种个人舒适安宁的状态。斯多亚学派认为，生命应当以符合自然的方式度过，因为遵循自然的支配可以消除痛苦和创伤。伊壁鸠鲁将幸福称作安宁，因为完全没有焦虑使一个人的生活远离不适，斯多亚主义、伊壁鸠鲁主义和怀疑论者关于幸福的处方也致力于削弱个人和社会之间的任何结合。由于人们确信这些学派的道德教化避免了个人和城邦之间的统一，这种道德标准因而导致了隐遁。这种经典幸福论模式是黑格尔所反感的，它们是抽象主观性的另一个结果，因为它们不鼓励个人参与社会道德世界，而支持其退出公共参与。在实践活动方面，黑格尔以道德责任取代了伦理的幸福。根据苏格拉底、柏拉图和亚里士多德，当某个人成为道德共同体的一部分时，他才能获得最大的满足，由于拥护亚里士多德，黑格尔将人规定为政治动物，因为他意识到，仅当主体与他者相结合的时候，主体才能获得普遍性。政治在本身上是道德的。"②

然而，需要指出的是，尽管黑格尔从青年时代起就十分憧憬古希腊社会的和谐与完美，但他对古希腊的国家概念并不是全盘接受。在他看来，古希腊诚然存在着完美的和谐与统一，个人与城邦融为一体。然而，这种统一却是低级的形式。因此，在黑格尔看来，古希腊的灭亡是不可避免

---

① ［美］希克斯：《黑格尔伦理思想中的个人主义、集团主义和普世主义》，载刘小枫主编《黑格尔与普世秩序》，华夏出版社 2009 年版，第 20—21 页。

② ［美］莱文：《不同的路径：马克思主义与恩格斯主义中的黑格尔》第 2 卷，北京师范大学出版社 2009 年版，第 219—220 页。

的，在某种程度上还是命中注定的。为什么这么说？希克斯指出："按照黑格尔考虑问题的方法，古希腊城邦的伦理生活，以及一般意义上的、雅典的道德和政治思想，都被做了过于狭隘的定义。首先，古希腊公民所了解的自由是片面而局部的，也就是说，只有那种个人作为集体之中的成员所享有的自由。个体独立、自我决断、良心的权利、主体性和差异性的权利等等这些原则，在很大程度上都还没有发展起来。其次，古希腊社会的伦理生活从根本上来说还处于未经反思的层面，还只是习惯或者风俗。就其本身而言，城邦的精神生活太过浅白、太过直接、太过没有区分也没有自我意识了……它没有办法把社会个体成员的各种从潜在的角度来说有差异的需求、利益和各式各样的自我想象，充分地表述出来。人们还需要某种更有组织也更有区分的东西，或者一言以蔽之，人们还需要某种更具伦理色彩的东西。"① 特殊性没有得到伸张，共同体的伦理也无力容纳主观特殊性原则，所以，它不可避免地瓦解了。黑格尔认为："主体的特殊性求获自我满足的这种法，或者这样说也一样，主观自由的法，是划分古代和近代的转折点和中心点。"② "柏拉图在他的理想国中描绘了实体性的伦理生活的理想的美和真，但是在应付独立特殊性的原则（在他的时代，这一原则已侵入希腊伦理中）时，他只能做到这一点，即提出他的纯粹实体性国家来同这个原则相对立，并把这个原则……从实体性的国家中完全排除出去……柏拉图的理想国要把特殊性排除出去，但这是徒然的，因为这种办法与解放特殊性的这种理念的无限权利相矛盾的。"③ "特殊性的独立发展是这样一个环节，即它在古代国家表现为这些国家所遭到的伤风败俗，以及他们衰亡的最后原因。"④ 在近代世界，主观特殊性原则获得了存在的权利，这是历史发展的必然结果。然而，它却导致了社会的分崩离析。社会必须面对这个既成事实而重新组织起来。它给特殊性以地位，又实现古希腊社会那样的统一。黑格尔说："在赋予这种权利的同时，整体必须保持足够的力量，使特殊性与伦理性的统一得到调和。"⑤ "现代国

---

　　① ［美］希克斯：《黑格尔伦理思想中的个人主义、集团主义和普世主义》，载刘小枫主编《黑格尔与普世秩序》，华夏出版社 2009 年版，第 26 页。

　　② ［德］黑格尔：《法哲学原理》，商务印书馆 1961 年版，第 126—127 页。

　　③ 同上书，第 200—201 页。

　　④ 同上书，第 199 页。

　　⑤ 同上书，第 201 页。

家的原则具有这样一种惊人的力量和深度，即它使主观性的原则完美起来，成为独立的个人特殊性的极端，而同时又使它回复到实体性的统一。"① 这道出了他的国家概念与古希腊国家概念的根本区别，同时也表明，他的国家概念力图在保存近代个人主义和自由主义的积极成分的同时，实现对它的超越。

黑格尔认为柏拉图"以实体性的、普遍性的东西为基础"，而不以个别的人"这种自在状态或不现实的精神"为基础，是正确的。但是他又指出，柏拉图还没有明确意识到这种普遍性、实体性概念"和它的现实性的关系"。我们看到，这正是他的《法哲学原理》的内容。在该书中，黑格尔揭示了抽象权利"那种自在的存在和直接性的形式"被"扬弃"的必然性，他把这一过程描述为"意志发展的形态"、"自由的概念的发展所通过的各个环节"。他说："意志从其最初的抽象规定进而形成为它的自我相关的规定，从而是主观性的自我规定，这一规定性在所有权中是抽象的'我的东西'，所以是处于一个外事物中的。在契约中，'我的东西'是以双方意志为中介的，而且只是某种共同的东西。在不法中，抽象法领域的意志，通过单个意志——其本身是偶然的——而其抽象的自在存在或直接性被设定为偶然性。"黑格尔接着指出："在道德的观点上，意志在法的领域中的抽象规定性被克服了。"而抽象权利要具体化，要充分实现出来，则"必须以伦理的东西为其承担者和基础"。② 确切地说，只有在市民社会中才有实现的可能。在《法哲学原理》中，黑格尔不在讨论人的权利之后立即讨论国家，其间还经历了一个很长的过程：讨论道德、家庭、市民社会。这些都表明了他对个人、权利、社会、国家的独特理解，也显示出他对亚里士多德的理念的活动性原则与国家就是"逻各斯"思想的继承。③

①　[德] 黑格尔：《法哲学原理》，商务印书馆 1961 年版，第 260 页。

②　同上书，第 109 页。

③　参见郁建兴：《黑格尔对自然权利的批判》，《复旦学报》（社会科学版）1999 年第 6 期。

第二章

个体与共同体的分离：国家伦理的蜕变

　　苏格拉底、柏拉图和亚里士多德以德性修养为主调来构建和谐伦理城邦的政治哲学，在各城邦处于风雨飘摇的特殊时期，终究没有发挥出挽救城邦衰败命运的作用。萨拜因在其《政治学说史》中对于柏拉图和亚里士多德的政治哲学在亚里士多德逝世后的两百年中所起的作用，作出了"巨大的失败"的判断。① 他指出：尽管"亚里士多德的政治理论——确认国家应当是道义上平等的自由公民之间的一种关系，国家是按照法律行事的，而且依靠的是辩论和同意而不是强制，这一理论一直在欧洲的政治哲学中流传而从未消失"。但是，"尽管他们写下的论断具有如此久远的重要意义，然而实际上柏拉图和亚里士多德认为它是适用于城邦的，而且只适用于城邦。他们从未设想过这些理论或任何政治理想能够在任何其他形式的文明社会中加以实现"。② 而事实上，"城邦的命运并非取决于它借以管理其内部事物的那种智慧，而是取决于它和其余的希腊世界的相互关系，取决于希腊和东方的亚洲以及和西方的迦太基及意大利的关系。认为城邦可以不顾这些对外关系所确定的限制条件去选择它的生活模式，这种看法是根本错误的。"③ 两位思想家虽然对希腊各城邦之间好争论、好战的关系深表痛惜，各城邦缺乏联合意识，使得它们在北部的马其顿王国的入侵下，很快就束手就擒，变成了马其顿统治下的一个行省。

　　在这种情况下，"带有个人特性和追求私人幸福的理想"的另一种政治哲学的产生和传播就绝非偶然了，这就是伊壁鸠鲁学派和犬儒主义学派

---

①　[美]乔治·萨拜因：《政治学说史》上册，商务印书馆 1986 年版，第 159 页。

② 同上。

③ 同上书，第 163 页。

（斯多葛学说的母体）的兴起，它们代表了"一种失败主义的态度、一种幻灭的情绪、一种退出尘世去建立隐居生活的意愿，在这种隐居生活中，公共利益只占有很小的或甚至是消极的地位；公共事业会变得无关紧要或甚至被看成是一种实际的灾祸"。"他们对城邦是否确实提供了使文明生活得以实现的最佳条件愈是感到怀疑，就愈有必要重新审查这个以前提过的问题：从人性中能够得出美好生活的理论的实质性的和永久性的因素是什么？"① 作为对现实的消极的逃避，政治哲学家们无可奈何地以对个人的思考代替了对城邦国家的思考，探讨人生的目的是什么，个人应该如何生活，怎样才能实现幸福等问题。在此背景下，伊壁鸠鲁学派提出了自由意志学说，斯多葛学派创立了自然法、自然平等学说。这样的问题和学说在欧洲经历了黑暗的中世纪政教合一的专制统治之后，发生在意大利的文艺复兴运动终于再一次使之得以复兴，从而炸响了蕴含着个人主义价值观的新时代的惊雷。这也造成了苏格拉底、柏拉图和亚里士多德的和谐城邦伦理的蜕变，以自然法理论为逻辑起点的近代人权以及个人主义伦理得以兴起。

一 近代自然权利理论的确立

近代自然法理论的产生是对古希腊、古罗马和基督教等传统自然法遗产的继承、修正和发展。虽然近代自然法理论和传统自然法理论有着很深的渊源关系，但是二者之间还是有着原则上的区别的，美国政治哲学家列奥·施特劳斯明确了这一点："近代政治哲学与古典政治哲学的根本区别在于，近代政治哲学将'权利'视为它的出发点，而古典政治哲学则尊崇'法'。"② 在这里，施特劳斯只是大致区分了传统自然法和近代自然法之间的差异，然而，传统自然法本身就有一个由古希腊到希腊化（古罗马）再到基督教自然法的演变过程，而且在同一个演变的阶段内，也存在着一个演变的过程，在它们三者之间以及基督教自然法与近代自然法之间还存在着演变的"桥梁"；同时，在古典政治哲学中，不同的学派对"法"有着不同的解释，既有"自然神"法，也有自然法，还有人为法。

① ［美］乔治·萨拜因：《政治学说史》上册，商务印书馆1986年版，第167—168页。
② ［美］列奥·施特劳斯：《霍布斯的政治哲学》，译林出版社2001年版，第159页。

因此，廓清自然法概念在不同历史时期的具体内涵，是我们把握不同历史时期自然法观念之间内在联系的必经之路。

古代希腊文明的独特之处恐怕就在于其最早将自然哲学观念运用于政治伦理领域，从而斩断传统、习俗和惯例等"与祖先相连之根"。"哲学呼吁从信奉祖先到信奉善，一种本质的善，一种合于自然的善。"① 自然的善是什么？古希腊早期哲学家认为它就是自然正义。那么，自然正义又是什么？在施特劳斯看来，要理解自然正义的问题，就首先要发现自然（physis），只要自然的观念还不为人所知，自然正义的观念也就必定不为人所知，自然的发现必定先于自然正义的发现。而自然的发现造成了自然（physis）与习俗（nomos）之间的分野，这极大地改变了人们对祖传的权威的态度，"哲学由诉诸祖传的转而诉诸好的——那本质上就是好的，那由其本性［自然］就是好的"。既然本性［自然］就是好的，那么自然又为何物？最早的哲学家认为自然是"初始事物，亦即最古老的事物……自然乃是万祖之母，万母之母。自然比之任何传统都更古久，因而它比任何传统都更令人心生敬意……在根除了来自祖传的权威之后，哲学认识到自然就是权威"②。施特劳斯认为，自然的发现，或者说自然与习俗之间的根本分别，是自然正义观念得以出现的必要条件，也就是说，自然正义观念的出现，是以权威受到质疑为前提的。他指出："苏格拉底之前最重要的文本是赫拉克利特的一句话：'自神的眼中看来，万物都是美好［高贵］、善良而正义的，但是人们却认为，有些东西是正义的，而别的东西则是不正义的。'"③ 这样，早期的哲学家把自然的秩序等同于神圣的秩序，继而等同于正义的秩序。自然与正义相结合，从而形成自然公正的观念，这一观念从"dike"一词的含义中得到反映，在古希腊，"dike"一词有"正直、合法化或正义"之意，也有"原始秩序，世界存在方式"之意。作为原始秩序、世界存在方式的自然正义或自然公正就是自然神的"法"。赫拉克利特认为，它是一种普遍的理性弥漫于整个宇宙，所有的人定法能够从其中汲取营养，人类的一切法律都因那唯一的神的法律而存在。

---

① ［美］科斯塔斯·杜兹纳：《人权的终结》，江苏人民出版社2002年版，第25页。

② ［美］列奥·施特劳斯：《自然权利与历史》，三联书店2003年版，第92—93页。

③ 同上书，第94页。

　　与自然哲学家把人看成自然秩序的一部分的科学观点不同的是，古希腊的智者学派开始从人的经验和自然本能出发来重新解释自然。智者学派的代表人物普罗泰戈拉说了一句很有名的话：人是万物的尺度，是存在的事物存在的尺度，也是不存在的事物不存在的尺度。因此，习俗和法律不过是约定的、随意的、偶在的、多变的。他教导人们要"应用自然的禀赋"。智者学派的"自然"观念包含了近代人权观中的某些必要因素，如自由的个体意识，个人的利益需要以及根据个人利益来评判道德、政治与法律，尤其是他们提出了自然平等的思想以及与此相关的法律契约理论。从这些思想可以看出，近代自然法理论以及社会契约论与它们有着亲缘关系。当然，这并不是说智者派的自然法理论就能产生出近代自然法学派所言的人权观念。人权的实现有待于将理性引入自然法中，而理性自然法是通过希腊化时期斯多葛学派孕育的，并在西方启蒙思想家那里得到了系统的表达和论证。

　　与智者学派主张的追求利益的自然本能的自然法理论对立的是柏拉图和亚里士多德所主张的追求善和正义的自然本性的自然法理论。柏拉图和亚里士多德认为，善和正义是人们服从城邦的法律所规定的权利与义务的一种自然本性。他们自然法的全部要义就是要每个人完全融入城邦生活，并在城邦的等级分工体制中扮演与自己的自然品质相适应的角色，从而承担对城邦生活的自然义务。因此，对于柏拉图和亚里士多德来讲，"要否定人世间的根本的不平等是不可能的，人无论在其自然禀赋或品格上，都是不平等的，由此便产生了奴隶制的必然性。奴隶制不是一种纯粹的习俗，它扎根于本性之中。柏拉图曾谈论过'天生的木匠或鞋匠'；亚里士多德则谈论着天生的奴隶，绝大数人是没有能力来管理自己的，他们不可能是国家的成员，他们没有自己的权力或责任而必须受他们主人的使唤"①。

　　斯多葛学派使个人从对城邦的依附关系中解脱出来，并赋予一切人以普遍平等的价值。卡西尔指出："随着希腊伦理思想的发展，在自由人和奴隶之间，在希腊人和野蛮人之间，所有这些歧视都受到质疑，最终被一扫而光。在斯多葛派的体系中，萌发了一种新的理智的和道德的力量……在他们关于人以及人在宇宙中的位置的一般理论中，斯多葛哲学家们开辟

---

　　①　[德]恩斯特·卡西尔：《国家的神话》，华夏出版社1999年版，第122—123页。

了一条新的道路。他们创立了一种新的原理，这一原理被证明是伦理思想史、政治思想史和宗教思想史的转折点。对柏拉图和亚里士多德的公正思想来说，它又增加了一个崭新的概念，即'人的基本的平等'的概念。"①当然，斯多葛派从不否认，在物理意义上，人与人之间在出生、等级、性情、才智等方面的差别。但从伦理的观点看，所有这些差别都是偶然的，因而都被宣称为无价值的。唯一要紧的并决定一个人的人格的，不是事物本身，而是那些必然的本质的东西，即关于人的道德价值的"判断"，这些"判断"不受任何习俗标准的束缚，它们仅仅存在于创造它自身世界的一种自由行为。在卡西尔看来，没有一个斯多葛派的作家能接受亚里士多德有"生来"奴隶的说法。他们认为，人的"本性"只意味着伦理自由，而不是社会的奴役，不是本性而是命运使人成为奴隶。

斯多葛学派的基本伦理主张是"与自然一致的生活"。但是，他们所呼吁的"自然规律"，是一种道德规律，而不是一种物理的规律。该派的创始人芝诺以及他的追随者把"自然"这一概念置于他们思想体系的中心，它代表了一种普遍的理性，也是一种德性，使人们能够平等地、和谐地生活在一个共同体中。斯多葛派认为整个宇宙的自然发生过程受其内在的"逻各斯"、"命运"和"理性"的支配。"世界为理智和天意所主宰……因为理性渗透在世界的每个部分。"② 正是在这种内在的理性的支配下，宇宙的自然发生过程是一种毫无或然性的必然。人作为宇宙万物的一部分，其理性也是宇宙万物普遍理性的一部分，并受自然普遍理性的支配，而这普遍的理性就是自然法。自然法是人们行为的最高准则，它来自自然，来自统治宇宙的上帝的理性。斯多葛学派从自然法的普遍理性观念出发，进一步引申出人的内在精神自由、平等的理念，这一理念后来构成了近代人权观念的基本内容之一。斯多葛学派认为，人对自然理性所支配的必然命运的服从并不是服从一种外在的异己力量，而是在服从自身的理性，这是因为人的理性与自然的理性是相一致的，人的精神自由就在于能够认识和服从必然的命运，使个人的选择和自然理性一致；同时，由于人人都具有自然赋予的同一理性并受到自然法的支配，无论人们的种族、财富、社会地位差别有多大，所有的人在精神上生来就是平等的。斯多葛学

---

① ［德］恩斯特·卡西尔：《国家的神话》，华夏出版社 1999 年版，第 123—124 页。
② 苗力田：《古希腊哲学》，中国人民大学出版社 1989 年版，第 624 页。

派的普遍理性及其所引发的关于人人精神自由、平等和人类的观念突破了古希腊因种族、地位、身份等不同而不平等观念的藩篱，为普遍意义上的近代西方人权观念的产生作了积淀。所以，罗素指出，斯多葛学派的教导在两个方面产生了重要影响："一个方面是知识论，另一个方面是自然法和天赋人权的学说。"前者为后者提供了认识论基础。在知识论方面，斯多葛学派"信仰先天的观念与原则"，"认为有某些原则是明白得透亮得，是一切人都承认的；这些原则就可以作为演绎的基础"。在自然法和天赋人权学说方面，"象十六、十七、十八世纪所出现的那种天赋人权的学说也是斯多葛派学说的复活，尽管有着许多重要的修正。是斯多葛派区别了 jus naturale（自然法）与 jus gentium（民族法）的。自然法是从那种被认为是存在于一切普遍知识的背后的最初原则里面而得出来的。斯多葛派认为，一切人天生都是平等的。"①

卡西尔明确指出："大多数斯多葛派思想家是坚定的个人主义者，如果智者不得不使他自己独立于外在的束缚，那么他必须首先使他从所有社会习俗和责任中解脱出来。在政治情感的骚动中，在政治斗争的舞台上，斯多葛派哲学家，如何才能保持他心灵独立、自信而冷静的确定判断呢？"② 斯多葛派的这种关于人的概念成了古代思想和中世纪思想的一个坚实的联结。"从'本性'和事物基本的秩序上讲，一切人都是自由和平等的。这是中世纪神学和法律体系的一条基本准则。"③

斯多葛学派自然法理论对近代自然法和天赋人权的学说的影响是要经过古罗马和基督教时期的，其影响是从世俗和宗教两个方面来进行的。

在世俗方面，通过古罗马著名学者西塞罗的表述，自然法被定格为世界性的法律和政治观念。萨拜因指出，在公元前后的几个世纪中，在受到重视的作家中，只有西塞罗是受到公开承认的政治理论家。"在政治思想史上，西塞罗的真正重要性在于他介绍了斯多葛学派的自然法学说，这一学说从他的时代直至十九世纪便传遍了整个西欧。"④ 在西塞罗那里，自然法的基本特征被描述为普世性的理性及其它内在所包含的公平和正义原

---

① ［英］罗素：《西方哲学史》上卷，商务印书馆 1963 年版，第 340—341 页。
② ［德］恩斯特·卡西尔：《国家的神话》，华夏出版社 1999 年版，第 126 页。
③ 同上书，第 127 页。
④ ［美］萨拜因：《政治学说史》上卷，商务印书馆 1986 年版，第 204 页。

则。他在《论共和国》中指出："真正的法律乃是正确的理性，它与自然相吻合，适用于所有的人，是稳定的，恒久的，以命令的方式召唤履行责任，以禁止的方式阻止犯罪……一种永恒的、不变的法律将适用于所有的民族，适用于各个时代；将会有一个对所有的人共同的、如同教师和统帅的神；它是这一法律的制造者、裁判者、倡导者。"① 最有价值的是，西塞罗从上述自然法的概念中推论出人人平等的思想。他认为，人们要想在学识上、财产上达到人人平等是不容易的，但是在种类上，人与人没有区别，人人都具有理性，都受自然法的支配这一点上却是人人平等的。西塞罗还用平等来界定自由，指出自由若不是一切公民平等地享有，自由便不存在。

西塞罗的平等与自由观念是西方政治哲学的一大飞跃。他以一种真正的、彻底的、平等的眼光来看待所有的人。正如西方学者所言："任何变化都不像从亚里士多德的学说到西塞罗和赛涅卡关于人的自然平等思想的转变那样彻底。"② 而罗马法学家、中世纪神学家以及近代启蒙思想家，无不深受西塞罗自然法理论的影响。"任何人要想研究此后千百年间的政治哲学，他就必须记住西塞罗的一些伟大的章节。"③

在宗教方面，作为中世纪最重要的基督教思想家奥古斯丁对自然法作了宗教性的系统阐释。"奥古斯丁在《上帝之城》中宣称，上帝把人塑造为动物之灵长，但是没有赋予他权力来统治其他人的灵魂，任何想要篡夺这种权力的企图，都是一种僭越、非分的自负。这儿，正如斯多葛派的思想一样，每个灵魂都被宣布为'自己的立法者'（suijuris），它不能失去或放弃它的原本的自由。结果必然是，没有任何政治力量权威能够是绝对的，它总要受到公正法则的束缚。这些法则是不可变更、不可侵犯的。因为它们体现神圣秩序本身，表达了一位至高无上的立法者的意志。"④ 奥古斯丁把法律分为永恒法和人为法，永恒法是上帝的智慧和意志，它是正义的最高标准和其他一切正义的神圣源泉，而人为法或世俗法则是永恒法在特定的人类共同体中的体现，它因城邦的不同而有所区别。他认为自然

① ［古罗马］西塞罗：《论共和国》，中国政法大学出版社1997年版，第120页。
② 转引自张桂林《西方政治哲学——从古希腊到当代》，中国政法大学出版社1999年版，第52—53页。
③ ［美］萨拜因：《政治学说史》上卷，商务印书馆1986年版，第204页。
④ ［德］恩斯特·卡西尔：《国家的神话》，华夏出版社1999年版，第128页。

法不是来自人的自然本性,而是来自上帝的启示;自然法不是人的理性的产物,而是对上帝的永恒法的确认。在奥古斯丁的宗教自然法理论中,实质上已经隐喻了他对人性的怀疑以及对政治生活的道德完善性的否定。也正因为如此,他在肯定国家和法律存在的合理性的同时,又认为它们是有限的,只有通过神圣化的自然法,才能使好人升入天堂得到好报,使恶人下入地狱受到惩罚。因此,就西方近代的宪政制度的确立来讲,没有奥古斯丁的自然法的转向,没有他对人性以及对政治生活的道德完善性的怀疑,这种确立是缺乏人性基础的。政治不是实现善而是抑制恶,成为近现代西方制度设计和安排的根本指导原则。

当奥古斯丁把理性与自然法隔割裂开来的时候,经院哲学家阿奎那视自然法为沟通永恒法与人法的"心灵渠道"。他把世界上的法律分为四种:永恒法、自然法、人法和神法。永恒法是上帝的至高无上的智慧和永恒的理性的体现;自然法是永恒法在人这种理性动物身上的体现,或者说是理性动物对永恒法的参与;人法是严格地以自然法、最终是以永恒法为准绳制定出来的成文法;神法是反映在《圣经》中的戒律,是神的直接启示。作为天赐之法的神法却并不废除以自然理性为基础的人法,神法可以弥补人法的缺陷。这是因为,人法只涉及人的外表动作,无法规定和控制人的内心活动,神法恰恰能起到规范人的内心活动的作用。在阿奎那看来,与自然界的其他存在物相比,人由于拥有理性从而能够在一定程度上分享上帝的永恒的理性。因此,人类的行为能够自然地倾向于正义并具有目的性。那么,何谓正义?阿奎那认为:"任何力量,只要它能通过共同的政治行动以促进和维护社会福利,我们就说它是合法的和合乎正义的",法律"不外乎是对于种种有关公共幸福的事项的合理安排"。① 为了说明公共幸福的内容,阿奎那又具体阐述了自然法的箴规,即那些同人的自然倾向相一致的要求。由此,他导出自然法的三项基本原则:第一,人的自我保护;第二,两性关系的维持和对后代的照顾;第三,寻求有关上帝的真理并与他人在社会中共同生活。阿奎那在自然法的名义下承认了人的世俗生活以及人的自然本性所决定的生理与精神需要的合理性,每个人在这方面的需要构成了人法的目标,从而成为公共幸福的内容。这样,经过阿奎那的努力,宗教自然法中不仅容纳了世俗的成分,而且把自然法看

① [英]阿奎那:《阿奎那政治著作选》,商务印书馆1963年版,第105、106页。

成人的理性根据人的自然本性为人法所确立的准则，为西方近代理性主义自然法作了思想准备。当然，我们还不能说阿奎那的自然法理论就是人权学说或自然权利观念，这是因为，人权学说是权利学说和人道主义的结合。阿奎那的自然法理论对人的权利的肯定还停留在神学范围之内，它还不是真正的人权学说。而剔除笼罩在人的权利之上的神圣光环，把自然法从宗教的理论改造成为一种完全基于人类理性与人的自然本性相统一的学说，并从中衍生出人的自然权利的理论，这一任务是由近代启蒙运动中的自然法理论家们来完成的。

像以往的自然法理论那样，近代自然法学派仍然把理性等同于自然法，表现为理性主义的自然法。但是，他们所理解的理性已经不再是宇宙秩序的显现或上帝意志的启示。从形式上看，理性是人的"思维着的知性"；从内容上说，理性不再是外在的秩序或异己的力量施加于人的自然义务并排斥人的激情和欲望，而是人的本性，即激情和欲望所要求的生命、自由、安全和财产等人的自然权利；从功能上讲，理性要对过去的一切东西进行批判，从而使人的自然的情感、欲望和需要得到承认与满足。那么，由此反观，就给近代自然法学派的思想家们提出了一个个必须要回答的问题：即在国家、政府与人追求生命、自由、安全和财产等激情和欲望之间是一个什么样的关系？于是，他们就有了自然状态的假设，而自然状态学说也就成为近代自然法理论的逻辑起点，并从中引申出了人的自然权利。

列奥·施特劳斯说："从霍布斯开始，关于自然法的哲学学说根本上成了一种关于自然状态的学说……自然状态的本来特征就是，其中有着不折不扣的权利，而没有什么不折不扣的义务。"[1] 霍布斯在《利维坦》中是这样表述自然法和自然权利的："自然律是理性所发现的诫条或一般法则，这种诫条或一般法则禁止人们去做损毁自己的生命或剥夺保全自己生命的手段的事情，并禁止人们不去做自己认为最有利于生命保全的事情。"[2] 霍布斯把他的政治哲学的基础，归纳为两条最为确凿无疑的人性公理，第一条是自然欲望公理，第二条叫作自然理性公理。这样看来，霍布斯政治哲学的出发点，是一个对立，一方面是虚荣自负，即自然欲望的

① ［美］列奥·施特劳斯：《自然权利与历史》，三联书店 2003 年版，第 188 页。
② ［英］霍布斯：《利维坦》，商务印书馆 1985 年版，第 97 页。

根源，另一方面是对暴力造成的死亡恐惧，即唤醒人的理性的那种激情。只有在死亡恐惧的基础上，人类生活才能和谐。所以，人们自愿地通过契约创建共同的政府并赋予其对自身的管辖权力。政府产生于人们的理性，是人们自愿地放弃部分自由并接受其统治以换取安全和秩序的结果。洛克则更具体，他说："理性，也就是自然法，教导着有意遵从理性的全人类：人们既然都是平等和独立的，任何人就不得侵害他人的生命、健康、自由和财产。"① 他同霍布斯一样认为公民政府是理性的产物，是人们为摆脱混乱的自然状态而自愿约定建立起来的，但是他同时认为，如果政府干涉了履约的个人的自然权利或未能保护个人权利，革命便成为人们反抗统治者的合法手段。卢梭在其《社会契约论》中也同样认为："'要寻找出一种结合的形式，使它能以全部共同的力量来卫护和保障每个结合者的人身和财富，并且由于这一结合而使得每一个与全体相联合的个人又只不过是在服从其本人，并且仍然像以往一样地自由。'这就是社会契约所要解决的根本问题。"②

　　但是，问题由此而生，在洛克的自然状态中，所有人都是既有自由又受限制的。这岂不是一个悖论吗？美国学者卡尔·贝克尔回答说："不是，因为洛克赖以寻找政府起源的自然状态，并非历史上实际存在过的早于社会状态的一种状态，而只是理性构思出来的一种想像中的状态。洛克就像是18世纪论述政治问题的作家一样，并不关心政府是如何成其为政府的，他想知道的是它们之成为政府有无合理性。卢梭大声疾呼：'人生而自由，却无往不在枷锁之中。这种变化是如何发生的？我不知道。是什么使得它成为合理的？我自信能解答这个问题。'这也正是洛克所要解答的问题——政府有何理由以实在法来限制人们？为了回答这个问题，他先发问说，如果我们设想政府、实在法和风俗习惯都并不存在，那么有什么法律可以限制人们呢？他的回答是，在此情形下，除了理性法以外没有任何法律能够限制他们。理性能够限制他们，因为理性乃是'上帝赐予人类的共同的规则和尺度'；理性既予人以限制，又予人以自由。它如洛克所说，管束着每一个人。但是它之所以能够管束他们，恰恰是因为它教导他们，人人都是完全自由而平等的，任何人都'不应伤害别人的生命、

----

① ［英］洛克：《政府论》下篇，商务印书馆1964年版，第6页。
② ［法］卢梭：《社会契约论》，商务印书馆2003年版，第19页。

健康、自由和财产。'洛克的自然法就是理性法，它唯一的强制力是一种理智上的强制力，它所规定的人们之间的关系，是人们只要遵从理性就会出现的关系。"① 所以，意大利学者圭多·德·拉吉罗说："自然法则论事实上主张，属于个人的权利最初独立于国家之外；国家非但不能创造它，而且惟能对它予于承认。依据当时抽象的理性主义观点断言，无论从世俗的角度还是从逻辑的角度，个人都先于国家；这种断言在认识历史方面未免粗鲁，却成功地推翻了现存政治制度的基础。首先是个人，继之有人与人之间的关系，而后才出现政治有机体；因而，政治有机体不能摧毁或压制它自己的创造者，相反，个人之所以设计政治有机体，正为了巩固和扩展自己的权力，因而这政治有机体必得服务于个人的目的。"② 也就是说，国家存在的合法性基础是个人权利的让渡以及对个人权利的安全保障和秩序保障，国家的目的是人们的幸福。这一认识将个人权利置于十分重要的核心地位，说明个人—整体这架历史天平首次开始向个人权利的一方倾斜，国家却成为保护个人权利的工具。

约翰·格雷把它看作"个人主义"，"因为它主张个人对于任何社会集体之要求的道德优先性"。同时，它又是普遍主义的，"因为它肯定人类种属的道德统一性，而仅仅给予特殊的历史联合体与文化形式以次要的意义"。③ 萨拜因也有类似的思想，他认为，近代政治、法的思想有两个很重要的概念，即个人的概念和普遍性的概念。所谓个人，就是人类的一个单位，他有纯属个人的和私人的生活；所谓普遍性，指的是全世界的人类，也即人类中所有的人所具有的共同人性。④ 英国学者史蒂文·卢克斯从个人主义所包含的"抽象的个人"要素（它和人的尊严、自主、隐私、自我发展共同构成个人主义价值观所包含的五个要素）出发，说明个人与共同体之间的关系。他说："根据这一观念，个人被抽象地描绘成一种既定的人，有着既定的兴趣、愿望、目的、需要等等；而社会和国家则被描绘成或多或少满足个人要求的实际的或可能的社会安排体系。按照这种看法，社会政治规章制度统统都是一种技巧，一种可变的工具，一种能够

① ［美］卡尔·贝克尔：《18世纪哲学家的天城》，三联书店2001年版，第208页。
② ［意］圭多·德·拉吉罗：《欧洲自由主义史》，吉林人民出版社2001年版，第22—23页。
③ ［英］约翰·格雷：《自由主义》，吉林人民出版社2005年版，第2页。
④ 参见［美］萨拜因《政治学说史》上卷，商务印书馆1986年版，第188页。

独立完成既定个人目的的手段。"① 这就是说,自由主义的个人主义把个人和社会共同体的关系仅仅看成目的和手段的关系,把个人权利设想成既定的、独立于社会环境的东西,这就进一步凸显了个人的权利的抽象性。这种思想牢牢扎根于近代的自然法理论中,并为美国的《独立宣言》和法国的《人权宣言》所重申。

从上述内容可以看出,与古典政治哲学中公民社会优先于个人的情形不同,在近代政治哲学中,个人是优先于公民社会的,公民社会或主权者的一切权利都是由原本属于个人的权利派生出来的。传统的自然法,首先和主要的是一种客观的"法则和尺度"。它从自然"法则"出发,即从一种先于人类意志并独立于人类意志的、有约束力的秩序出发来设定人的义务;而近代自然法,则首先和主要的是一系列的"权利"。它从自然"权利"出发,即从某种绝对无可非议的、完全不依赖于任何先在的法律、秩序或义务主观诉求出发来设定人的权利,政治主观诉求本身就是全部的法律、秩序或义务的起源。这样,近代自然法学派就把古希腊、古罗马时代所理解的"道德义务"性质的自然法,演化为对个人的某些权利加以保护的原则——自然权利的原则,这就使近代自然法理论具有了它自身特有的内容,并且在实际上构成了近代人权理论的基础。

阿拉斯代尔·麦金太尔在《伦理学简史》中指出:"自然权利说的本质是,无人对我拥有权利,除非他能举出某项契约,证明我签订了它,他履行了该契约载明的他的义务。说我在某方面有权利,只不过是说无人能合法地干涉我,除非他能证明他在这方面对我拥有某种权利。因此,自然权利学说的作用,就在于规定任何想要对我提出权利要求的人都必须遵守的条件。而且,这里说的'任何人'包括了国家。因而,任何国家如果宣称对我拥有权利,即对我和我的财产拥有合法权力,都必须证明存在一种契约(它的形式我们已扼要的说明了),我签订了该契约,国家履行了它那部分义务。这个表面上无关紧要的结论,非常有助于理解17世纪以及后来的政治理论。"②

但是,正如意大利思想家克罗齐所言,启蒙运动的历史观是"唯理

---

① ［英］史蒂文·卢克斯:《个人主义》,江苏人民出版社2001年版,第68页。

② ［美］阿拉斯代尔·麦金太尔:《伦理学简史》,商务印书馆2003年版,第212页。

论的和反历史的"①。对此，美国著名政治哲学家列奥·施特劳斯有着更为具体的解释："历史主义乃是现代自然权利论遭逢危机的最终结果"，而"自然权利在今天遭到拒斥，不仅是因为所有的人类思想都被视作历史性的，而且同样也因为人们认为存在着许多永恒不变的有关权利与善的原则，它们相互冲突而其中又没有任何一个能证明自己比别的更加优越"。② 也正因为如此，近代理性主义的自然法理论在它提出之后不断受到质疑和冷落而贬值。所以，施特劳斯弟子、著名天主教神学家佛尔丁曾相当准确地指出："近世以来西方道德政治理论的一个基本演变轨迹是从所谓'自然法'（natural law）转为'自然权利'（natural rights），而在'自然'这个词贬值以后，所谓'自然权利'就变成了'人的权利'（human rights）即今天所谓'人权'。"③

二　个人主义伦理的兴起及其规定

个人主义作为一种价值观，在西方历史中源远流长。前已述及，个人主义的源头可追溯到马其顿征服并统治希腊的希腊化时代。马其顿人的到来粉碎了希腊人在优裕的生活环境中从容不迫地追求"智慧"的梦想。由于统治希腊的马其顿人不仅缺乏一个足以令万民臣服、具有无上权威的专制者，而且没有能力建立起一套足以促成社会稳固的制度规范，希腊社会遂无可挽回地陷于一片混乱之中，国家已不再为人们提供秩序和安宁。惯于享受稳定、优裕生活的希腊人从此为绝望衰颓的气氛所笼罩。在残酷的现实之下，希腊人不再追问"人怎样才能创造一个好国家"这种空洞而不合时宜的问题，而只是脚踏实地地问：在一个罪恶的世界里，人怎样才能够有德？或者，在一个苦难深重的世界里，个人如何才能够达至幸福？④ 这意味着希腊人从对共同体的关心被迫转到了对于自身生活的关切。由于供他们用以作为思想出发点的共同体已不堪其任，哲学家们的思考方式遂从国家主义转到了追求个人幸福的个人主义，哲学的任务则被设

---

① ［意］克罗齐：《历史学的理论与实际》，商务印书馆 1982 年版，第 209 页。
② ［美］列奥·施特劳斯：《自然权利与历史》，三联书店 2003 年版，第 35、38 页。
③ 同上书，第 47 页。
④ ［英］罗素：《西方哲学史》上卷，商务印书馆 1991 年版，第 293 页。

定为人们提供一个人生避难所！这一时期哲学的特点是"形而上学隐退到幕后去了，个人的伦理现在变成了具有头等意义的东西。哲学不再是引导着少数一些大无畏的真理追求者们前进的火炬；它毋宁是跟随着生存斗争的后面在收拾病弱与伤残的一辆救护车"①。

人权向神权的挑战是文艺复兴人本主义的焦点，它再次确认普罗泰戈拉的命题"人是万物的尺度，是存在的事物存在的尺度，也是不存在的事物不存在的尺度"②。文艺复兴时期的人本主义集中反对宗教神学伦理道德观，特别集中反对禁欲主义。他们以人性反对神性，以人道主义反对神道主义，以理性反对蒙昧主义，以个性解放反对封建等级制度；主张人的自然欲望是人的本性，人的理性就是使人有效地追求利益和满足享乐。文艺复兴的人是一个从黑暗时代（中世纪宗教神权的重压下）强加于它的一切镣铐下获解放的全面发展个性的人，现代意义上的个人就是如此诞生的。雅克·布克哈特准确地把握了这一特征，他说，人意识到自己是种族，人民，党派，家庭或公司中的一员——只是属于某个一般的分类。这一遮蔽首先是在意大利去除的；在那里，开始将国家和世上万物视为客观来对待和考虑。与此同时，主观的方面以相应的力度来突出自己。人成为一个精神上的个人，并且自己就这样认为。文艺复兴运动使社会得以世俗化，教会的警察功能被逐渐消解了，普通人开始突出自己的个性。如果说文艺复兴运动使人关注现世生活和个性发展、注重人本主义的话，那么宗教改革运动的"主要贡献在于它肯定了个人的良心和判断。它为个人从罗马教会下解放出来奠定了神学和组织基础，为确认个人进一步扫清了道路……"③

在西方，宗教在个人主义的形成过程中发挥了重要作用。上帝造出了人类，并赋予其灵魂，这给人以存在的意义及其作为人所应有的基本权利。但由于原罪说，人们在上帝面前都是罪人，为获救赎，人必须按照上帝的践约行事：远离世俗，约束己行，过禁欲生活。只有教会可以作为个人和上帝之间联系的中介。为打破这种垄断权，加尔文首先提出了"预定论"，认为基督以身死而行救赎，并非为全体世人，只是为上帝预先选

① ［英］罗素：《西方哲学史》上卷，商务印书馆1991年版，第291页。
② 北京大学哲学系编：《古希腊罗马哲学》，商务印书馆1961年版，第138页。
③ 钱满素：《爱默生和中国——对个人主义的反思》，三联书店1996年版，第199页。

定之人，这种人才是被救赎者；救赎全凭上帝的旨意，个人无能为力自救。谁成为上帝的选民，谁被遗弃，全与个人行为无关，全由上帝预先确定。所以个人的命运是先定的，人只能依靠对上帝的绝对信仰而获救赎，其他一切宗教仪式都不可依赖。在通往救赎的路上，个人是孤独地、直接地面对上帝，而无须他人为中介或代祷者。这就否定了宗教仪式和组织对救赎的意义，为个人摆脱教会束缚奠定了理论基础。

后来，马丁·路德进行了更为彻底的宗教改革，他以良心为理由拒绝按教会要求放弃自己的信仰，认为每个人可以通过自身的善行尽天职，成为上帝的选民而获救。这样，他将个人的判断置于罗马教会的判断之上，教会的绝对正确被否定了。宗教本身终于开始转化为一种私人的信仰而脱离旧的宗教组织和仪式。上帝的召唤被"天职"一词所取代，"这种天职观为一切新教提供了核心教义。这种教义摈弃了天主教将伦理训诫分为'命令'和'劝谕'的作法，认为上帝所接受的唯一生活方式，不是隐修禁欲主义超越世俗道德，而是完成每个人在尘世中的地位所赋于他的义务"①。每个人都可以通过在俗世尽"天职"，成为上帝的选民而获救，再无须教会和神父。随着教会权力的衰退，个人将上帝置于心中，作为其内在权威的根据，这一内化的上帝权威不过是伪装了的个人权威，借助这个人化了的上帝，个人获得了自身的重要性。个人关于自身权利和责任的强烈意识，演变为灵魂的自决权和个人的神圣性。个人便以此为依据，在此后的一系列革命中向世俗的权威不断发起冲击。

17、18世纪是资产阶级和封建阶级斗争最激烈的时期，也是个人主义发展最迅速的时期。英国资产阶级革命取得成功后，资产阶级个人主义就在英国以各种形态发展起来，首先是霍布斯的极端利己主义，也称"原子个人主义"，认为"社会不过是一堆不停运动着的相互碰撞的原子"，旨在实现各个个人的目标。人的本性是极端利己的，人生的目标就是在追逐私利中获胜，人对人就像狼一样。霍布斯的观点遭到了洛克、昆布兰等人的激烈反对。洛克的个人主义认为一切人在行为上必定总是完全被追求个人幸福或快乐的欲望所驱使，但个人的自我利益和社会的全体利益是一种目前和长远的关系，要紧的是人应该尽可能以自己的长远利益为指南，并且认为"私人的腾达向上就会是公众的利益"。公私利益的调和

---

① 苏国勋：《理性化及其限制——韦伯思想引论》，上海人民出版社1988年版，第120页。

是洛克个人主义的特色。休谟的个人主义则进一步调和利己和利他的矛盾,认为自己的德使人利己,人为的德使人利他,同情感使利己和利他相一致。亚当·斯密被罗素称为经济个人主义者,他进一步发挥休谟的同情说,认为人在道德上应当关心他人,视他人苦乐为自己的苦乐,但在经济领域中应尽力追求私利。在这一基础上产生了英国最温和的个人主义理论——功利主义,这一理论认为苦和乐是人类至上的主人,如果我们以良心来统一个人利益和社会利益,利己就必然会走向利他,最后必然会把追求最大多数人的最大幸福作为最高的道德准则。因此,功利主义就是最大幸福主义。可以说功利主义是英国个人主义思想发展的最高成就。此外,英国个人主义在经济政策上表现为自由主义,政治上表现为向民主主义过渡的趋势。

个人主义作为现代西方文明的核心和灵魂,《简明不列颠百科全书》对它作了经典的表述:"一种政治和社会哲学,高度重视个人自由,广泛强调自我支配、自我控制、不受外来约束的个人或自我……作为一种哲学,个人主义包含一种价值体系,一种人性论,一种对于某些政治、经济、社会和宗教行为的总的态度、倾向和信念。"①"个人主义"这一术语包含着极为多样化的意义,一种全面的、以历史发展为依据的概念分析,对于从整体上把握其全貌很有必要。粗略地归纳它表现为哲学上的人本主义、政治上的民主主义、经济上的自由主义、方法论上的原子主义以及文化上的要求个性独立的自我意识等层面的内容。

首先,哲学层面的人本主义。个人主义的价值规定包含这样一种主张,"一切价值均以个人为中心,即一切价值都是由人体验的",这是一种人本主义观念。一是要求从人出发,肯定人性,肯定人之为人以及人之存在的价值和意义。二是强调人是自由的。这种自由是哲学意义上的,尤其指人的精神、灵魂和意志上的无拘无束,因而个人对价值的体验具有独特性和不受约束性。亚里士多德说,人本自由,为自己的生存而生存,不为别人的生存而生存。三是主张个体人作为人之最根本、最真实的存在状态。当个体面对自然、他人、自身这三种生存境遇,往往自觉不自觉就把他自身当作权衡一切事物的标准,甚至把自己的本性移加到那些事物上去,这种以个体性呈现的人的本真生存结构恰恰构成人掌握外部世界和自

---

① 《简明不列颠百科全书》,中国大百科全书出版社1985年版,第406页。

身命运的基本方式，为个人主义的存在赋予逻辑先在的人文内涵。

其次，政治层面的民主主义。个人主义的政治观点可概括为两点：其一，政府是建立在公民同意基础之上的，政府的权威或合法性就来自公民的这种同意。最清楚的表述这种观点的或许要属 18 世纪《简明不列颠百科全书》中的"权力"条目了：君主从他的臣民那里得到控制臣民的权力；这种权力受制于自然法和国家法。这些自然法和国家法是臣民服从或应该服从君主统治的条件。条件之一是，除了经由臣民的选择或同意，君主无权支配臣民，也就是说，君主永远也不能使用这种权力去违背臣民所授予他的契约。其二，政府的目的是保障个人的权利，允许个人最大限度地追求他们的利益。洛克的个人主义强调，政府的作用就在于充当公民生命、自由和财产——尤其是财产的保护者。功利主义者认为，政府的目的在于使个人的需要得到满足，使个人的利益得以实现，使个人的权利得到保障，反对政府以合法的方式干涉或改变个人的需要，代替他们解释他们的利益，侵犯或废除他们的权利。政府对市场经济要保持不干涉态度，仅充当仲裁人、守夜人或交通警察的角色。

复次，经济层面的经济自由主义。"个人主义不仅是理解新自由主义经济学的关键概念，同时也是构筑斯密以来市场机制的经济学的思想基石。"① "经济个人主义认为，建立在个人财富、市场与自由生产、契约交换、个人的自利自发基础之上的经济制度，趋于自我调节，它在导致个人的最大满足的同时，使社会进步。它反对政府对经济的干预。"② "基于对个人意志自然调和的强烈信念，亚当·斯密的自由竞争理论可算典型代表。其中蕴含着这样的个人主义信条：对于一个正常的成年人来说，最符合他的利益的，就是让他有最大限度的自由和责任去选择他的目标和达到这种目标的手段，并且付诸行动。这一信条在著名的"看不见的手"的原理中得以充分体现，它要求国家有限度地干预经济活动，甚至"自由放任，听之任之，不要干涉"，因为，"利己的润滑油将使经济齿轮几乎奇迹般方式来运转"，"市场会解决一切问题"。这种经济自由主义的必要前提首先是私有制的建立。"个人主义也是一种财产制度，即每个人或家

---

① 　蔡晓：《个人主义与经济秩序》，《读书》1997 年第 4 期。
② 　高兆明：《伦理学理论与方法》，人民出版社 2005 年版，第 348 页。

庭都享有最大限度的机会去获得财产，并按照自己的意愿去管理或转让财产。"① 因此，当私有制以制度的形式得到合法地位时，则相当于经济中的个人主义得到了确认和法律的保障。

再次，方法论层面的原子主义。"这种个人主义是作为一种解释学立场出现的。它强调对于一切现象认识或解释，都应当完全据于个人的事实，而不应当满足于从所谓集体层面上的任何解释。方法论个人主义强调个人在认识中的地位与作用。"② 换言之，方法论个人主义的基本原则在于这样一种信念，即个人构成了人之科学中分析的终极单位。根据这项原则，所有的社会现象，在不考虑有目的行动者个人的计划和决策的情况下，是不可能得到理解的。方法论个人主义可概括为下述三项基本命题：第一，人之个体乃是社会、政治和经济生活中唯一积极主动的参与者；第二，个人在进行决策的时候将为了自己的利益行事，除非受到强制；第三，没有人能够像利益者个人那样了解他自身的利益。这种思维方式被称之为"社会学个人主义"，"乃是一种以孤立的或自足的个人的存在为预设的观点，而不是一种以人的整个性质和特征都取决于他们存在于社会之中这样一个事实作为出发点的观点"③。哈耶克认为，这种"原子化"的"伪个人主义"的阐释法，乃是"最为愚蠢"的一种误解。如果人们只是按照原子论的方式完全从个人本身的角度去认识社会，那么作为一种对解释的规定，方法论个人主义就不仅对人们认识和理解社会政治秩序或社会经济秩序毫无助益，甚至还会使个人行动以及个人间的社会互动本身无法得到人们的理解。在哈耶克看来，个人或个人行动在性质上乃是社会的，那么社会现象就绝不能被化约至孤立个人或孤立个人行动的层面。"伪个人主义"之所以会忽视"个人"所具有的这种社会特性，实是因为它经由一种完全错误的"方法论具体化"的思维方式而把它所作的方法论上的抽象误作形而上的实在。通过这种错误的置换，"伪个人主义"不仅把"个人"看成了某种由物理特性决定的"给定之物"，甚至还把"个人"假定成了有着一种先于社会的本体论实在地位。

最后，在文化的层面意味着对个性和自我意识的强调。康德曾将

---

① ［美］保罗·萨缪尔森等：《经济学》，中国发展出版社 1992 年版，第 15 页。
② 高兆明：《伦理学理论与方法》，人民出版社 2005 年版，第 348 页。
③ ［英］冯·哈耶克：《个人主义与经济秩序》，三联书店 2003 年版，第 11 页。

"自我"观念视为人类与其他有生命的存在物的本质区别。他说："人能够具有'自我'的观念，这使人无限地提升到地球上一切其他有生命的存在物之上，因此，他是一个人。"① 这种自我意识体现在人之个体之间，即个性的独立；反映在社会生活中，就是要求尊重人的个性及私人空间，承认个人有权选择自己的生活方式，反对权威和对个人的各种各样的支配，尤其是国家对个人的支配。个人有权同其他人竞赛，有权超过或落后于其他人。在积极的意义上还表现为高度自信，自强不息，积极进取，不拘泥于传统而大胆创新的个人奋斗精神。

作为西方资产阶级的思想观念，个人主义价值观反映了资产阶级对个人、个人与社会、个人与集体、个人与国家间利益关系的态度和评价，是他们处理各种利益关系的准则。个人主义价值观可以概括为三个命题：其一，一切价值都是以人为中心的，即价值都是人所经验到的（但不必为人类所创造）；其二，个人本身就是目的、具有最高的价值，社会只是达到个人目的的手段；其三，所有个人在道义上是平等的。任何人都不应被当作另一个人获取幸福的工具。这三个命题是由下面几组观点支撑的：

（1）理论支点：个人尊严、自主、个性发展

个人之所以能成为价值的中心和标准，首先在于单个的人具有至高无上的内在价值和尊严。文艺复兴时的哲学家公开宣扬，除了人的灵魂之外没有任何东西值得赞赏，与伟大的灵魂相比，没有任何东西是伟大的。费奇诺把这种观念比作中世纪关于伟大的存在之链的观点，他说，人的灵魂是自然界中最伟大的奇迹……自然的中心，万物的中项，世界的连缀，全人类的脸面，宇宙的黏合剂与结合点。既然个人都有自己的尊严和价值，人作为高贵的存在物，道义上都是平等的，根本不能作为别人的工具。康德说，一般说来，"每个人都作为目的本身而存在，他完全不是作为手段而任由这样或那样的意志随意使用。他的一切行为，不论对于自己还是对其他理性的存在，都必须始终把他同时当作目的"②。因为理性的存在叫作人，因为他们是本性表明他们就是目的本身——不可被当作手段使用——从而限制了对他们的一切专横待遇（并且是一个受尊重的对象）。所以，他们不仅仅是主观目的，不仅仅是作为对我们有价值的行为的结果

---

① ［德］康德：《实用人类学》，重庆出版社1987年版，第1页。

② 转引自［英］史蒂文·卢克斯《个人主义》，江苏人民出版社2001年版，第47页。

而存在：他们是客观目的，其存在本身就是目的，是任何其他目的都不可代替的目的，一切其他目的只能作为手段为他服务；除此之外，在任何地方不会找到有绝对价值的东西了。康德认为这项原则是"客观原则"，从这里必定可以推导出意志的全部规律来，因此，你要始终以这样的行为方式对待人性：把你自身的人性和其他人的人性，在任何时候都同样看作目的，永远不能只看作手段。人应保有一种普遍的、自然的情感，既属于每个人的心灵之中的情感，不仅仅是怜悯和援助的情感……而是一种对人性的美和尊严的体验。康德的观点有先验的性质，但为个人主义提供了一条处理个人和社会关系的基本原则：个人才是目的，社会不过是一种手段，国家只有作为一种手段才有价值可言。如果赋予国家终极价值，那就是"偶像崇拜"，其合理性就像崇拜一根下水管道一样，而下水管道作为一种手段无疑也具有很大的价值。

个人主义对个人尊严、价值的无上强调矛头直指中世纪有机体的观念，这种观念认为社会是一个整体，是不可分割的，在社会当中，个人不过是一个微不足道的部分；个人不是为了他自己，而是为了整个社会才存在的；一切个人的主宰不是个人而是社会。所以这种理论会导致一种共同体的统治，在这种共同体中，个人是如此的渺小，个人的利益轻而易举就会成为敬献在公共利益和社会自身这一祭坛上的牺牲品。为了社会的自身的福祉，个人将完全淹没在社会的汪洋大海之中。为了避免个人被社会、整体的侵蚀和剥夺，个人主义高扬个人的尊严、肯定个人的价值成为摆脱宗教束缚和封建压迫的重要旗帜，推动了社会的发展，促进了人的解放。后来这一价值观逐渐被人们肯定，成为现代文明的重要标志。因此，托克维尔断定，个人主义的这个观念终究会浸透在现代西方伦理和社会思想中。

其次，个人能自主，无须外在强制。个人主义认为自己的思想和行为属于自己，不受外在力量的控制，特别是能对自己所承受的压力和规范进行自觉的批评性的评价，能够通过独立的和理性的反思形成自己的目标并作出实际的决定。能自主才能有自由。斯宾诺莎说，一个自由的人，就是一个积极的、自决的、思维着的人。自由就是一种非常特殊的自主，自由就在于将一个人的所有的欲望和反感整合成为一种协调的行为方式，一种发展他自身的理解力，一种发挥他的能动力量的行为方式。康德也认为，自由概念和自主大概不可分离地联系着，在我们认为自身是自由的时候，就是把自身作为知性世界的成员，并且认识了意志的自主及其结果——道德。

再次，独特个性和人格是自我发展的前提。卢梭的《忏悔录》一开头就写道：我生来便和我所见到的任何人都不同；甚至于我敢自信全世界也找不到一个生来像我这样的人。虽然我不比别人好，至少和他们不一样。施莱格尔说：只有人的个性才是人的根本的和不朽的因素。对这种个性的和发展的崇拜，就是一种神圣的自我主义。个性的基础是人性，对个性的尊重就是对人性的重视。每个人都应该以他自己的不同方式，通过他自己人性中的各种因素的特殊组合，在他自身中表现和展示人性。因为人性应该以各种特殊的方式，在整个时空中展示自身。人性所孕育的一切，都应该是从人性自身的深处形成的、具有个性的东西。所以，在浪漫主义看来，自我发展就是人个性的自由而协调的发展，人的真正的目标就是将他的能力高度而协调地发展成一个完善而统一的整体。人类共存的最高理想就在于建立一个联盟，其中每个人都根据自己的本性，为了自己的利益，来努力发展自己。

这里表现出来的是浪漫主义者对封建专制扼杀人性束缚自由的激情申诉和无奈抗争，对未来的理想憧憬和浪漫主义构想。他们不是在现实中寻找实现人解放的条件，而是在精神里追求个性的自由与发展。他们认为个人都拥有发展个性的绝对自由。威廉·冯·洪堡说："理性不能向人企求任何其他的条件，而只能希冀这样一种条件：在这种条件下，不仅每个人都享有通过自己的能力以他完善的个性发展自我的绝对自由，而且，外在的自然界仍然未被人力所雕琢，而只是接受了每个人根据他自己的自由意志、他的需要和天性所赋予它的特征，而这种赋予仅仅受制于他的能力和权利的限度。""每个人都必须不断追求的，特别是那些想要给同时代人以影响的人就更应该追求的是，能力与发展的个性。"① 个人主义价值观重视人的个性发展，有利于促进人的创造性发挥，不管对于个人还是社会都有积极的意义。

（2）价值理想：自由、平等

个人主义价值观洋溢着对自由和平等理想的强烈渴求。卢梭说："如果我们探讨，应该成为一切立法体系最终目标的全体最大的幸福究竟是什

---

① 转引自［英］史蒂文·卢克斯《个人主义》，江苏人民出版社 2001 年版，第 64 页。

么，我们便会发现它可以归结为两大目标：即自由与平等。自由是因为一切个人的依附都要削弱国家共同体中同样大的一部分力量；平等，是因为没有它，自由便不能存在。"① 具体的说，平等思想的核心是人的尊严或对人的尊重，自由的三个侧面则是自主、隐私和自我发展。

平等的原初意思是指所有的人都是上帝之子，在上帝面前"每个人都生而自由、平等"。康德则认为，之所以我们应当平等地尊重所有的人，是因为他们都是人，他们共有作为人的一种或全部特征，即所有的人都具有自由和理性的意志，都是"目的本身"。人们由于作为个人的固有尊严而受到尊重，这一原则作为"目的本身"而构成了人类平等思想的基础。《独立宣言》从自然权利的角度论证了人平等的根据：造物主赋予人们以某些不可转让的权利，其中包括生活、自由和追求幸福的权利。在上帝面前，人人平等。每个人都有自己的价值。他有不可转让的权利，任何人不能侵犯。他有权达到自己的目的，而不应简单地被当作达到他人目的的工具。人身平等的重要意义还在于，正是因为人不是个个一样的。他们的不同价值观、不同爱好、不同能力使他们想过很不相同的生活。我们要尊重他们这样做的权利，而不是强迫他们接受他人的价值观或判断。杰斐逊毫不怀疑某些人优于另一些人，也不怀疑杰出人物的存在，但这并不赋予他们统治别人的权利。

后来，平等越来越被解释为"机会均等"，即每个人应该凭自己的能力追求自己的目标，谁也不应受到专制障碍的阻挠。它的真正含义的最佳表达也许是法国大革命时的一句话：前程为人才开放。任何专制障碍都无法阻止人们达到与其才能相称的、由其品质引导他们去谋求的地位。出身、民族、肤色、信仰、性别或任何其他无关的特性都不决定对一个人开放的机会，只有他的才能决定他所得到的机会。在罗尔斯看来这是"机会的形式平等"亦即"唯才是举"的"前途的平等"。所谓"机会的形式平等"，即是在一种自由市场和立宪代议制的背景制度下，在所有人都享有平等的基本自由的情况下，其中所有地位和职务是向所有能够和愿意努力去争取它们的人开放的，每个人都至少有同样的合法权利进入所有有利的社会地位。在此权利是平等的，各种前途是向各种才能开放的，至于结果如何，机会是否能够同等地为人们利用，则任其自然，只要严格遵循

---

① ［法］卢梭：《社会契约论》，商务印书馆 2000 年版，第 69 页。

了地位不封闭或开放的原则，就可以说这一结果是正义的，这也可以说是"自然放任主义的平等"。

机会均等只不过是更具体地说明人身平等和在法律面前平等的含义。需要从法律上确认的是，每个人的政治权利都是平等的，一切机会对所有人开放，任何特权和强制应该被剔除。与人身平等一样，机会均等之有意义和重要，正是因为人们的出生和文化素质是不同的，因此，他们都希望并能够从事不同的事业。同人身平等一样，机会均等与自由并不抵触。相反，它是自由的重要组成部分。如果有些人仅仅因为某个种族出身、肤色或信仰而受到阻挠，得不到他们在生活中与他们相称的特定地位的话，这就是对他们的"生活、自由和追求幸福"的权利的干涉。这就否定了机会均等，也就是为一些人的利益牺牲另一些人的自由。无论是上帝面前的平等还是机会均等，都同自己决定自己命运的自由不存在任何冲突。恰恰相反，平等和自由是同一个基本价值概念——即应该把每个人看作是目的本身——的两个方面。

个人主义者坚持机会平等极力反对结果平等，即所有人公平分配物品的平等。促进人身平等或机会均等的政府其结果是增大了人的自由；致力于"对所有人公平分配"的政府其结果是减少了人的自由。哈耶克始终所坚持的"平等"，只是在自由和法治秩序之下的"机会平等"，并认为这才是真正的平等，才是能够保持自由的唯一一种平等。哈耶克严格区分平等地待人与试图使人们有平等结果的根本对立性，前者体现了个人自由和平等的机会，后者则导致不同的奴役形式。哈耶克一生都在用他的"机会平等"理念来对抗集体主义或社会主义试图"使人们平等"的观念和行为。在他看来，要求"结果"、"实质性"的平等，把一切都拉平，不仅意味着各种奴役和控制，而且也是不公正的。他说："个人主义的主要原则是，任何人或集团都无权决定另外一个人的情形应该怎样，并且认为这是自由的一个非常必要的条件，决不能为了满足我们的公平意识和妒忌心理而牺牲掉这样的条件。按照个人主义的这种观点，通过不允许人们凭借身外所具有的优势获得利益（比如出身在一个父母比一般人更有知识或更明智的家庭里），来使得所有的个人都从同一水平上开始，也显然是不公正的。这里，个人主义确实比社会主义更少'个人主义'，因为它承认家庭像个人一样是一个合法的单位，至于其他集团比如语言或宗教团体也一样，他们通过共同努力在长期中能够成功地为他们的成员保持不同于社会其他成员的物质或伦理水准。"① 所以他们认为人身、机会平等是重要的,结果不平等是正常的,还有积极效应。它造就了一些经济上强大的个人,从而能够对抗国家强权的侵害。弗里德曼指出:本世纪集体主义情结得以发展的关键因素就是收入平等作为社会目标的信念和应用国家之手促进收入平等的意愿,至少在西方国家是如此。

就自由来讲,在个人主义的武库里,不同的历史时期自由的内容有不同的侧重。文艺复兴时期的自由,主要指以人本代替神本,反对禁欲主义,主张恢复人性,按自己的本性来生活。启蒙运动时期,自由侧重于反对封建等级制度,要求政治上的平等权利。"自由、平等、博爱"成为资产阶级反对封建专制制度的战斗口号。英国自由主义者对自由观念的贡献最大,他们把人们要求政治权利的自由提升到追求政治、经济、文化上的自由。个人主义的自由思想主要是"消极的自由",即"免于……的自由"(liberty from……),也就是"在什么样的限度以内,某一个主体(一个人或一群人),可以、或应当被容许,做他所能做的事,或成为他所能成为的角色,而不受到别人的干涉?"② 它希望的是在变动不居的,但永远可以辨认出来的界限以内,不受任何干扰。"消极"的自由是法治下的自由,对自由的范围大小人们意见不一,都认为不能漫无限制,如果那样的话,人们就可以漫无界限地干涉彼此的行为;这种"自然的"(natural)自由,也会导致社会的混乱,在这种混乱中,除非人类的最低限度之需求,都无法获得满足,就是弱者的自由,会被强者所剥夺。个人主义追求自由但反对外力对自己选择的强制和干涉。他们认为:"一个人不顾忠告与警告,而犯下的所有错误,其为恶远不如任令别人强迫他,去做他们所认为的好事……对一个人施以威胁说:除非他屈就于一种无法自己选择目标的生活,否则就要迫害他;堵塞他所有去路,而只留一扇门,那么,无论这扇门开向多么高贵的远景,无论作此安排的人,动机多么慈悲仁道,这些作法都违反了下述的真理:他是一个人,他有他自己的生活方式。"③

---

① [英]哈耶克:《个人主义与经济秩序》,北京经济学院出版社 1989 年版,第 29—30 页。
② [英]伯林:《两种自由概念》,载《市场逻辑与国家观念》,三联书店 1995 年版,第 200 页。
③ 同上书,第 207 页。

为了避免侵犯自由，"消极"自由强调，个人自由应该有一个无论如何都不可侵犯的最小范围，如果这些范围被逾越，个人将会发觉自己处身的范围，狭窄到自己的天赋能力甚至无法作最起码的发挥，而唯有这些天赋得到最起码的发挥，他才可能追求，甚至才能"构想"，人类认为是善的、对的、神圣的目的。因此，他们主张应当在个人的私生活与公众的权威之间，划定一道界限。界限内的"私人"的领域，要受到保护，不受干涉和侵害。这个私人领域最少有三方面，一是生命权。它是绝对的，在任何情况下，包括以其生命可以换来更多的生命的时候，社会都不能强制他去放弃自己生命的权利。二是"精神"领域。良心自由、信仰自由，思想言论、言论自由，这些也绝不能受到侵犯。三是财产权。它意味着人们有权采取经济行为以获得、利用和处置财产，而不是指望他人必须向其提供财产。财产权是人类谋求生存、建立和拥有家园的权利，是生命权的延伸，是人类自由与尊严的保障。所以私人财产是不可侵犯的。

自由主义从一般意义上讲，就是一种关于私人领域的边界在哪里、依据什么原则来划定这种边界、干涉从何而来、如何加以制止的学说。它预先设定的人是这样的：他有着自己的生活，私生活对他来说是必不可少的，甚至是神圣的。穆勒说，唯一名副其实的自由，乃是按照我们自己的方式追求我们自身福祉的自由，只要我们不试图剥夺他人的这种自由，不试图阻碍他们取得这种自由的努力。任何人的行为，只有在涉及他人的时候才须对社会负责；如果仅仅涉及本人，那么他的独立性就是一种绝对的权利。对自己、对自己的身心来说，个人是最高主权者。这种自由观的现代特征，实质就在于和平地享受有保障的私人快乐，而古人为了保持他们政治上的重要地位，尽管理国家之责，却可以随时地放弃他们的个人独立和自由，在那里，人仅仅是机器，它的齿轮与传动装置由法律来规制……个人以某种方式被国家所吞没，公民被城市所吞没。所以，他们认为有无公共生活和私人生活的区分是现代社会和古代社会的本质不同，也是古代自由和现代自由的划分标准。

除此之外，如果一个人的行为是自主的，并非他人意志的工具或对象，或独立于他的意志的外在或内在力量的结果，而是他作为一个自由的行为者所作出的决定和选择的结果，那么这个人就是自由的。自主性就表现在这种自决的决定和选择之中。如果他的行为不是由他的自觉的"自我"而是由其他东西所决定的，那么自主性就会减弱。另一方面，当他不受干涉和妨碍，即不受别人羁绊随心所欲的时候，他是自由的。这里的自由指的是个人摆脱了外物，尤其是指一个人在政治领域中摆脱对他希望或可能希望的行为所进行的干涉，但这种干涉必须是人为力量或人为控制的结果。正如伯林所说，我们说的社会或政治自由的程度就在于，不仅我的实际选择，而且我的可能选择，还包括这种或那种行为方式，如果我选择去做的话，都没有任何的妨碍。而缺乏这种自由，是因为这种选择之门关闭了或者没有敞开，而这也是可变的人类实践、人为力量作用的有意或无意的结果。格林说，真正自由的理想，是人类社会所有成员的潜能的最大限度的发挥，是人们对他们自身的充分利用。其实这讲的是个性发展的自由，每个人应该尽最大可能决定和支配自己的社会道路，应该有机会实现某些独特的人类品质。一个人如果能够实现他的人类潜能，他就是自由的；而如果这种自我实现受到妨碍，那么他就是不自由的。

由此可知，平等主要基于对人的尊重，而自由则是个人自主、不受公众干预和个性发展的能力这三者合成的产物。对人尊重的根据和内容则在于自由的三个方面。我们通常讲，要尊重他们，因为他们是人。他们具有自主行动的能力，能够成为自决的，能够意识到决定和影响他们的力量，或者认识到这种力量的必然性而服从它们，或者摆脱它们的支配。人有进行思考、采取行动、参与各种事物、介入各种关系的能力，他们对此会作出价值判断，但是为了那种价值，需要某种不受干预的空间。另外，人都具有个性发展的能力，都有能力在自己身上发展某种独特的人类优秀品质或美德——不管是思想的、艺术的还是伦理的，是理论的还是实践的，是独有的还是共同的。要是构成对尊重的否定，我们只要不把他看作一个人而是达到某种目的的手段，一种客体，可以完全控制或支配他的意志，取消他的自主性，那么我们就不在尊重他了。如果没有正当理由而侵犯某人的私人空间和利益，干预他的应受尊重的活动，这很明显是对他的不尊重。减少或限制他自我发展能力的机会，这也是对他的极端不尊重。同时我们应看到，作为自由的组成要素的三个观念本身也是紧密相关的。自主的一种主要形式在于发展个人能力，这需要某种属于私人的或不受干预的空间。个性发展是以自主为先决条件的，意味着发展是自主地去追求的。

所以，要有自由，一个主要的条件是个人要被他人尊重为人，得到这样的尊重就等于得到了自由。缺乏这种尊重，个人的自由就会受到损害：他的自主会被削弱，他的隐私会遭到侵犯，他的自我发展会受到阻挠。

总之，个人主义重视平等但更珍视自由。一个社会把平等——即所谓结果均等——放在自由之上，其结果是既得不到平等，也得不到自由。使用强力来达到平等将毁掉自由，这种本来用于良好目的的强力，最终将落到那些用它来增加自身利益的人们的手中。另一方面，一个把自由放在首位的国家，最终作为可喜的副产品，将得到更大的自由和更大的平等。尽管更大的平等是副产品，但它并不是偶然得到的。一个自由的社会将促使人们更好地发挥他们的精力和才能，以追求自己的目标。它阻止某些人专横地压制他人。它不阻止某些人取得特权地位，但只要有自由，就能阻止特权地位制度化，使之处于其他有才能、有野心的人的不断攻击之下。自由意味着多样化，也意味着流动性。它为今日的落伍者保留明日变成特权者的机会，而且在这一过程中，使从上到下的几乎每个人都享有更为圆满和富裕的生活。

（3）理论前提：自然权利、人性自私论

个人主义价值观的全部观念根植于两个理论假设，一是自然权利，二是人性自私论。既然每个人生来都拥有某些神圣的、不可剥夺的权利：生命、自由和财产，那么人人在道义上或法律上都是平等，追求自由、平等，保持个人的尊严和自主，保护自己的财产不受侵犯等，都是正常的诉求，任何非法的强制和干预都在排斥之列。同时人性在本质上是自私的、利己的，每个人都在追求自身利益的最大化，所以我就是自己的目的，任何把我看作手段的做法，剥夺我利益的行为都是错误的。

自然权利是一种根据自然法人们自然具有的权利。约翰·洛克认为社会产生之前的自然状态是一种完备无缺的完全自由的、平等的、和平的自然状态。一个人们在自然状态下的"自由"，绝不是放任自流，而是遵循着自然法，即人类的普遍理性。在此状态下，人们普遍地享有自然权利，这种权利与生俱来，即所谓"天赋人权"。洛克说，人的生命、自由和财产是自然法为人类规定的基本权利，是不可转让、不可剥夺的自然权利。"人们既然都是平等和独立的，任何人就不得侵害他人的生命、健康、自由或财产。"[1] 托马斯·杰弗逊在起草的《独立宣言》中也宣称："我们认为这些真理是不言而喻的：人人生而平等，他们都从他们的'造物主'那里被赋予了某些不可转让的权利，其中包括生命权、自由权和追求幸福

---

[1]   何汝璧、伊承哲：《西方政治思想史》，甘肃人民出版社1989年版，第159页。

的权利。"① 潘恩首先给天赋权利下了一个比较确切的定义："天赋权利就是人在生存方面所具有的权利。其中包括所有智能上的权利，或是思想上的权利，还包括所有那些不妨害别人的天赋权利而为自己谋求安乐的权利。"② 潘恩在参与编写法国 1789 年颁布的《人权与公民权宣言》中，他把天赋人权归结为最基本的三条，"第一条，在权利方面，人们生来是而且始终是自由平等的。只有在公共作用上面才显出社会上差别。第二条，任何政治结合的目的都在于保存人的自然的和不可动摇的权利。这些权利就是自由、财产、安全和反抗压迫。第三条，整个主权主要以国民为本源；任何个人或任何一批人都不能享有任何非由国民明确授予的权利"。他指出，这"三条是自由的基础，不论就个人或国家而言都是如此"。后来，当有人攻击法国大革命并诬蔑《人权宣言》时，潘恩写成《人权论》进行批驳。他高度评价了《人权宣言》的价值，"全部权利宣言对于世界各国的价值要比迄今颁布的一切法令和条例高的多，好处也大的多"。"在权利宣言中。我们看到一个国家在造物主的庇护下，着手建立一个政府的宏伟壮观，场面如此新颖，非欧洲任何事物所能比拟，以至革命这个名称已缩小了它原来的意义，而上升为人类复兴。""但愿这个为自由而高高竖起的伟大纪念碑成为压迫者的教训和被压迫者的典范！"③

个人主义高度宣扬人享有神圣不可剥夺的自然权利，目的是借助"自然状态"概念来建构其国家理论的大厦：国家（或政府）权力是在"自然状态"的基础上形成的人为的社会建构，它的权力和权利来源于个人固有的权利，是人民的委托。洛克说，这种自然状态下，由于缺少明文规定的众所周知的法律，缺少一个有权依照法律审理争执的机构，缺少一个保证判决执行的权威，所以，自然状态存在严重缺陷。因而人类必须通过订立契约的方式，同其他人协议联合成为一个共同体，以谋求他们彼此间舒适、安全与和平的生活，以便安稳地享受他们的财产并且有更大的保障来防止共同体以外任何人的侵犯。不过，人们在订立社会契约时，只是把一部分权利交给政府，人们依然保存着人的生命、自由和财产的自然权利，所以政府的权力是有限的，政府的存在不是目的，只是工具。如果政

---

① 何汝璧、伊承哲：《西方政治思想史》，甘肃人民出版社 1989 年版，第 185 页。
② 同上书，第 196 页。
③ 同上书，第 186--187 页。

府不能服务于人们的保存着的自然权利，人们就有废除原有契约的权利。在这里，国家权力是由个人转让出来的权力构成的。个人让渡出来而由政府享有的这些权力是人们过公共生活所必须的。个人没有转让的权力，国家则不能享有。即使国家建立后，个人仍保留了某些基本权利。"公民拥有独立于任何社会政治权力之外的个人权利，任何侵犯这些权利的权力都会成为非法的权力。"① 由此可见，在国家和个人的关系上，个人主义认为：其一，个人权利是前提，国家权利是结论；个人权利是因，国家权力是果；个人权利是原始和先在的、自然的，国家权力是后发的、派生的、约定的。其二，个人权利是目的，国家权力是工具，国家权利因个人权利而存在；个人权利限定了国家权力的范围，设定了国家权力的界限，在个人权利的范围内，国家权力是无效的。当国家权力侵犯个人权利时，公民有权改变它。杰弗逊说，如果政府违背人民的意愿，损害人民的利益，不是维护人民的自由平等，而是对人民实行专制主义统治，人民就有权改变或废除它。

概括地说，天赋人权论的基本内容是生命权、自由权、平等权、安全权和财产权的不可侵犯性及国家主权来源于公民权利等思想。生命权为该理论的逻辑起点，平等权为基石，财产权为核心。天赋人权论不仅说明了个人应该平等的根源，而且成了个人主义价值观思考个人和国家关系的一条逻辑原则，个人拥有神圣的权利，公民的同意和授权是国家权力的根源；与国家相比，个人具有优先性、至上性，是目的、本位，国家、社会是手段，它们的目的就在于保护公民个人的权利。这种政治思维的逻辑前提是：个人是国家的基础，国家是个人的集合。它从个人出发定义国家，而不是从国家出发定义个人。他们设定个人权利为国家权力的界限，但却没有为个人权利为何是国家权力的界限提供根据。因此，"天赋权利哲学所依据的伦理理论，必然是直观性的。除了像洛克和杰斐逊那样，肯定个人权利是不言自明之理以外，没有别的办法能为不可侵犯的个人权利的理论进行辩护"②。

人性自私论也称利己主义人性论，认为利己是人的本性，"人类天生

---

① ［法］邦雅曼·贡斯当：《古代人的自由与现代人的自由》，商务书馆 1999 年版，第 61 页。

② ［美］乔治·萨拜因：《政治学说史》下册，商务印书馆 1986 年版，第 742 页。

的惟一无二的欲念是自爱，也就是从广义上说的自私。"① 每个人都在追求自己的利益，个人的利益高于一切，纯粹的利他是不存在的，他人只是实现自己目的的手段。这一点无论合理利己主义理论的倡导者，还是信奉者都明白无误地承认。费尔巴哈就说，爱别人，就是爱那些使我们自己幸福的手段，就是要求他们生存，他们幸福。因为我们发现我们的幸福与此相联系。爱尔维修声称，如果爱美德没有利益可得，那就绝没有美德。为什么利己是人的本性呢？主要是因为：

首先，人性利己来源人的自然生理需求。霍布斯把他关于人性的假设建立在"自然状态"之上。他认为在文明社会之前的自然状态，"人对人像狼一样"，"一个人对每一个人都处于战争状态"，自然状态的野蛮乃是因为人性自私，由于人类天性中存在的三种因素：竞争、猜疑、荣誉，故而人与人之间彼此力图征服、摧毁对方，甚至剥夺对方的生命。所以，人在生理上有"自爱自保"的欲望，自我保护之所以重要是因为人内在的对死亡的恐惧，为了避免死亡，人追求能够保护自我的手段，利用一切可能的办法来护卫自己。人们为了达到保全自我这一目的，需要追求更多的权力。社会生活就是为了权力优势而展开的斗争。人进入社会关系纯粹是为了自私的目的，即所有人都追求合理地扩大他们的效用。也就是说，人的身体欲望成为了人性自私的根源。

其次，人的心理趋向具有利己本性。认为人只会有利己之心而不可能有利他之心，最高尚的利他行为也必然源于人的自私动机。"每个人都是为自己幸福以自己的方式而劳动的……承认了这一点，那么，决没有哪个人可以够得上是无私心的人。"② 生于18世纪的英国思想家孟德维尔以一个人抢救落水儿童为例对此观点进行了说明。在他看来，如果一个人不救落水儿童，是因为害怕自己淹死；如果一个人救了落水儿童，他同样自私，因为只是落水儿童垂死挣扎的痛苦引起了他的痛苦，为了减轻自己的痛苦，他才不得不去减轻儿童的痛苦。孟德维尔由此而得的人性结论是，利他只不过是利己主义的一种假象，是一种道德上的欺骗和伪装，任何人都绝不肯为他人或社会牺牲自己的一丁点利益。

最后，"利益是我们的唯一推动力"。爱尔维修特别强调利益对社会

① ［法］卢梭：《爱弥尔》上卷，商务印书馆1978年版，第95页。
② ［英］霍尔巴赫：《自然体系》上卷，商务印书馆1964年版，第271页。

生活和精神生活的决定作用。他用人们利益的不同来解释他们在政治、思想和道德等问题上的不同意见。他说："利益支配着我们的一切判断"，"人们并不邪恶，但却是服从于自己的利益的"。人们的意见纷呈，在于他们的利益各异。他断言，只有这样才能理解"意见惊人地分歧的原因"，因为这些分歧是"完全系于他们的利益的差异上的"①。"利益在世界上是一个强有力的巫师，它在一切生灵的眼前改变了一切事物的形式。"他认为，无论在任何时候，任何地方；无论在道德上，还是在认识问题上，都是个人利益支配着个人的判断，公共利益支配着国家的判断。人类的一切活动都建立在个人利益的基础上。"如果说自然界是服从运动的规律的，那么精神界就是不折不扣地服从利益的规律。"② 他有一句至理名言：河水不能倒流，人不能逆着利益的浪头走。这说明他较为明确地看到了利益制约着人的社会生活这一规律性的现象。普列汉诺夫评价："爱尔维修的认识高于其他法国唯物主义者，他威胁了一个在 18 世纪流行很广的观点，即认为世界为公共意见所支配……照他看来，人们的意见是听命于人们的利益的……这个利益是独立于人的意志的。"③ 不过，他的利益观点在很大程度上还停留在主观意愿的范围，由于他不了解物质生产方式的制约作用，所以最终难逃唯心史观的厄运。

在个人主义者看来，自私是人的本性，肯定个人利益是正当的、合理的；人是社会动物，又决定人不能为了自己的私利而损害他人的利益，在利己的同时也要利他。第一，"私恶即公利"。英国思想家孟德维尔认为自私在单个人身上表现为恶，但就社会而言，却是一种善。孟德维尔用著名的"蜂巢理论"对此进行了说明。在他看来，人类社会就像蜂巢，人就像蜜蜂，蜜蜂为了自己卑贱的冲动和虚荣心去投机钻营，身上充满"败行与恶习"，但就是在如此的恶行中，蜜蜂的私利得到了满足。假定每只蜜蜂都投机钻营，每只蜜蜂的私利都得到满足，最后就实现了所有蜜蜂的公共福利。人类社会亦是如此，每个人的自私行为充满着丑恶，但合拢起来则成了每个人的"极乐世界"。第二，"从利己必然走向利他"。集体主义将利他视为高尚的道德追求，利己主义者认为，利己是人的本性，

① 北京大学哲学系编译：《十八世纪法国哲学》，商务印书馆 1963 年版，第 457—458 页。
② 同上书，第 460 页。
③ ［俄］普列汉诺夫：《唯物主义论丛》，三联书店 1961 年版，第 102—103 页。

但人的群体性生存本性又决定了每个自我必须对这种自私利己之心有所克制，在追求个人幸福的时候要兼顾他人的存在。否则，利己的追求必然要受到他人的干扰和阻碍，最终势必危及利己心和自身幸福的实现。为了自保为了享受幸福，与一些具有与他同样的欲望、同样厌恶的人同住在社会中。因此道德学将向他指明，为了使自己幸福，就必须为自己的幸福所需要的别人的幸福而工作；它将向他证明，在所有的东西中，人最需要的东西乃是人。功利主义思想家葛德文以"精神机械论"为原则，认为人从利己心出发，为了自己的福利而关心他人的福利，为了解除自己的痛苦而去解除别人的痛苦。久而久之，就养成了一种习惯，手段的东西反而变成了目的，就像开始追求金钱是为了它的用途，久而久之，为金钱而追求金钱，金钱反而成了目的。所以，本来利他只是利己的手段，但因为习惯，手段反而成了目的，人也就由利己走向了利他，光去关心别人的快乐与痛苦了。霍尔巴赫曾明确指出，人为了自身的利益必须要爱别人，因为别人是他自身的幸福所必须的。由此看来，个人主义并没有只停留在自私利己的自然本性中认识人，还意识到人总处于与别人的社会关系之中。在理论上它强调必须兼顾他人，自我节制地去追求个人的幸福的观点比之彻底的利己主义或极端个人主义无疑要合理一些。

然而，个人主义在本质上是反对集体主义的。"个人主义在今天名声不佳，这个词与利己主义与自私自利联系在一起。但我们所说的与社会主义、与一切形式的集体主义相对立的个人主义，与这些东西没有必然的联系。"[1] 个人主义认为集体主义倡导的自我牺牲精神，会导致社会利益总量减少和普遍化的个人利益损失。穆勒说个人利益的牺牲也就减少了由个人利益组成的社会福利，最终必然损害最大多数人的最大利益。"不能够增加福利总量或没有增加这个总量的趋势的牺牲，功用主义的道德观认为是白费。"[2] 英国功利主义思想家边沁也认为，在个人利益与集体利益发生矛盾时，个人牺牲自我利益以保全集体利益，这会导致以集体名义损害个人利益并最终损害集体本身的利益。"共同体是个虚构体，由那些被认为可以说构成其成员的个人组成。那么，共同体的利益是什么呢？是组成

①　［英］哈耶克：《通往奴役之路》，中国社会科学出版社 1997 年版，第 21 页。
②　［英］穆勒：《功用主义》，商务印书馆 1957 年版，第 18 页。

共同体的若干成员的利益总和。"① 他发问道：如果承认为了增进他人幸福而牺牲一个人的幸福是一件好事，那么，为此而牺牲第二个人、第三个人以至于无数人的幸福就更是好事了。哈耶克在区分真假个人主义时说："对社会做个人主义的分析的……目的就在于反对唯理主义的伪个人主义，因为这种伪个人主义始终隐含有一种演变成个人主义敌对面的趋向，比如说，社会主义或集体主义。"② 诸如社会或阶级这样的集合体在特定意义上讲并不存在，因为众所周知，社会或阶级并不会实施诸如储蓄或消费这样的行为，而唯有个人才会如此行事，因此他指出，把社会这样的集合体理解成自成一体并且独立于个人而存在的观点以及把任何价值或任何重要性赋予有关集合体的陈述或有关经济集合体的行为的统计性概括的做法都是极其谬误的。显然，功利主义者已经意识到个人利益和集体利益的不同，个人利益具有独立、具体和真实的特性，集体利益有抽象和虚假的可能，但将个人利益和集体利益对立起来，强调个人利益高于集体利益，视个人利益为唯一真实的利益，集体利益不过是个人利益的简单累加，这种主张却有失偏颇。

三　个人主义伦理的历史地位

个人主义的一般原则把人从社会中剥离出来，使他成为周围事物和他自己的唯一评判者。路易·布兰克曾对个人主义的社会历史进步意义作出了如下肯定："在实现巨大进步的过程中，个人主义是举足轻重的。它为遭到长期压迫的人类思想提供了呼吸的空间和活动的范围，使人类思想恢复了自豪和胆略，使每一个人都能对全部的传统、时代、他们的成就以及他们的信念进行评判；有时把人置于充满着焦虑、危险的孤立境地，但有时却又使他满怀尊严，而且还使他在无穷尽的斗争中，在普遍争论的骚动中，能够亲自解决自己的幸福与命运问题。"③ 而这一切得益于"人是目的"观念的确立。平民个人的崛起无疑是现代社会中一个最本质的特点，现代文明的自由企业，市场经济和政治民主莫不建立在这个基础上。因此，个人主义

---

① ［英］边沁：《道德与立法原理导论》，商务印书馆2000年版，第58页。
② 同上书，第7页。
③ 转引自［英］史蒂文·卢克斯《个人主义》，江苏人民出版社2001年版，第8页。

对西方近代文明的发展曾起过积极的作用，但同时也显露出自身的缺陷。

　　1. 资本主义市场经济的内在动力。个人主义的化身是资产阶级，资产阶级主张市场经济。市场经济是一种以等价交换为基础，以盈利为目的的高级经济形式，人作为市场经济的主体是自由平等的。在市场经济产生之前，占统治地位的是自然经济和封建的神学道德观，这种观念鼓吹禁欲主义、蔑视和否定追求金钱的行为，成为阻碍市场经济发展的精神枷锁。宗教个人主义和后来的功利主义，张扬人的自然欲望和利己本性，宣扬人通过勤奋、实干致富是神圣的行为，使它当时成为击败禁欲主义的一把利剑，推动市场经济发展的驱动器。

　　(1)"资本主义精神的起源"。马克斯·韦伯在《新教伦理与资本主义精神》一书中详细地论述了新教伦理的"天职"观对资本主义精神产生的重要影响。在新教产生之前，传统基督教是反对营利性工作的，认为人们获得财富的经营是罪恶的行为，可以使社会道德败坏，死后灵魂要下地狱。托马斯·阿奎那认为，外来的客商会使人民的道德受到腐化的影响。如果市民专心于做生意，他们有做出许多恶事的机会。因为当商人想要增加他们的财富的时候，其他的人也会充满着贪婪心理。一个国家对它的商业活动，应加以限制。加尔文所主张的新教认为：上帝允准的唯一生存方式，不是要人们以苦修的禁欲主义超越世俗道德，而是要人完成个人在现世中所处地位赋予他的责任与义务，这是他的天职。人们必须把劳动视为人生的目的，必须尽自己的一切努力，去拼命地工作，以履行自己的世俗责任。因为作为天职的工作是获得荣耀的唯一手段。因此，新教具有把人们获得财富的要求从传统伦理中解放出来的心理功效。新教不仅把人们获得财富的冲动合法化，而且把它直接视作上帝的旨意。同时，加尔文新教对勤劳、节俭、守诺、诚信等给予了积极的道德肯定。这样以来，早期资本主义精神中便蕴含着两个特征"禁欲苦行主义"和"贪婪攫取性"，丹尼尔·贝尔将其称为"宗教冲动力"和"经济冲动力"。在资本主义上升时期，这两股力量纠缠难分，相互制约，成为推动资本主义发展的重要动力。禁欲苦行的宗教冲动力造就了资产者精打细算、兢兢业业的经营风范，贪婪攫取的经济冲动力则养成了他们挺进新边疆、征服自然界的冒险精神和勃勃雄心。[1] 受这种新精神的鼓舞，在不到一百年的时间里

---

　　① 参见［美］丹尼尔·贝尔《资本主义文化矛盾》，三联书店1992年版，第13页。

资产阶级创造了令人惊叹的物质财富和高度的生产力。然而，人会在贫穷潦倒的时候去皈依上帝，在没有能力享受的时候去禁欲，如果一旦物质财富在工商业的迅速发展中结出累累硕果时，宗教的根就慢慢死去，让位于世俗的功利主义。人们虽然仍在忙忙碌碌，但那只是在追求现世的物质利益，而不是在想着如何为上帝增加荣耀了。

宗教归隐之时，哲学和经济学粉墨登场了。哲学家从人性的角度指出利己是人的本质；经济学家则从市场出发论证人的需要、欲望的正当性、重要性。古典经济学的代表人物亚当·斯密最早揭示了利己欲望对经济的动力作用。他讲道："由于每个个人……他只是盘算他自己的安全；……他所盘算的也只是他自己的利益。在这场合，象在其他许多场合一样，他受着一只看不见的手的指导，去尽力达到一个并非他本意想要达到的目的。也并不因为事非出于本意，就对社会有害。他追求自己的利益，往往使他能比真正出于本意的情况下更有效地促进社会的利益。"① 经济学家陈岱孙教授说，由于在斯密的体系中，利己主义替代了同情心，并成为经济自由主义的基石，对利己主义的顶礼膜拜在经济学发展的历史进程中历久不衰。它像一个无所不在、无所不能的幽灵，以"一只看不见的手"控制着我们的全部经济行为。

马克思在《詹姆斯·穆勒〈政治经济学原理〉一书摘要》中指出，人的需要是人们的社会联系，是人们的一切社会关系变化的动力与根据，一切社会关系正是人的需要的产物。"真正的社会联系并不是由反思产生的，它是由于有个人的需要和利己主义才出现的，也就是个人在积极实现其存在时的直接产物。"② 随着货币的出现，人们对抽象财富（货币）的占有欲——致富欲取代了对使用价值的贪欲，而成为文明社会发展的一大杠杆，成为"发展一切生产力即物质生产力和精神生产力的主动轮"。"因为每个人都想生产货币，所以致富欲望是所有人的欲望，这种欲望创造了一般财富。因此只有一般的致富欲望才能成为不断重新产生的一般财富的源泉。"③ 这种欲望越强烈，就越能刺激人们的交换行为，从而使交

① ［英］亚当·斯密：《国民财富的性质和原因的研究》下卷，商务印书馆 1974 年版，第 27 页。
② 马恩列斯《论人性、异化、人道主义》，清华大学出版社 1983 年版，第 30 页。
③ 《马克思恩格斯全集》第 46 卷（上），人民出版社 1979 年版，第 173 页。

换的空间——市场，无论在质与量上都会得到开拓和扩张，在市场经济运行的相关机制方面得到发育和成长。19 世纪法国著名经济学家萨伊，在观察了资本主义的繁荣之后，兴奋地宣称："利己主义是最好的教师"，"尽管这个指引有时会把我们带入歧途，但归根到底它乃是最可靠的糜费最小的指针"①。

（2）市场经济的道德基础。市场经济的道德基础就是在消极自由的基础上达到一种产权的公识。而对产权的公识，最基本的就是对生命的尊重，以及由此发生出来的对财产和基本自由的尊重。其核心是财产占有或财产权问题。洛克把产权分成三大块：首先是个体对自己生命的权利。其次，是个体对维护起生命正常运行所需要的那部分财产的权利。第三，是个体的自由。财产权利是人的自然权利中最基本的权利，其他权利都是以财产权利为基础的。即使是生命权利，即安全，说到底也不过是保障个人财产不受侵犯的权利。其根据是"上帝扎根在人类心中和镂刻在他的天性上的最根本和最强烈的要求，就是保存自己的要求，这就是每一个人具有支配万物以维持个人生存与供给个人使用的权利的基础"②。洛克的惊人成就就是把财产权利建立在自然权利和自然法的基础上，然后把所有对财产权利的限制从自然法中清除出去。他还从效率和人类效用最大化这一功利主义标准出发，推导出了私有制度的合理性。"因为一英亩被圈用和耕种的土地所生产的供应人类生活的产品，比一英亩同样肥沃而共有人任其荒芜不治的土地说得特别保守些要多收获十倍。"③ 这一论证为资本主义社会私人所有制度提供了最好的注脚。所以有人说，洛克对财产权利的强调是近现代历史上所有论证私有财产权利合理性的思想家中最彻底的。

洛克关于财产权的论说实际上为资本主义市场经济具有更高的生产力，从而保证上帝的创造物能够更好地用于为人类服务这一目的提供了有说服力的论证。这一论证为 17 世纪正在兴起的自由资本主义市场经济中出现的个人行为完成了一次道德上的革命，消除了过去那些阻碍着不受限制的资本主义占有的道德困境。就上帝之法或理性法则所规定的道德而言，勤劳的劳动和占有行为是合理的。因此，洛克的财产理论，使反映资

———————

① ［英］萨伊：《政治经济学概论》，商务印书馆 1963 年版，第 158 页。
② ［英］洛克：《政府论》上篇，商务印书馆 1982 年版，第 75—76 页。
③ ［英］洛克：《政府论》下篇，商务印书馆 1964 年版，第 25 页。

本主义制度和道德观念基础的个人主义获得了最终也是最为坚实的支撑。

（3）理性"经济人"是自由市场经济的理论前提。经济理论总是在一定的行为假设下展开其分析。这些假设往往作为无须论证、无须说明的一般性条件或理论前提进入分析过程。谋求自身最大化利益或利己主义的"经济人"，在西方经济学中，已成为具有公理性意义的最基本假定之一，它构成了自由市场经济的理论前提。根据这个假定，每一个从事经济活动的行为主体，其直接动机和最终目的，都在于谋求自己的最大化利益，如利润最大化，或更一般性的收入或效用的最大化。可以说，西方经济学家对社会经济活动的所有分析，建立的大量经济行为模式和改善经济运行条件的政策主张，都离不开这个假定前提。而这个"经济人"就是个人主义中那个具有利己心、追求自己利益的个人。一般认为"经济人"假设的主要内容是：在利己心（或称功利主义）驱使下的经济主体会在各种可供选择的方案中选取一种使自己收益最大或损失最小的方案来实现自己的目的。从这里不难看出"经济人"假设的哲学意蕴是功利主义、理性和个人主义。这些都是在所谓普遍的"自私人性论"基础上得出的，体现了资产阶级价值观、人生观的经济思想。

从"经济人"假设中引出的第二个内容就是："经济人"具有一定程度上的理性。即人的理性是有条件的，理性是有限的。在传统的对"经济人"的假设中，把它当成完全理性的不少，这主要是在对"经济人"是在完全信息和行动完全自由的前提下作出的。与现实相比这无疑带有很大的片面性。就经济学而言，完全模拟现实的世界来对经济进行判断是不可能的，必须有一系列的假设前提为条件，这些前提与现实的拟合度的优劣不应成为判断经济理论有效与否的唯一标准。正如熊彼特所说，理性秩序仅仅存在于理性王国。理性本身只是对经济现象背后人们行为的抽象化、高度概括性的解释，是一种行为及行为的能力。这种个人主义的设想以追求个人利益最大化为特征，其目的并不在于狡辩关于自私人性存在的天然合理性，而在于理解那些决定人类社会生活力量的理论。这说明"经济人"假设的目的并不在于描绘现实生活中绝对的人的本性，而在于揭示在资本主义市场经济活动中的一种动力机制，这种动力机制是以对已知状态下的各种可行方案进行以一定价值判断为基础的选择，即以效率为基准的行为方式的解释。从某种意义上来说，这种动力机制是在市场经济条件下普遍发挥作用的，并使整个市场经济运行趋于合理化的一种内在力量，是使社会资源得到合理配置的一种手段。阿玛蒂亚·森教授在《以自由看待发展》一书中，非常明确地指出，虽然资本主义常常被看作只是在每个人贪欲的基础上运行的一种安排，但事实上，资本主义经济的高效率运行依赖于强有力的价值观和规范系统。确实，把资本主义看作仅仅是一个基于贪欲行为的综合体系统，实在是严重低估了资本主义的伦理，而这种伦理对资本主义的辉煌成就作出了巨大的贡献。

2. 西方民主政治的理论基础。个人主义是在同神权和封建专制的斗争中杀出一条血路逐渐成长起来的，个人从独裁者那里赢回的每一权利都削弱了后者对权利的垄断；每个个人的自我意识的发展都是对犯有自大狂的独裁者的纠正。爱默生说："民主的根子与种子就是'尊重你自己'这个学说。"① 民主说到底，就是对个人利益和权利的法律承认和保护。个人主义价值观从理论上对此作出最好的说明。

（1）国家的根本目的是保护公民的利益。首先，在国家的起源上，个人主义认为国家源于社会契约。个人主义政治思想家们假设，在社会产生之前存在着一个"自然状态"，人享有一定的"自然权利"，遵从理性和平或冲突地生活着，由于没有法律和权威，人的权利并不能得到保障。因此，人们通过协商让渡了一部分权利给政府，让政治担起保护人民权利的责任。霍布斯以自私自利的人类的本质假设为出发点，认为自然状态下人与人之间关系如狼与狼之间关系一样。进而断言：战争状态是人类的最初原始状态。为避免这些战争状况，人类的理性这一自然法起了关键性作用。为寻求和平，人们就有必要在他们之间共同达成一项契约，"把大家所有的权力和力量付托给某一个人或一个能通过多数的意见把大家的意志化为一个意志的多人组成的集体"②。因而霍布斯在政治制度上主张的乃是一种"开明专制"的政体。不过由于霍布斯在强调其"开明专制"的理论时是以人的平等性为社会学基础的，因而平等、自由、权利等一些思想在霍布斯的《利维坦》中已得到较多的阐述。所以，在博登海默看来，霍布斯的自然法理论和政府责任哲学中已包含了明显的个人主义和自由主义的因素。这是对伊壁鸠鲁个人主义的继承，也是对洛克自由主义的启

---

① 转引自钱满素《爱默生和中国——对个人主义的反思》，三联书店1996年版，第228页。

② ［英］霍布斯：《利维坦》，商务印书馆1980年版，第131页。

发。正是他奠定了个人主义政治哲学的基础。

约翰·洛克被人尊称为自由主义的鼻祖。洛克假设了一个完全自由的、平等的、和平的自然状态。在此状态下，人们普遍地享有自然权利。遵循着自然法"自由"而不是放任自流地生活着。但是，这种自然状态下，由于缺少明文规定的众所周知的法律，缺少一个有权依照法律审理争执的机构，缺少一个保证判决执行的权威，所以，自然状态存在严重缺陷。因此，人类必须通过订立契约的方式，同其他人协议联合成为一个共同体，以谋求彼此间舒适、安全与和平的生活，以便安稳地享受他们的财产并且有更大的保障来防止共同体以外任何人的侵犯。① 不过，人们在订立社会契约时，只是把一部分权利交给政府，人们依然保存着人的生命、自由和财产的自然权利，所以政府的权力是有限的，政府的存在不是目的，只是工具。如果政府不能服务于人们的保存着的自然权利，人们就有废除原有契约的权利。

社会契约论是一种解释国家产生的社会基础的理论，它认为国家起源于人们之间的某种契约，所以一方面它是对中世纪神创国家理论的反动，另一方面也为人们对国家本身的批判提供了理论上的可能性，从而它成了近代民主政治的理论基础。

其次，国家的目的是保护公民的权利。从国家政权的合法性来看，国家政府权力来源于人民的同意，来源于人们相互之间订立的契约，人民的授权是国家政府及其权力存在的唯一合法根据，政府行为一旦违背人民授权的意图，就将面临失去合法统治的危险。因此，国家政权建立以后必须将其合法性植根于人民的授权之中，通过人民的授权来获得政权存在的合法根据。而人民的授权是通过契约来实现的，契约实际上是一种法制，因此国家政府权力的行使必须遵循契约遵从法制，而不是凌驾于法制之上。当人民对政府权力不信任时，就会通过各种方式（和平的或暴力的）来否定，甚至推翻这个政府，然后重建一个新政府。卢梭明确指出"行政权力的受任者决不是人民的主人，而只是人民的官吏，只要人民愿意就可以委任他们，也可以撤换他们；对于这些官吏来说，决不是什么（和人民）订立契约的问题，而只是服从的问题，而且在承担国家所赋予他们

---

① 参见［英］洛克《政府论》下篇，商务印书馆1964年版，第59页。

的职务时，他们只不过是在履行自己的公民义务，而并没有争条件的权力"①。洛克也说，人最重要的自然权利是生命、自由和财产。人们之所以成立政府，就是为了保护这些基本的权利。政府的行为是否合法，唯一的判断标准也就在于它是否有效地承担了它的责任，否则，人们有权推翻现有的统治而建立一个新的、真正为他们所满意的政府。

从政府的职能看，政府的目的就是通过保护人们的利益以及反对一个人对另一个人伤害所引起的恶，从而使人们的社会存在变成可能。为实现这一目的，政府的适合功能有三大类：警察，保护人们免受犯罪分子侵害；武装力量，保护人类免受外族人入侵；法庭，根据客观的法律解决人们之间的争端。哈耶克的老师米塞斯也认为："国家机器的任务只有一个，这就是保护人身安全和健康；保护人身自由和私有财产；抵御任何暴力侵犯和侵略。一超出这一职能范围的政府行为都是罪恶。一个不履行自己的职责，而去侵犯生命、健康，侵犯自由和私有财产的政府，必然是一个很坏的政府。"② 既然主权在民，政府的职能是保护人民的权利，就要坚持国家权力源于人们的权利并服从服务于公民权利的宪政思想。根据这一思想，其一，政府必须是有限的，国家不能拥有绝对的权力，若政府拥有绝对的权力，那就是暴政，非法之政；其二，权力不能侵害权利，政府的所有职能都是为了保护人们在社会中的权利，若出现权力侵犯权利，政府的合法性就有问题。由此可见，权利是独立于权力之外的，也不受权力的支配。把权力凌驾在权利之上，认为个人权利是国家权力赋予的，显然是本末倒置。这从根本上矫正了被封建专制统治所扭曲与颠倒的权力与权利的关系，理顺了国家与公民，权力与权利之间的辩证统一关系，同时也消除了国家权力在人们心目当中所具有的超越性和神秘性幻觉。否认国家权力的神圣性就意味着要求国家权力必须有所限制，要求确立某种国家行为不能逾越的确定的界限，这必然要求有限政府和权力分立。

（2）分权制衡。分权作为一种学说，甚而作为一种政治纲领和理论武器是由英国哲学家约翰·洛克和法国启蒙学者孟德斯鸠提出并发展起来的。洛克在《政府论》中把国家权力分为三种，立法权、行政权和联盟权。三种权力分别由不同机关不同人掌握，它们相互牵制、彼此平衡。洛

---

① ［法］卢梭：《社会契约论》，商务印书馆 2003 年版，第 127 页。
② 刘军宁：《自由主义与当代世界》，三联书店 2000 年版，第 29—30 页。

克的学说为资产阶级确立在君主立宪制中的地位提供了理论基础。但洛克的论述侧重于权力的分配，对于权力制衡涉及不多。孟德斯鸠在洛克的基础上，系统完备地阐述了分权和制衡的思想，使之成为资产阶级国家和法的理论的基本原则。孟德斯鸠根据洛克的"分权论"，明确提出一个国家有立法、行政和司法三种权力，并且认为从事物的性质来说，要防止滥用权力，就必须以权力约束权力，即三种国家权力"彼此牵掣"、"协调前进"。他认为："政治自由是通过三权的某种分野而建立的。""如果司法权同立法权合而为一，则将对公民的生命和自由施行专断的权力，因为法官就是立法者。如果司法权同行政权合而为一，法官便将握有压迫者的力量。""如果同一个人或是由重要人物、贵族或平民组成的同一个机关行使三种权力，即制定法律权、执行公共决议和裁判私人犯罪或争讼权，则一切便都完了。"① 因此，要防止滥用权力，实现公共自由，就必须以权力约束权力，形成一种能联系各种权力的政治制度，其中各种权力既调节配合，又相互约束。立法、行政、司法三种权力必须分开，不同的权力由不同的人或机关执掌、履行不同的职责，否则就会产生种种弊端。孟德斯鸠主张，司法权应当依照法定方式，从全体人民中挑选出一些人来组成法庭，行使这种权力。立法权和行政权则可以交给一些官员或常设性团体掌握。行政机关可以对立法机关有一定的牵制，否则立法团体就会专制。行政权应以它的否决权参与立法，制约立法权。立法权则以对行政活动范围和方式的规范来干预行政权。以此达到互相牵制的目的，形成一种权力制衡的体制。分权说中以权力牵制权力的理论，立意是要牵制自称"朕即国家"的君主，防止他们滥用权力，限制他们的专制，因此有其历史进步性。而且，在某种程度上，可以说孟德斯鸠已接触到统治阶级内部的矛盾问题，意识到统治阶级中的个人，不一定任何时候都能代表本阶级的根本利益，权力可能被滥用，为个人谋私利。所以，资产阶级取得统治后，应当有一个好的政府体制，使三种权力分开，既相互制约，又适当保持三权之间的相互平衡。孟德斯鸠对分权理论的完善在于把权力分立的思想变为政治结构，即各组成部分在法律上相互制约和平衡的体制。他关于司法独立的原则、"以权力约束权力"的原则等为资产阶级依法治国提供了理论依据。这就是三权分立说在资产阶级取得政权后，仍被采用为组织资产

---

① ［法］孟德斯鸠：《论法的精神》上卷，商务印书馆1982年版，第151—152页。

阶级国家机构的指导原则的原因之一。它作为资产阶级政权组合的理论依据和政制实体模式的内在运行机制,并直接体现在各国宪法或宪法性文件中。三权分立是资本主义国家政治制度的共同特点。

权力分立的根源在于,国家虽然产生于社会契约,但它本身是一种邪恶的东西,一经产生便会反过来侵害人们的权利;权力是具有腐蚀性的,不受制约的权力将被滥用,防止权力滥用的最有效办法就是以权力约束权力。孟德斯鸠认为:"一切有权力的人都容易滥用权力,这是万古不易的一条经验。""要防止滥用权力,就必须以权力约束权力。"① 滥用权力的结果要么导致专制,要么制造腐败,腐败和专制是一根藤上结的两个瓜,哪里有不受约束的权力,哪里就有腐败的温床。英国阿克顿勋爵于 1887 年断言:权力导致腐败,绝对的权力导致绝对的腐败。权力是一把双刃剑,既可造福民众,又可行凶作恶;权力既是个人权利的保护神,又是个人权利的最大最危险的侵害者。对它不能有乐观的信心,而要有高度的警惕。罗伯特·达尔总结 20 世纪人类的政治实践,再次得出了类似的结论:如果我们把统治权力托付给统治精英,无论他们一开始多么睿智、值得信赖,过几年或者几十年之后,他们就会滥用权力。国家权力的扩张总是依靠侵蚀个人权利而实现的。因此,如何约束国家权力,不使其过度扩张,或者当其侵犯个人权利时,能够有一种势力与之相抗衡,就成为非常重要的问题。对政府的权力进行控制,除民主和权力分立外,一个重要的内容就是法治思想。

3. 法治社会的内在诉求。个人主义不是无政府主义,它推崇自由,但认为自由是做法律许可的事情;它强调权利,但认为权利和义务是对等的。他们一致的观点:政治上的宪政和法治,经济上的市场经济是个人权利和自由的最重要保证。唯有在民主政治的前提下,法治才能成为真正有利于人民的一种制度,也只有以民主政治为保障,法治才能得到充分彻底的实施。

(1) 法律是自由的基石。洛克认为法律对于自由很重要,"哪里没有法律,哪里就没有自由"。卢梭指出人生而自由,但自由不是随心所欲,为所欲为,"惟有服从人们自己为自己所规定的法律,才是自由","根本不存在没有法律的自由,也不存在任何人是高于法律之上的。一个自由的

---

① ［法］孟德斯鸠:《论法的精神》上卷,商务印书馆 1982 年版,第 150 页。

人民，服从但不受奴役，有首领但没有主人；服从法律但仅仅是服从法律"。① 孟德斯鸠主张以法治国，建立法治国家。他指出专制制度是不需要任何法律的，或者说只需要很少的法律就行了。因为在这种制度下，专制盛行，君主一个人说了算，法律是多余的。他说，专制政体是既无法律又无规章，由单独一个人按照一己的意志与反复无常的性情领导一切。在专制国家，法律就是君主的一时意志，法官本身就是法律。亚洲所以存在奴役，欧洲所以存在自由，除了自然原因外，主要是因为前者无法治，后者有法治。法治是有利于保国的；所以没有法治，国家便将腐化堕落。个人也将失去自由。这说明个人主义不是无政府主义，他们虽然重视自由，但更注视法律。他们说的自由，不是法律之外的自由，而是法治中的自由。法治不是在破坏自由，而是在保护自由；法治才是自由的保障。

（2）法律至上。奉行法律至上原则是现代法治社会的一个根本特征。法律至上，也就是法律有至高无上的权威，没有任何个人或组织可以凌驾于法律之上。法律是否享有至高无上的权威，是检测真假法治的一个基本尺度。人治社会是权大于法，法治社会是法大于权。权力相对于法律是下位的。古典的法治模式是：法律从限制王权开始，到限制住政府全部权力，再到限制住全部国家权力。什么时候权力听命于法律，什么时候便有了形式意义上的法治。权力对于法律的原则是：启动时要有法律根据，运用时恪守法律界限，遇阻时寻求法律保障。这个原则说明，法律才是权力存在的根据，任何权力都是由法律来界定的，只有法律下的权力，没有法律上的权力；只有法律中的权力，没有法律外的权力。洛克、孟德斯鸠等所谓"以权力制约权力"的论述，正是以法律为分权设定的前提。在权力还敢于对抗法律的社会是没有法治的，更不用说以权抗法、压法的社会了。法律至上，权力受到制约，限制统治者权力，变专制为民主，这样才能达到真正的法治状态。这一原则业已深入发达国家政治生活和社会生活的各个领域，并将势必逐渐成为所有国家人民所普遍接受的行为准则。

法律至上还包含着法律面前人人平等的权威准则。法律一旦制定就具有至上的权威性，人们都应平等地遵守、执行而不得与之相背离。任何人都必须服从法律，不能有任何特权，没有法律上的平等，便没有法治。法治的本质要求人格平等，法律面前人人平等。

---

① ［法］卢梭：《社会契约论》，商务印书馆 2003 年版，第 51 页。

　　由此可知，个人主义价值观作为资产阶级的意识形态有产生的历史根源和阶级根源，在反对封建贵族和僧侣的等级特权、世袭特权及其赖以存在的奴役制度的斗争中，在推动资本主义民主政治、经济制度和文化的发展中起过积极的作用，在一定意义上构成了现代文明的基本要素。因此，与封建专制的神学意识形态相比，它具有伟大的历史进步性：促进"人从人的依赖关系"转变为"人对物的依赖关系为基础的人的独立性"的新阶段，契合了市场经济的发展要求，构画了民主政治的蓝图，把人类文明提升到一个新的高度。但它对个人权利和利益的过度强调，使个人成为抽象的凌驾在社会之上的怪物，由此导致许多它自身无法克服的社会问题，在某种程度上影响到人类社会的美好前景。因此，吸取其合理的价值，剔除其糟粕就成为学理上的重要问题。

　　个人主义价值观的社会危害主要表现为：

　　其一，容易造成人情冷漠。个人主义从个人本位出发，认为人与人不过是不同的利益主体，任何人的发展都必须依赖自我奋斗，与他人毫不相干，自己是自己的上帝，自己靠自己来拯救。极端个人主义把人与人的关系看成"狼与狼"的关系，这样，个人主义就把人与人之间的关系单一化为不同利益主体的对立关系和一种残酷的生存竞争关系，人人都以他人为竞争对象，不是你淘汰我就是我吞食你。反映到具体行为上，就是为了达到个人目的而不惜损害他人利益。这种利己主义把人与人之间正常的竞争关系，扭曲为纯粹的利害关系，以利益作为衡量一切事物价值的唯一尺度，从而把人的价值与商品的价值相混同，把人与人之间的关系变成纯粹的金钱关系，家庭美德、社会道德等在他们看来成了不必要的摆设。马克思、恩格斯在《共产党宣言》中指出，资本主义使人和人之间除了赤裸裸的利害关系，除了冷酷无情的现金交易，就再也没有任何别的联系了。它把人的尊严变成了交换价值，用一种没有良心的贸易自由代替了无数特许的和自力挣得的自由，不仅如此，资产阶级撕下了罩在家庭关系上的温情脉脉的面纱，把这种关系变成了纯粹的金钱关系。为了追求金钱，可以采取不正当的手段进行非法活动和不道德的活动，从而扰乱正常的社会经济生活、政治生活、文化生活和家庭生活的秩序，从而使社会的正义和德行受损，社会的公共利益和公民的合法权益受到侵害。这样一来，势必造成人情冷漠和人际关系的恶化。如 19 世纪法国思想家托克维尔所说："个人主义是一种只顾自己而又心安理得的情感，它使每个公民同其他同胞大众隔离，同亲属和朋友疏远。"① 所以，我们要旗帜鲜明地反对极端的个人主义，拜金主义，这种价值观错误地夸大了个人的一面，忽视了个人与集体、个人与社会之间的辨证关系，它是对人性的扭曲，任其泛滥，会危害社会秩序，制造许多罪恶。

其二，容易导致拜金主义盛行。个人主义虽然主张合理的利己主义，但它从人性自私的立场出发，公开宣扬追逐和占有财富的正当性，个人利益的至上性，这样很容易在市场不成熟、法制不健全、制度不完善的情况下，造成私欲的膨胀，导致物欲横流、拜金主义盛行。比如，在西方资本主义处于原始积累阶段，人的贪婪和无序的市场一结合，便上演了人类历史上最悲惨的一幕。马克思曾经引述英国工会活动家托马斯·约瑟夫·登宁的描绘：一旦有适当的利润，资本就胆大起来。如果有 10% 的利润，资本就会保证到处被使用；有 20% 的利润，资本就能活跃起来；有 50% 的利润，资本就会铤而走险；为了 100% 的利润，资本就敢践踏一切人间法律；有 300% 的利润，就敢犯任何罪行，甚至冒绞首的危险。如果动乱和纷争能带来利润，它就会鼓励动乱和纷争。这段话精彩地证明了在利益的诱惑下，合理利己主义可以突破任何规范、秩序，最终导致极端利己主义。

在资本主义的初级阶段，拜金主义盛行。资本家对金钱（货币）盲目崇拜，主张金钱至上、金钱万能的价值观。恩格斯以冷峻的口气嘲讽道："我从来没有看到一个阶级像英国的资产阶级那样堕落，那样自私自利到不可救药的地步，那样腐朽，那样无力再前进一步……在资产阶级看来，世界上没有一样东西不是为了金钱而存在的，连他们本身也不例外，因为他们活着就是为了赚钱，除了快快发财，他们不知道还有别的幸福，除了金钱的损失，也不知道还有别的痛苦。"② 在这种贪得无厌和利欲熏心的情况下，资产阶级采用各种手段对内对外进行了疯狂掠夺和剥削，在短时间内为资产阶级积累了大量的财富，然而对人类犯下许多罪恶。马克思入木三分地评价道：资本来到世间，从头到脚每个毛孔都滴着血和肮脏的东西。

在市场经济社会里，拜金主义与享乐主义、极端个人主义是紧密联系

---

① ［法］托克维尔：《论美国的民主》下卷，商务印书馆 1988 年版，第 625 页。
② 《马克思恩格斯全集》第 2 卷，人民出版社 1957 年版，第 564 页。

在一起的。享乐主义认为人生的目的和意义就在于追求和满足个人的感官刺激、肉体需要和物质生活的享受。享乐主义者必然是拜金主义者，因为享乐主义者为了寻欢作乐、过纸醉金迷的奢侈生活，必然狂热地追求金钱来挥霍。而拜金主义者拼命地追逐金钱的目的，也往往是为了贪图享受，过腐朽奢靡的生活。而极端个人主义亦即自私自利的利己主义，其根本特点是把个人的特殊利益凌驾于社会、集体和他人利益之上，专门谋取和扩张个人的私利，甚至为了不正当的个人利益不惜违犯、损害和牺牲社会、集体和他人的利益。拜金主义者必然是极端个人主义者，因为拜金主义为了谋求自己经济利益（金钱、货币）的最大化，往往会不择手段，当个人利益与社会、集体、他人的利益发生矛盾和冲突时，拜金主义者往往以牺牲社会、集体、他人的利益为代价来换取个人物质利益（金钱、货币）最大化的实现。享乐主义和极端个人主义使人变得贪婪、野蛮、失去人性，使人变得自私自利、唯我独尊，它消磨人们的意志和艰苦创业的精神，动摇人们美好的理想信念，导致道德虚无主义和纵欲主义。

其三，容易造成社会混乱。个人主义价值观，以个人为中心，把个人与社会、国家对立起来，视个人理性为至高无上的评判者，强调个人的自主、自由，反对任何形式的束缚和强制，容易滋生无政府主义思潮，当社会出现问题时，极易造成社会混乱。在法国著名社会学家、思想家杜克海姆把个人主义等同于"自我主义"和"混乱"。许多法国人都认为"个人主义"和"个性"之间的对立，认为前者意味着无政府状态和原子化，后者意味着个人独立和自我实现。戴高乐将军也说，我们必须克服道德上的苦闷，这种苦闷——尤其是个人主义给我们造成的苦闷——是现代机械文明和物质文明的固有特征。否则，那些破坏狂、那些否定迷、那些煽动专家，将再次得到一个大好机会，利用社会的骚乱和痛苦而混淆视听、煽风点火。他们骄纵蛮横、幼稚可笑，煽动进行所谓的革命，其结果只能使一切化为乌有，或者使一切陷入极权主义的压迫和蹂躏之中。所以，当个人主义抽掉服从和责任概念，从而也就摧毁了权力和法律。社会中剩下的就仅仅是利益、激情和不同意见的可怕混乱、纠纷和由此而来的血腥灾难。

第 三 章

市民社会与政治国家的调和：
国家伦理的重建

　　自由主义作为抗争王权的结果，一经产生便呈现出迅猛的发展势头。无论孟德斯鸠还是卢梭，甚至康德都是自由主义政治哲学的拥护者。不过，自由主义的发展势头却在黑格尔那里遭遇到了第一次最为明显的阻碍。一方面，黑格尔热情讴歌自由主义的实践结果——法国大革命，把它比喻为"壮丽的日出"；另一方面，他又把法国大革命视为一场"最可怕和最残酷的事变"。黑格尔对法国大革命的这种矛盾心理，必然使他对以"消极自由"（免于他人或政府干涉的自由）为核心内容的自由主义展开批判。萨拜因在《政治学说史》中指出了黑格尔谴责法国革命的原因，在黑格尔看来，"革命把人们因社会身份的不同而产生的功能差别降低到一般和抽象的政治平等。使人们对国家的关系仅仅成为私人之间的利害关系。它把社会和国家的降低为满足私人需要和迎合个人癖好的功利主义手段，这些私人需要和个人癖好作为个人的感情欲望来看不过是变幻无常的"。"革命哲学的基本错误是抽象地讲个人主义；它的政策的基本错误则是在个人主义假设的基础之上树立起纸面上的宪法和政治程序。"① 因此，这种自由主义所主张的个人任性在实践中必然造成社会的不和谐：在人与人关系的层面，社会会陷入一切人反对一切人的战争之中；在个体与共同体关系的层面，个体与共同体之间出现对抗性的局面。对于这种困境，黑格尔借助于他所理解的希腊和谐论来加以反思，并企图通过调和市民社会与政治国家的冲突，来建立一种新的国家伦理。

----

① ［美］萨拜因：《政治学说史》下册，商务印书馆1986年版，第721页。

一　黑格尔对古典自由主义自然权利论的批判

美国当代著名哲学家、伦理学家艾拉斯代尔·麦金太尔在其《伦理学简史》中曾有过这样的论述："青年时期的黑格尔就致力于一个人们争论不休的问题：为什么现代德国人（或者就一般而言现代欧洲人）不同于古代希腊人？他的回答是：由于基督教的兴起，个人与国家分离了，所以个人寻求超验的标准，而不寻求蕴含在他自己的政治共同体实践中的标准……希腊伦理学的先决条件是政治体的共享结构，其结果是共享目的和欲望。现代（18世纪）的共同体是个人的集合。黑格尔通常似乎把希腊的政治体写得比实际上的更和谐；他常常忽视奴隶的存在。当然，柏拉图和亚里士多德也是如此。但尽管黑格尔的希腊和谐论是夸大了的，可是这种和谐却为他提供了诊断个人主义的思路，一种历史性的思路。"①

宣称人拥有自然权利是17、18世纪西欧自由主义政治哲学的实质性精神。自由主义政治哲学以自然法为基础，强调政治社会是为了更好地保障个体自由与安全的权利这一特殊目的而达成的协议。因此，黑格尔批判自由主义，首先必须对它据以立论的自然法和自然权利理论进行彻底的再考察。

黑格尔认为，自由主义援引自然权利对于个人与国家关系的界定，既伪造了个人的本质，也伪造了社会的本质。"说它伪造个人的本质是因为个人的性灵和理性乃是社会生活所创造的……个人主义还伪造了社会各种制度的本质，因为它只是把社会制度看作是非本质的东西，同人格的道德与精神发展无关，把社会制度只看成是功利的辅助，是被凭空捏造出来以满足人们不合理的愿望的。"② 在黑格尔看来，自然权利的概念是由经验的研究方法和形式的研究方法作出的，前者以霍布斯和洛克为代表，后者以康德为代表。

从经验事实出发得出本质的东西，这是经验主义的信条。经验事实是什么？霍布斯与洛克认为它是人的首要的、最基本的欲求，即自我保全（self-preservation）。霍布斯指出："每一个人按照自己所愿意的方式运用

---

①　［美］麦金太尔：《伦理学简史》，商务印书馆2003年版，第264页。

②　［美］萨拜因：《政治学说史》下册，商务印书馆1986年版，第723—724页。

自己的力量保全自己的天性——也就是保全自己的生命——的自由。"①
洛克与之相似的话是："上帝扎根在人类心中和镂刻在他的天性上的最根
本和最强烈的要求,就是保存自己的要求,这就是每一个人具有支配万物
以维持个人生存与供给个人使用的权利的基础。"②

黑格尔对经验论的自然权利的批判,与其说是针对其作出的结论,倒
不如说是针对其意欲作出的结论所采用的方法。在他看来,英国式的自然
权利在论证方式上不具备普遍必然性,其内容总是任意的、偶然的,黑格
尔认为:"自然状态的虚构,是从人的个别性、人的自由意志以及依照他
的自由意志去对待别人开始。在自然状态中,所谓权利,都是指个人所有
的、为着个人的权利而言。人们把社会和国家的状态仅仅认作个人的工
具,而个人才是主要的目的。"③ 这表明"自然权利"还只停留在"抽象
的自在"阶段,这种自然权利只能是"没有形式的内容"。所以,他明确
指出,要真正地认识个人及其权利、社会、国家的本质,必须"首先提
出自在自为的理念,然后在理念自身中揭示出实现其自身的必然性,并揭
示出这种必然实现的过程。"④ 在《法哲学原理》中,黑格尔揭示了抽象
权利"那种自在的存在和直接性的形式"被扬弃的必然性,他将这一过
程形容为"意志发展的形态"、"自由的概念的发展所通过的各个环
节"等。

在黑格尔看来,"经验并不提供必然性的联系。如果老是把知觉当做
真理的基础,普遍性与必然性便会成为不合法的,一种主观的偶然性,一
种单纯的习惯,其内容可以如此,也可以不如此的"。"这种理论的一个
重要后果,就是在这种经验的方式内,道德礼教上的规章、法律、以及宗
教上的信仰都显得带有偶然性,而失掉其客观性和内在的真理性了。"⑤
这意味着,经验论者得出的所谓"自然"权利恰恰来自对当前社会中的
人的行为的观察。其"主导性的规则只能是,人们为了分析现实中已经
发现的东西,需要多少就会保留多少;关于先天的东西的指导原则,乃是

① 〔英〕霍布斯:《利维坦》,商务印书馆1995年版,第97页。
② 〔英〕洛克:《政府论》上篇,商务印书馆1995年版,第76页。
③ 〔德〕黑格尔:《哲学史讲演录》第2卷,商务印书馆1960版,第245页。
④ 同上书,第246页。
⑤ 〔德〕黑格尔:《小逻辑》,商务印书馆1980年版,第116页。

后天的原则"①。因此，"自在的正义通常被我们用自然权利的形式来表明。说到自然权利，在一种自然状态中的权利，我们立刻知道，这样一种自然状态乃是一个道德上不可能的事情。凡是自在的东西就会被那些没有达到共相的人认作自然事物，正如心灵的一些必然环节被他们认作天赋观念一样"②。

与经验论的自然权利研究方法不同的是，康德通过确立纯粹实践理性的概念，重建了自然权利概念。在《实践理性批判》中，康德把霍布斯与洛克的关于人的自我保全的欲求自由称之为"质料的实践原则"，认为"一切质料的实践原则本身皆为同一种类，并且从属于自爱或个人幸福的普遍原则"。③ 而实践原则的质料是意志的对象，如果这个对象是意志的决定根据，那么意志的规则就会屈服于经验条件。康德指出："凡是把欲求能力的客体（质料）作为意志决定根据的先决条件的原则，一概都是经验的，并且不能给出任何实践法则。所谓欲求能力的质料，我是指其现实性为人所欲求的对象。如果对于这个对象的欲望先行于实践规则，并且是后者成为原则的条件，那么我就说（第一）：这条原则始终是经验的。因为意愿的决定根据就是客体的表象以及客体与主体的关系，而欲求能力是通过这种关系而被决定去实现那个客体的。但是与主体的这种关系就是对于对象现实性的快乐……那么，在这种情形下，意愿的决定根据就必定时时都是经验性的，从而那以此为先决条件的实践的质料原则也必定时时都是经验的。"④

在《纯粹理性批判》中，康德进一步指出："盖在与自然有关之范围内，经验固提供规律而为真理之源泉，但关于道德法则，则经验不幸为幻想之母矣！世无较之自'所已为者'引申规定'所应为者'之法则，或以局限'所已为者'之制限加于'所应为者'之上，更为可责难者也。"⑤ 由此可见，康德通过区分"所已为者"与"所应为者"，即"是"与"应当"，克服了霍布斯、洛克式自然状态学说中从"是"中推出"应当"的自然主义谬误。

---

①　Hegel. Natural Law, Philadelphia：University of Pennsylvania Press, 1975. 64。

②　［德］黑格尔：《哲学史讲演录》第 2 卷，商务印书馆 1960 版，第 244—245 页。

③　［德］康德：《实践理性批判》，商务印书馆 1999 年版，第 20 页。

④　同上书，第 19—20 页。

⑤　［德］康德：《纯粹理性批判》，商务印书馆 1960 年版，第 258 页。

康德指出，霍布斯与洛克把追求幸福的欲望作为意志的决定根据，并将它们据此冒充为普遍的实践法则，是"令人奇怪的"。① 在他看来，所有人的意志并不就有同一个对象，不可能设定有一种将所有人的禀好一概统制在使它们普遍一致条件下的法则，而只能设定法则的单纯形式。法则的单纯形式只能由独立于经验的（即属于感性世界的）条件的纯粹理性——自由意志来决定，而不是由感性对象来决定，它有别于在自然中依照因果性法则的事件的决定根据，它是独立于自然因果性法则的无条件的法则。对康德而言，"这样一种独立性在最严格的意义上，亦即在先验的意义上成为自由。因此，一个只有准则的单纯立法形式能够用作其法则的意志，是自由意志"②。

在《法的形而上学原理》中，康德对自然权利作了新的诠释，指出与由立法者的意志规定的实在的或法律的权利不同的是，"自然的权利以先验的纯粹理性的原则为根据"。先验的纯粹理性要求："外在地要这样去行动：你的意志的自由行使，根据一条普遍法则，能够和所有其他人的自由并存。"③ 而"自由是独立于别人的强制意志，而且根据普遍的法则，它能够和所有人的自由并存，它是每个人由于他的人性而具有的独一无二的、原生的、与生俱来的权利"④。康德指出，理性把此普遍法则作为一个不能进一步证明的"公设"而规定下来，此公设的用意不是教人以善德，而是去说明权利是什么，因而权利的法则不应该被解释为行为动机的原则，它只是一项绝对命令。"绝对命令之所以有可能性，是基于这样的事实：它们不是那种可能附带有某种意图的意志的决定，它们仅仅基于意志是自由的。"而绝对命令可概括为如下公式："依照一个能够像一项普遍法则那样有效的准则去行动。"⑤ 康德把意志自由看作天赋的权利或人生来就有的品质，认为每个人"根据这种品质，通过权利的概念，他应该是他自己的主人"⑥。

对康德通过先验的理性原则确立的以意志的自由和自主为内容的自然

① ［德］康德：《实践理性批判》，商务印书馆1999年版，第27页。
② 同上书，第29页。
③ ［德］康德：《法的形而上学原理》，商务印书馆1991年版，第49页。
④ 同上书，第50页。
⑤ 同上书，第29页。
⑥ 同上书，第50页。

权利概念和道德律,黑格尔在《哲学史讲演录》中给予了高度的评价。黑格尔指出,康德"把定律、自在存在认作自我意识的本质,并把它引回到自我意识,这乃是康德哲学中一个大的高度重要的特色……对于意志说来,除了由它自身创造出来的、它自己的自由外,没有别的目的。这个原则的建立乃是一个重大的进步,即认自由为人所赖以旋转的枢纽,并认自由为最后的顶点,再也不能强加任何东西在它上面。所以人不能承认任何违反他的自由的东西,他不能承认任何权威"①。

但是,与把经验论的自由主义所宣称的自然权利看作"没有形式的内容"相反的是,黑格尔认为康德式的自然权利就是"没有内容的形式",认为他的这个原则老是停滞不前。事实上,在《法的形而上学原理》中,康德也强调,在自由意志的相互关系中,"权利的概念并不考虑意志行动的内容,不考虑任何人可能决定把此内容作为他的目的"②。在《哲学史讲演录》中,黑格尔批判性地指出:"自由首先是空的,它是一切别的东西的否定;没有约束力,自我没有承受一切别的东西的义务。所以它是不确定的;它是意志和它自身的同一性,即意志在它自身中。但什么是这个道德律的内容呢? 这里我们所看见的又是空无内容。因为所谓道德律除了只是同一性、自我一致性、普遍性之外不是任何别的东西。形式的立法原则在这种孤立的境地里不能获得任何内容、任何规定。这个原则所具有的唯一形式就是自己与自己的同一。这种普遍性原则,这种自身不矛盾性乃是一种空的东西,这种空的原则不论在实践方面或理论方面都不能达到实在性。"③ 针对康德认为自然权利并不考虑意志行动的内容而仅仅是作为一种普遍的道德有效性预设,黑格尔指出,康德道德原则的缺点就在于它是"一个极其形式的原则",因而"冷冰冰的义务是天启给予理性的胃肠中最后的没有消化的硬块"④。

总体而言,无论是霍布斯与洛克的经验论的自然权利理论,还是康德的理性主义的自然权利理论,在黑格尔看来,都"是从人的个别性、人的自由意志以及依照他的自由意志去对待别人开始。在自然状态中,所谓

---

① ［德］黑格尔:《哲学史讲演录》第 4 卷,商务印书馆 1960 版,第 289 页。
② ［德］康德:《法的形而上学原理》,商务印书馆 1991 年版,第 40 页。
③ ［德］黑格尔:《哲学史讲演录》第 4 卷,商务印书馆 1960 版,第 290 页。
④ 同上书,第 291 页。

权利，都是指个人所有的、为着个人的权利而言。人们把社会和国家的状态仅仅认作个人的工具，而个人才是主要的目的"①。所以，这两种自然权利理论只是停留在"抽象的自在"阶段，不可能真正认清个人权利和国家的本质。

二　黑格尔对古典自由主义社会契约论的批判

黑格尔认为，自然法理论所主张的自然状态下，全人类拥有他们的天然权利，得以无约束地行使和享有他们的自由的设定，这没有历史事实的根据，恰恰相反，"野蛮的生活状态固然不乏其例，但都是表现着粗鲁的热情和凶暴的行为，同时无论他们的状况是怎样地简陋，他们总有些所谓拘束自由的社会安排"②。基于此，黑格尔认为，这就需要社会和国家来限制这种纯兽性的情感和原始的本能。然而，国家怎样产生？黑格尔否定了近代启蒙思想家的社会契约论。

黑格尔认为，契约关系作为意志与意志的关系，是从双方当事人的任性出发的，"通过契约而达到定在的同一意志只能由双方当事人设定，从而它仅仅是共同意志，而不是自在自为的普遍的意志"③。由于缔约者在契约中尚保持着他们的特殊意志，所以契约仍未脱离任性的阶段，而难免陷于不法。正因为如此，君主和国家的权利不能被看成是根据契约而产生的，并且，"国家的本性也不在于契约关系中，不论它是一切人与一切人的契约还是一切人与君主或政府的契约"④。黑格尔断定现代国家的一大进步就在于所有公民都具有同一个目的，即始终以国家为绝对目的，而不是就国家问题订立私人条款。"因为人生来就已是国家的公民，任何人不得任意脱离国家。生活于国家中，乃是人的理性所规定。"⑤ 与其说国家是基于一切人的任性而建立的，毋宁说生存于国家中对于每个人是绝对必要的。

---

① ［德］黑格尔：《哲学史讲演录》第 2 卷，商务印书馆 1960 版，第 245 页。
② ［德］黑格尔：《历史哲学》，上海书店出版社 2006 年版，第 37—38 页。
③ ［德］黑格尔：《法哲学原理》，商务印书馆 1961 年版，第 82 页。
④ 同上。
⑤ 同上书，第 83 页。

黑格尔批判了自由主义"把利己心同普遍物即国家结合起来"① 的做法，指出国家的基础不是个人意志而是表现为普遍意志的绝对理性，如果把国家看作基于契约之上的单个人的联合，把国家的使命理解为保护个人利益和自由，那就是把社会与国家混为一谈，从而否认了国家的客观性。他强调国家的本性不在契约中，把国家看作一切人与一切人的契约，实质上是把私有制的各种规定搬到一个在性质上完全不同而更高的领域。"如果把国家同市民社会混淆起来，而把它的使命规定为保证和保护所有权和个人自由，那末单个人本身的利益就成为这些人人结合的最后目的。由此产生的结果是，成为国家成员是任意的事……这样一来，这些单个人的结合成为国家就变成了一种契约，而契约乃是单个人的任性、意见和随心表达的同意为其基础的。"② 由此造成的后果，就如同法国大革命那样，把对社会契约论的尝试终于搞成为最可怕和最残酷的事变。这表明，对"绝对自由"的追求存在着变成"绝对恐怖"的危险性。黑格尔断定法国大革命的"绝对自由和恐怖"乃是由前一阶段注重抽象理智、抽象的自由平等和个人权利的启蒙运动必然发展而来，而绝对自由和恐怖又必然会过渡到它的反面——无自由、武力镇压和专制。在他看来，由于人们执着于抽象的绝对自由，当它转向现实应用的时候，它在政治和宗教方面的形态就会变为现存社会秩序的狂热，"这种否定的意志只有在破坏某种东西的时候，才感觉到它自己的存在"。"所以，否定的自由所想望的其本身不外是抽象的观念，至于使这种观念实现的只能是破坏性的怒涛。"③

因此，在黑格尔看来，"普遍的自由，既不能产生任何肯定性的事业，也不能作出任何肯定行动；它所做的只是否定性行动；它只是制造毁灭的狂暴。"④ 尽管黑格尔热爱自由，珍视自由，但总的说来，他对法国大革命是持反对态度的。在他看来，法国大革命并非真正实现了自由，而是追求任性的一种狂热，它是自由主义政治哲学在实践上的失败。查尔斯·泰勒颇为深刻地指出："黑格尔对法国大革命的分析，是将它视为启蒙运动的极致，启蒙运动的内在矛盾的高潮。而启蒙运动又是近代人的精

---

① 〔德〕黑格尔：《法哲学原理》，商务印书馆 1961 年版，第 212 页。
② 同上书，第 253—255 页。
③ 同上书，第 14—15 页。
④ 〔德〕黑格尔：《精神现象学》下卷，商务印书馆 1979 年版，第 118—119 页。

神化运动的巅峰。这项运动主要是意识到了如下这个事实：人是理性意志的承载者，任何东西都无法阻止理性的意志。它已摆脱一切'独立性的东西'。拒绝接受过去所遗留下来的任何单纯现成的制度与非理性的权威……它直下把人界定为理性意志的来源，结果是它无法为此意志找到任何内容，它只能从事破坏，所以，它最终以自我毁灭它自己的孩子来做结束。"①

黑格尔批判自由主义，其用意并非完全否定自由主义的根本性原则，它的原则在黑格尔的自由理念中得到了保存。黑格尔本人也曾明确地表示了理论批判的限度："对于一个哲学体系加以真正的推翻，即在于揭示出这体系的原则所包含的矛盾，而将这原则降为理念的一个较高的具体形式中组成的理想环节。"② 黑格尔明确表示："在谈到自由时，不应从单一性、单一的自我意识出发，而必须单从自我意识的本质出发，因为无论人知道与否，这个本质是作为独立的力量而使自己成为实在的，在这种独立的力量中，个别的人只是些环节罢了。神自身在地上的行进，这就是国家。国家的根据就是作为意志而实现自己的理性的力量。"③

三　实现市民社会与政治国家和解基础上的国家伦理生活

前已述及，近代启蒙运动在推崇人的理性所发现的人的"自然权利"的基础上，主张通过"社会契约"来组织国家以保障个人权利从而达到社会和谐。然而，正如查尔斯·泰勒在其《黑格尔与现代社会》中指出的那样，启蒙运动的"这种哲学，在其伦理学的基本观点上是功利主义式的，在其社会哲学上是原子论式的，在其人学（science of man）上是分析的，它期望透过一番科学的社会工程，将人与社会重新组合，使人经由完美的交互调适，获得幸福"④。启蒙运动的主流观点把人看作客观化

① ［加］查尔斯·泰勒：《黑格尔与现代社会》，吉林出版集团有限责任公司2009年版，第186页。

② ［德］黑格尔：《小逻辑》，商务印书馆1980年版，第200页。

③ ［德］黑格尔：《法哲学原理》，商务印书馆1961年版，第258—259页。

④ ［加］查尔斯·泰勒：《黑格尔与现代社会》，吉林出版集团有限责任公司2009年版，第2页。

的科学分析主体及对象，把人看作诸般个人欲望之主体，而社会与自然仅是满足其欲望的手段，人性、社会关系与实务，一如自然，都与日俱增地被客观化了。这种主张在现实生活中造成了现代社会的矛盾和困境：个体与共同体的分裂。

正因为如此，康德担心因人类自身的自主性的张扬与粗野的道德本能的迸发会把人与人之间的关系演变成如同霍布斯所说的狼与狼的关系。于是，在《实践理性批判》中，康德以彻底的理性意志自由的名义，对启蒙运动的人性客观化发起了反击，强调人是目的，而不仅仅是手段。在他看来，这种道德命令作为先天的、纯粹的形式法则无条件地约束着人，道德必须和幸福或快乐的动机截然分开，道德不能依赖人们所欲望的对象或所策划的行动的特殊本性，道德是自律，而不是他律。康德的目标，乃是完全摆脱对自然的依靠，纯粹从自由意志中抽引义务的内容。继而，从理性自由意志所要求的道德律令出发，康德指出，对所有的人来说，首要的责任就是从那种粗野的、恣意任性的无法律的自然状态进入文明社会状态。人们依照自由的法则，组织、建立和维持这个国家自身，从而使国家的福祉得到实现。而"国家的福祉，作为国家最高的善业，它标志着这样一种状态：该国的宪法和权利的原则两者之间获得最高的和谐。这种状态也就是理性通过绝对命令向我们提出的一项责任"①。在康德哲学中，道德意义上的"善"与义务，是自由意志实践的绝对前提，道德领域构成了最高的自由境界。但是，在黑格尔的眼中，康德的道德理论，只是划定了国家与个人两者行为不可逾越的界限，由于停留在纯粹形式的道德义务理性概念中，这个概念把人当作个体，同时在界定上与自然对立，因而道德与自然总是龃龉不合，所以不能为道德义务提供内容。质言之，康德的道德理念是在主体与客体对立的情况下，回到自身的纯粹内在性，把它当作与己无关的存在，于是道德意识"把义务当成本质。但同时，这道德意识也假定着自然的自由，换句话说，它从经验中知道，自然对于它之意识到它的现实与自然的现实的统一性与否是漠不关心的，并且知道，自然也许让它幸福也许不让它幸福"②。这种义务，从法哲学的角度来看，只是处于理念发展的第二个阶段，而没有达到伦理阶段，即现实意义上的

---

① ［德］康德：《法的形而上学的原理》，商务印书馆 1991 年版，第 146 页。
② ［德］黑格尔：《精神现象学》下卷，商务印书馆 1979 年版，第 126 页。

权利与义务统一的阶段，或者说是具体自由的阶段。而这个道德义务的内容，在黑格尔看来，来自市民社会成员基于满足自身的自然欲望与性癖需要的劳动为中介所建立起来的社会共同体。

我国学者郁建兴指出，"市民社会"（civil society）是一个具有悠久历史和丰富含义的术语。它的最早含义可追溯到古希腊的亚里士多德。在亚里士多德那里，"市民社会"（koinónia politiké）一词指的是一种"城邦"（polis）。后经西塞罗于公元 1 世纪将其转译为拉丁文"societas civi-lis"，它不仅指"单个国家，而且也指业已发达到出现城市的文明政治共同体的生活状况。这些共同体有自己的法典（民法），有一定程度的礼仪和都市特性（野蛮人和前城市文化不属于市民社会）、市民合作并依据民法生活并受其调整、以及'城市生活'和'商业艺术'的优雅情致"①。在近代，英法启蒙思想家们广泛使用"市民社会"一词，但它是指与自然状态相对的政治社会或国家，而不是指与国家相对的实体社会。这种情形一直延续到康德。受启蒙思想家（特别是卢梭）影响至深的康德，以（个人）权利和公共权利的公设来说明从自然状态向市民状态的过渡，自然状态可以看作个人权利的状态，市民状态则可看作公共权利的状态。他说："权利乃是以每个人自己的自由与每个别人的自由之协调一致为条件而限制每个人的自由，只要这一点根据普遍的法则是可能的；而公共权利则是使这样一种彻底的协调一致成为可能的那种外部法则的总和。"② 因此，市民社会是一种法律的联合体，它是"通过公共法律来保障我的和你的所有的社会"。可见，在康德那里，市民社会仍然被等同于国家，并且被理想化了。黑格尔在政治思想史上第一次对国家与市民社会作出了明确区分，并以国家的观点揭示出市民社会的抽象性、中介性。通过这一区分，立即显示出了近代个人主义的自由主义的限度。个人主义的自由主义把个人与国家的关系理解为契约关系、目的—手段关系。而在黑格尔看来，它所谓的国家不过是市民社会，远未上升到国家的真实概念。黑格尔指出这些观点都是抽象的，他坚决反对把市民社会的各种规定搬到国家领

---

① 邓正来：《布莱克维尔政治学百科全书》，中国政法大学出版社 1992 年版，第 125 页。
② ［德］康德：《历史理性批判文集》，商务印书馆 1990 年版，第 181—182 页。

域的僭越行为,从而展开了对全部近代思想的批判。①

黑格尔讲:"国家是具体自由的现实;但具体自由在于,个人的单一性及其特殊利益不但获得它们的完全发展,以及它们的权利获得明白承认(如在家庭和市民社会的领域中那样),而且一方面通过自身过渡到普遍物的利益,他方面它们认识和希求普遍物,甚至承认普遍物作为它们自己实体性的精神,并把普遍物作为它们的最终目的而进行活动。其结果,普遍物既不能没有特殊利益、知识和意志而发生效力并底于完成,人也不仅作为私人和为了本身目的而生活,因为人没有不同时对普遍物和为普遍物而希求,没有不自觉地为达成这一普遍物的目的而活动。"② 这样,黑格尔在批判康德把伦理义务等同于道德的同时,区分了伦理与道德,道德只是存在于个体的自由意志之中,而伦理则维系在个体与共同体关系之中。因此,康德的政治哲学存在着两难境地:一方面是人的理性与自然性癖之间不能得到终极和解;另一方面是个人的主观意志与国家的客观意志之间不能得到终极和解。

黑格尔的和谐理念就是要实现上述两方面的和解。其方法论基础是:"和谐是从质上见出的差异面的一种关系,而且是这些差异面的一种整体,它是在事物本质中找到它的根据的……同时这些质的差异面却不只是现为差异面及其对立和矛盾,而是现为协调一致的统一,这统一固然把凡是属于它的因素都表现出来,却把它们表现为一种本身一致的整体。各因素之中的这种协调一致就是和谐。和谐一方面见出本质上的差异面的整体,另一方面也消除了这些差异面的纯然对立,因此它们的相互依存和内在联系就显现为它们的统一。"③ 黑格尔把和谐看作事物差异面的统一,多样性的统一,即事物之质的对立统一,这无疑是极其深刻的。

正是从对和谐理念方法论这一认识出发,在《精神现象学》中,黑格尔试图通过精神的自我运动来实现康德解决不了的道德与客观自然之间、道德与感性意志之间的和谐。黑格尔在讲到道德世界观的问题时,提出了两个公设:"第一个公设是道德与客观自然的和谐,这是世界的终极

① 参见郁建兴《马克思政治思想的黑格尔主义起源》,《浙江大学学报》(人文社会科学版)2001年第4期。

② [德]黑格尔:《法哲学原理》,商务印书馆1961年版,第260页。

③ [德]黑格尔:《美学》第1卷,商务印书馆1979年版,第180—181页。

目的；另一个公设是道德与感性意志的和谐，这是自我意识本身的终极目的……但是，把这两个端项亦即两个设想出来的终极目的联结起来的那个中项，则是现实行为的运动本身。这是两种和谐，它们各包含着差别的环节，不过这些环节在其抽象的差别性中都还没有相互成为对象；只有在现实里才出现这种情况，因为在现实里，不同方面都于真正的意识中呈现出来，每一方面都呈现为对方的对方。"① 这里，所谓的"现实行为的运动"指的就是以自由实现为目标的绝对精神作为主体的自我运动。也正因为如此，查尔斯·泰勒指认黑格尔的哲学是承袭并融合了浪漫主义时代的两种企望（这两种企望是对启蒙运动的反动）而兴起的："一是对彻底的自律性的向往，另一是对人与自然之表现的统一和人在社会中之表现的统一的向往。"② 换句话说，黑格尔的哲学是为了实现理性的自律与表现的统一两者的综合而作的一种尝试。这种尝试无非是想通过精神作为主体的自我运动把这两端以各种不同的形式互相对峙起来而构成的种种对立，例如，理性与自然、个人与社会、有限精神与无限精神之对立——加以克服，从而实现社会和谐。

　　在黑格尔那里，绝对主体的生命在本质上是一个历程，一个运动，在这一运动或历程中，它设定自己的存在条件，然后又克服这些存在条件之间的对立，以实现其自我认识的目的。在《历史哲学》中，黑格尔探讨了如下三个方面的关系问题："（1）'精神'本性上抽象的特质。（2）'精神'用什么手段或者方法来实现它的'观念'。（3）最后，我们必须考虑'精神'在有限存在中全部实现的形态——'国家'。"③ 他指出，精神是依靠自身的存在的自我意识，其本质是自由。作为自我意识，精神知道它自己，自由本身便是它自己追求的目的。"它是自己的本性的判断，同时它又是一种自己回到自己，自己实现自己，自己造成自己，在本身潜伏的东西的一种活动。"④ 换言之，精神是追求自由、产生自由、实现自由的一种目的性活动。而在历史中，自由是通过人们的需要、热情、兴趣等手段来实现的，这些手段是精神自由观念自身在历史当中活动的原

────────────

① ［德］黑格尔：《精神现象学》下卷，商务印书馆1979年版，第130页。

② ［加］查尔斯·泰勒：《黑格尔与现代社会》，吉林出版集团有限责任公司2009年版，第109页。

③ ［德］黑格尔：《历史哲学》，上海书店出版社2006年版，第15页。

④ 同上书，第16页。

动力，精神自由通过这些手段在物质世界中取得了积极的生存。

在《法哲学原理》中，黑格尔在对自然法理论进行批判时，把市民社会成员的需要及其满足需要的劳动看作精神实现其自由目的的中介。"社会需要是直接的或自然的需要同观念的精神需要之间的联系，由于后一种需要作为普遍物在社会需要中占着优势，所以这一社会环节就含有解放的一面，这就是说，需要的严格的自然必然性被隐蔽了，而人就跟他自己的、同时也是普遍的意见，以及他独自造成的必然性发生关系，而不是跟仅仅外在的必然性、内在的偶然性以及任性发生关系。"因此，他对自然法理论批判道："有这样一种观念，仿佛人在所谓自然状态中，就需要说，其生活是自由的；在自然状态中，他只有所谓简单的自然需要，为了满足需要，他仅仅使用自然的偶然性直接提供给他的手段。这种观念没有考虑到劳动所包含的解放的环节——这点以后再谈——因此是一种不真确的意见，因为自然需要本身及其直接满足只是潜伏在自然中的精神性的状态，从而是粗野的和不自由的状态，至于自由则仅存在于精神在自己内部的反思中，存在于精神同自然的差别中，以及存在于精神对自然的反射中。"而"替特异化了的需要准备和获得适宜的，同样是特异化了的手段，其中介就是劳动。劳动通过各色各样的过程，加工于自然界所直接提供的物资，使合乎这些殊多的目的。这种造形加工使手段具有价值和实用。这样，人在自己消费中所涉及的主要是人的产品，而他所消费的正是人的努力的成果"①。正是通过劳动，才真正地将人从直接的自然性状态下解放出来，黑格尔认为这是劳动所具有的解放意义。

由此可以看出，黑格尔洞察到了现代生产过程中劳动的价值，视劳动为人与自然、个体与共同体和解的中介，在劳动中，自然成为人的无机的身体，人成为社会存在物。"在劳动和满足需要的上述依赖性和相互关系中，主观的利己心转化为对其他一切人的需要得到满足是有帮助的东西，即通过普遍物而转化为特殊物的中介。这是一种辩证运动。其结果，每个人在为自己取得、生产和享受的同时，也正为了其他一切人的享受而生产和取得。"②

对于劳动在黑格尔伦理思想中的地位，学术界历来关注得不够。我国

---

①　[德] 黑格尔：《法哲学原理》，商务印书馆 1961 年版，第 208、209 页。
②　同上书，第 210 页。

学者郁建兴曾指出，特别值得一提的是，黑格尔在其伦理概念中，在家庭与国家——很大程度上相当于亚里士多德的"家庭"（oikos）和"城邦"（polis）——间置入"市民社会"。这既表明黑格尔伦理实体的自由概念，并不是对古希腊伦理思想的简单回复，他"显然想要发现一个地方"，"结合现代劳动和生产体系（以及它对主体自由的需要）于一个重新理解的伦理概念之中"。[①]

但是，黑格尔认为，这种解放还只是形式的。因为，在这一过程中，通过劳动追求个体目的的特殊性仍然是基本内容，个体的特殊性还没有归属于共同体的普遍性。因此，在黑格尔看来，历史还必须向纵深发展，"第一是那个'观念'，第二是人类的热情，这两者交织成为世界历史的经纬线。"[②] 而这两个因素的客观统一，就形成了现代国家。黑格尔认为，现代国家是道德的全体和自由的现实，是客观意志与主观意志的有机统一。这是因为，个人的需要、热情、兴趣作为主观意志的纯属自然的东西需要一种约束。但是，这种加在放纵和任意上的限制，不能简单地看作对"自由"的一种纯粹的限制，相反，应当看作"解放"的必要条件。"这一种限制，乃是真正的——合理的依照概念的自由的意识和意志所由实现的手段。法律和道德依照'自由的概念'是必不可少的……社会和国家正是'自由'所实现的情况。"[③] "在国家里，'自由'获得了客观性，而且生活在这种客观性的享受之中。因为'法律'是'精神'的客观性，乃是精神真正的意志。只有服从法律，意志才有自由。因为它所服从的是它自己——它是独立的，所以也是自由的。当国家或者祖国形成一种共同存在的时候，当人类主观的意志服从法律的时候，——'自由'和'必然'间的矛盾便消失了。"[④] 因此，"假如人民的私利和国家的公益恰好是相互一致的时候，这个国家便是组织得法，内部健全。因为在这个时候人民的私利和国家的公益能够互相找到满足和实现——这是一个本身极重要的命题。但是在一个国家里，既须采取许多政治制度，创立许多政治的机构，再加上适当的政治的部署……并且还要牵涉到私利和热情的冲突，必

---

① L. P, *Hinchman. Hegel's Critique of the Enlightenment*, Tampa: University of south Florida Press, 1984, p. 219.

② ［德］黑格尔：《历史哲学》，上海书店出版社 2006 年版，第 21 页。

③ 同上书，第 38 页。

④ 同上书，第 36 页。

须将这种私利和热情加以厌烦的训练,才可以得到那必须的和谐。在一个国家取得这种和谐的情形的时期,也就成为它的繁荣、它的道德、它的强盛和幸福的时期。"①

鉴于此,美国当代著名的政治哲学家约翰·罗尔斯在其所著的《道德哲学史讲义》中,将黑格尔的政治哲学理解为"和解"的政治哲学:"和解意指我们逐渐把社会看做处于实现了我们的本质的政治和社会制度之中的一个生活形式——即看做自由人的尊严的基础。它将'从而对自由思维来说显得有根有据'。"② 他指出,黑格尔的政治哲学不像康德那样致力于探讨现世之外的应然世界,而是探讨摆在人们眼前的实现了他们自由的那个世界。这个世界就是"现代国家的形式——在其政治和社会制度方面表现了人的自由——不是充分地实在的,直到它的市民理解了他们在其中是如何自由的以及为什么是自由的"③。这就是市民社会与理性国家之间的和解,也即黑格尔政治哲学中所倡导的致力于实现社会和谐的合理性原则。那么,何为合理性? 黑格尔在《法哲学原理》中的解释是:"合理性按其内容是客观自由(即普遍的实体性意志)与主观自由(即个人知识和他追求特殊目的的意志)两者的统一;因此,合理性按其形式就是根据被思考的即普遍的规律和原则而规定自己的行动。"④ 因此,黑格尔认为,国家与个人的关系,完全不应该像社会契约论所想象的那样,"由于国家是客观精神,所以个人本身只有成为国家成员才具有客观性、真理性和伦理性。结合本身是真实的内容和目的,而人是被规定着过普遍生活的;他们进一步的特殊满足、活动和行动方式,都是以这个实体性的和普遍有效的东西为其出发点和结果"⑤。对此,约翰·罗尔斯的解释是,黑格尔是在市民社会成员同社会与国家和解的意义上使用的。"按照黑格尔对它的理解,政治哲学的角色在于在思维中把握社会,在于在一个形式中表现社会,在那个形式中,我们可以把那个社会看做是合理的……合理性作为德国哲学中的一个重要术语,不应被错当作工具理性(instrumental)、手段与目的(means-ends)或经济合理性(economic rational)……

① 〔德〕黑格尔:《历史哲学》,上海书店出版社 2006 年版,第 22 页。
② 〔美〕约翰·罗尔斯:《道德哲学史讲义》,上海三联书店 2003 年版,第 447 页。
③ 同上。
④ 〔德〕黑格尔:《法哲学原理》,商务印书馆 1961 年版,第 254 页。
⑤ 同上。

一旦在反思中我们把社会理解为表现了我们的自由并使我们在日常生活中能够实现我们的自由，我们便与社会取得了和解。"①

在黑格尔那里，个体实现与社会的和解，其实质就是黑格尔在《历史哲学》"目录"中的"绪论"部分所讲的："在国家之内，各项普遍的原则，同主观的和特殊的原则相谐和，而各个人的热情促成了法律和政治秩序的种种约束。'伟大人物'是那些政治组织的首创者，这种'和谐'就在那些政治组织中实现。"② 黑格尔窥见了市民社会欠缺伦理生活，市民社会是私人利益角逐的战场，这种自由而又任性的私人利益如果没有国家及其法律的约束，便会产生纷争，社会和谐难以实现；更为重要的是，这种单个人意志的原则会破坏国家的权威和尊严，如同法国大革命那样，其结果反而会使个人自由遭到扼杀。所以，黑格尔强调，为了反对单个人意志的原则，必须使人们认识到：一方面，无论个人是否被个人所认识或为其偏好所希求，国家是在地上的精神，是伦理性的整体，是自由的现实化，而自由之成为现实乃是理性的绝对目的；另一方面，个人的主观意志原则仅仅是合乎理性的客观意志的理念的一个环节，前者必须趋向后者。"现代国家的本质在于，普遍物是同特殊性的完全自由和私人福利相结合的，所以家庭和市民社会的利益必须集中于国家；但是，目的的普遍性如果没有特殊性自己的知识和意志——特殊性的权利必须予以保持，——就不能向前迈进。所以普遍物必须予以促进，但是另一方面主观性也必须得到充分而活泼的发展。只有在这两个环节都保持着它们的力量时，国家才能被看作一个肢体健全的和自在有组织的国家。"③ 黑格尔把这看作现代国家的惊人力量和深度所在：即"它使主观性的原则完美起来，成为独立的个人特殊性的极端，而同时又使它回复到实体性的统一，于是在主观性的原则本身中保存着这个统一"④。

因此，与康德从纯粹的理性自由导出空洞的道德义务不同的是，黑格尔是从理性国家观念中导出道德义务的内容。这种国家观能给予道德义务一个具体的内容，道德义务则命令我们促进并维持国家的结构，遵循其训

---

① ［美］约翰·罗尔斯：《道德哲学史讲义》，上海三联书店 2003 年版，第 447 页。
② ［德］黑格尔：《历史哲学》，上海书店出版社 2006 年版，第 2 页。
③ ［德］黑格尔：《法哲学原理》，商务印书馆 1961 年版，第 261 页。
④ 同上书，第 260 页。

诚而生活。换言之，唯有在我们必须促进并维持的社会设计中，道德才能获得具体内容。查尔斯·泰勒指出，这一套义务，就是黑格尔所谓"伦理"，即为了促进并维持基于"理念"建立起来的社会，人们所必须恪守的一套义务，成为共同体的成员，参与共同体的伦理生活。"'伦理'说的主要论点是，道德在一个共同体（community）中臻至圆满完成。这一点即给予了义务确定的内容，同时也实现了义务，从而'应然'和'实然'的鸿沟便填实了。"① 黑格尔的"伦理"概念，相对于康德的"道德"概念，其中心是从个人转移到共同体，把共同体视为自由精神的体现，而且是比个体更为充分、更为实质的体现；个人只有内属于共同体，才成为其个人，才找到他的自由本质。国家的本质是伦理生活，在其中，没有一个成员仅是目的，也没有一个成员仅是手段，成员的权利与义务实现了统一。

具体地说，在黑格尔看来，只要个人满足于承认普遍的东西为法则，并以国家为目的，履行了对国家效劳的义务，作为公民，其人身和财产得到了保护，特殊利益得到了照顾，实体性本质得到了满足，特殊自由得到了实现，国家就成为具体自由的现实，成为伦理性的东西，"是实体性的东西和特殊的东西的相互渗透"②。这里，"实体性的东西"指的是国家这一普遍物的利益，"特殊的东西"指的是个体这一特殊物的利益，二者之间的相互渗透，其实质是国家在保障个体权益得到实现的同时，个体必须履行他对国家的义务，实现普遍物的利益。"从义务的抽象方面说，普遍物的利益仅仅在于把它所要求他的职务和效劳作为义务来完成。"③ 因此，"国家的力量在于它的普遍的最终目的和个人的特殊利益的统一，即个人对国家尽多少义务，同时也就享有多少权利"④。这种权利与义务的相互性使国家构成了"伦理性的整体"。

希克斯认为这是黑格尔饶有趣味的地方。而"黑格尔之所以饶有趣味，是因为他力图超越一方面是来自现代启蒙传统的自由个人主义和批判理性主义，另一方面是社会责任、社会秩序和社会参与的两极对立（而

① ［加］查尔斯·泰勒：《黑格尔与现代社会》，吉林出版集团有限责任公司2009年版，第231页。

② ［德］黑格尔：《法哲学原理》，商务印书馆1961年版，第262页。

③ 同上书，第263页。

④ 同上书，第261页。

这两极正是我们政治传统的特色所在）。凡是在人们（比如密尔［J. S. Mill］试图从平衡个体自由与公民责任的角度谈论问题的地方，黑格尔总是可以预见到两者在根本上的一致性。根据黑格尔的看法，我们没有必要为了实现有序的、有意义的社会共存而放弃自由和个性。相反他认为，我们作为伦理个体的人格，之所以可以得到充分的发展和表达，恰恰是因为我们可以融合进一个有着个别差异和理性结构的共同体里面。参与到一个真正社会性的共同体的各种机构和实践中来，可以有助于实现一种社会——文化方面的身份（而借助这种身份，人们可以获得一种行动层面的、只有通过进入有章可循的集团活动才有可能实现的理性）。因此，在黑格尔那里，这两个标志着我们政治和社会传统的极，实际上是一个单一的、综合性的伦理现实的两个互补的方面或者角度。"①

正因为如此，黑格尔指出，市民社会无法解决自身存在的主观任性的问题。因此，他试图通过理性国家来教化个体，培养个体的普遍性意识，培养他们对共同体的纪律和规范的服从，让他们摆脱五彩斑斓的现象世界，进入到本质的澄明之境，接受感化和启迪，然后回归现象世界，自觉地用理性指导和规范他们的特殊性追求，达到一种身在尘世但不为物役的理想境界。"教育的绝对规定就是解放以及达到更高解放的工作。这就是说，教育是推移到伦理的无限主观的实体性的绝对交叉点，这种伦理的实体性不再是直接的、自然的，而是精神的、同时也是提高到普遍性的形态的。"② 教育作为解放人的工作，就是"反对举动的纯主观性，反对情欲的直接性，同样也反对感觉的主观虚无性与偏好的任性……正是通过这种教育工作，主观意志才在它自身中获得客观性，只有在这种客观性中它才有价值和能力成为理念的现实性"③。总之，"教育就是要把特殊性加以琢磨，使它的行径合乎事物的本性"④。

理性国家对个体的教化是通过国家制度实现的。它包括文治武功。文治是内部国家制度，它包括三个环节：王权、行政权、立法权；武功即战争。国家制度的第一个环节是王权。王权在教化上有两个功能：一是通过

---

① ［美］希克斯：《黑格尔伦理思想中的个人主义、集团主义和普世主义》，载刘小枫主编《黑格尔与普世秩序》，华夏出版社 2009 年版，第 19 页。
② ［德］黑格尔：《法哲学原理》，商务印书馆 1961 年版，第 202 页。
③ 同上书，第 202—203 页。
④ 同上书，第 203 页。

君王这个具有肉身的个体给客观的法制赋予一种主体性,打破法律冰冷的面孔,使个体从情感上不再拒斥法律。这种作用类似于家庭中的爱和温馨,它为个体接受伦理原则奠定了良好的情感基础;二是培养个体的服从意识。君主并非是选举产生的,他是靠出身而成为君主;而且君主在体力和智力方面也并非具有超人之处,可人们却要受其统治。对于为何要服从于君主,黑格尔认为这是理念的内部力量所要求的,对君主的服从等同于服从于理念。通过对君主统治的服从,个体接受了理性的陶冶,摆脱任性和特异性,成为自己欲望的主人。

国家制度的第二个环节是行政权,包括审判权和警察权,它们和市民社会中的特殊物有着直接关系。通过这两种权力,市民社会中的特殊权力被归入国家的普遍利益和法制之内。这集中体现在国家对同业公会的管理方面。同业公会是工业等级通过它的才干获得承认,产生出普遍性最直接的基地。但假如没有国家的管理,同业公会难免会经营不得法,还会堕落为狭隘的行会。因此国家不能对同业公会放任自流,而是要通过行政权对其进行管理和监督,使同业公会变得合法,发挥出它对个体的教化作用。

国家制度的第三个环节是立法权,它通过等级议会的公开来实现它的教化功能。人民从等级议会的公布中清楚地意识到了他们利益的真实性质,同时也加深了对国家当局和官吏们的了解。黑格尔认为这有利于治疗单个人和群众的自持自负。

在黑格尔看来,上述三个环节相互合作并作为一个有机统一体发挥作用,使得国家制度成为理性的东西。"国家的各种权力固然必须加以区分,但是每一种权力本身必须各自构成一个整体,并包含其他环节于自身之中。当人们谈到这些权力各不相同的活动时,切忌陷于重大错误,以为每一种权力似乎应该抽象而自为地存在着的。其实,各种权力只应看做是概念的各个环节而被区分着。如果相反地各种差别是抽象而自为地存在着的,那末,分明是两个独立自主的东西就不可能形成统一,而必然要发生斗争,其结果是,或者整体崩溃了,或者借助权力统一重新建立起来。"① 因此,"只要国家依据概念的本性在自身中区分和规定自己的活动,国家制度就是合乎理性的。结果这些权力中的每一种都自成一个整体,因为每一种权力实际上都包含着其余的环节,而且这些环节(因为它们表现了

① 〔德〕黑格尔:《法哲学原理》,商务印书馆1961年版,第286页。

概念的差别）完整地包含在国家的理想性中并只构成一个单个的整体"①。

除了内部国家制度，对外战争也具有重要的教化功能。在古希腊，战争是个人建功立业，在城邦共同体之中获得承认的机会。同时，战争也是公民展示自己美德的活动。黑格尔秉承了这个传统。他认为在和平时期，市民生活不断扩展，一切领域闭关自守，久而久之，人们就堕落腐化了，他们的特异性也愈来愈固定和僵化，这好比一池湖水，假如没有风的吹动，它就变成了死水，腐臭了。因此，他反对康德的永久和平，认为只有通过战争，个体才能从他们的发财迷梦中苏醒过来，投入国家的普遍性事业之中。战争以牺牲个体特殊性的方式成就人的伦理本质。

黑格尔设想，国家共同体通过对个体的教育，让个体产生出政治情绪。"单个人的自我意识由于它具有政治情绪而在国家中，即在它自己的实质中，在它自己活动的目的和成果中，获得了自己的实体性的自由。"②通过政治教育，个体养成伦理性格，能够意识到物质意义上自我的缺陷。因此他们会产生出一种追寻伦理共同体的意识，试图通过参与伦理共同体丰富他们自我的意义。这样的伦理个体从根本上遏制了市民社会物欲追逐的恶性循环。

但是，黑格尔还是重视私有财产的，他认为只有私有财产得到保证和个人福利得到满足，国家才会繁荣昌盛，生机勃勃。罗素对黑格尔关于国家和个人关系的论述作了这样的总结："在国家内部，他的一般哲学也应当使他对个人感到更高的敬意。因为他的《逻辑学》所论述的全体并不像巴门尼德的'太一'，甚至不像斯宾诺莎的神，因为他的全体是这样的全体：其中的个人并不消失，而是通过他与更大的有机体的和谐关系获得更充分的实在性。个人被忽视的国家不是黑格尔的'绝对'的雏型。"③

总之，对于理性国家的实现，黑格尔"希望'自由和敬重'的综合，热情和道德的综合，革命的原则与政治秩序的必要性的综合。从历史的角度看，现代国家应该是城邦（其统一性、公民的相互信任以及他们对整体的忠诚应该加以保留）和政治经济的自由社会（其多样性和差别，个人需要的满足，通过个人自由意志的普遍物的实现，应加以保留）的综

---

① ［德］黑格尔：《法哲学原理》，商务印书馆1961年版，第283—284页。
② 同上书，第253页。
③ ［英］罗素：《西方哲学史》下卷，商务印书馆1976年版，第290页。

合。从哲学的角度看,黑格尔希望实现古典的（或实体的和具体的）道德和基督教及康德（或内在的和抽象的）道德的综合,并实现以理性和美德至上为基础的柏拉图的政治学与以欲望的解放和满足为基础的马基雅弗利、培根、霍布斯和洛克的政治学的综合"①。

需要指出的是,当黑格尔把实现国家的合理性、追求市民社会与政治国家之间的和解作为其和谐之道的核心精神时,他也承认理性的社会绝不是完美的社会,存在着情欲的扩张而导入恶的无限、匮乏和贫困等严重的混乱状态,这是困扰现代社会的重要问题。但就黑格尔而言,虽然他认为"这种混乱状态只有通过有权控制它的国家才能达到调和"②,但这并不是他的法哲学所关注的重点。他关注的焦点问题是:理性的社会秩序何以可能? 一方面,市民社会成员的自由怎样才能得到国家的保护;另一方面,市民社会成员的自由又不亵渎国家的权威。但是,无论社会制度从理性上设计得多么巧妙,它都解决不了这些问题。"所以与社会相调和并非认为一切事物都是美好的和所有人都是幸福的。合理性的社会不是乌托邦。"③这是因为,一方面,如果由富有阶级或公共资金负责维持贫困人口的正常生活水平,那么,这与市民社会独立的个人精神是违背的;另一方面,如果通过给贫困人口以劳动机会来增加生产,但由于缺乏相应数量的消费者,会造成生产过剩。因此,"这里就显露出来,尽管财富过剩,市民社会总是不够富足的,这就是说,它所占有而属于它所有的财产,如果用来防止过分贫困和贱民的产生,总是不够的"④。这样一来,黑格尔在市民社会和政治国家之间的调和并没有真正解决特殊利益和普遍利益之间的矛盾,他的调和只是掩盖了这种对立。正如马克思在《黑格尔法哲学批判》中所指出的:"黑格尔把市民社会和政治社会的分离看做一种矛盾,这是他较深刻的地方。但错误的是,他满足于只从表面上解决这种矛盾,并把这种表面现象当作事情的本质。"⑤ 这里,"表面现象当作事情的本质"指的就是黑格尔理性国家决定市民社会的立场。日后,马克思对黑格尔的法

---

① [美] 列奥·施特劳斯、约瑟夫·克罗波西主编:《政治哲学史》下卷,河北人民出版社 1993 年版,第 881—882 页。

② [德] 黑格尔:《法哲学原理》,商务印书馆 1961 年版,第 200 页。

③ [美] 约翰·罗尔斯:《道德哲学史讲义》,上海三联书店 2003 年版,第 452 页。

④ [德] 黑格尔:《法哲学原理》,商务印书馆 1961 年版,第 245 页。

⑤ 《马克思恩格斯全集》第 3 卷,人民出版社 2002 年版,第 94 页。

哲学的批判就主要集中在国家与社会的关系上面，致力于搞清楚市民社会与政治国家的本质及其相互的关系。因此，正是在理性与现实的关系问题上，马克思最终与黑格尔决裂，因为黑格尔将理性与现实和解的概念运动最后定位于与现存世界的彻底妥协，而马克思的思想则上升到对现存资本主义世界的彻底否定性的认知："合乎理性的是现实的，这一点正好通过不合乎理性的现实性的矛盾得到证明，这种不合乎理性的现实性处处都同它关于自己的说明相反，而它关于自己的说明又同它的实际情况相反。"①这一认知后来发展成为通过实践来彻底改变现实世界的革命原则。

---

① 《马克思恩格斯全集》第 3 卷，人民出版社 2002 年版，第 80—81 页。

第四章

私人劳动向公共劳动的转化：
国家伦理的扬弃

　　黑格尔的整体主义的国家伦理观对马克思的影响至深。早在 1842 年撰写的《〈科隆日报〉第 179 号的社论》中，马克思就是从黑格尔的理性国家观的整体主义出发，强调国家要按照自由理性维护公民的自由，而公民则要服从理性国家的法律。对于国家与个人的关系，马克思曾有过神似于黑格尔的论述："实际上，国家的真正的'公共教育'就在于国家的合乎理性的公共的存在。国家本身教育自己成员的办法是：使他们成为国家的成员，把个人的目的变成普遍的目的，把粗野的本能变成合乎道德的意向，把天然的独立性变成精神的自由；使个人以整体的生活为乐事，整体则以个人的信念为乐事"，一句话，"把国家看作是相互教育的自由人的联合体"。① 在《莱茵报》时期，尽管残酷的社会现实很快使马克思对黑格尔的理性国家观发生了动摇，并对之进行了颠覆，但是，个人与社会之间的有机统一的思想从此就成为贯穿于马克思一生思想活动的一根红线。不同的是，在黑格尔看到市民社会与政治国家分离的地方，马克思却把它们看成是一个整体和同一个事物。黑格尔的国家伦理观是站在理想主义的立场上，以承认私人的个体劳动的独立存在为基础的，而马克思则是站在现实主义的立场上，把私人个体劳动转化为公共劳动，扬弃了黑格尔的国家伦理观。正如美国学者汉娜·阿伦特所指出的，在马克思的政治理论中，"作为人类营生活动的劳动，不再被严格地看做属于私人领域里的行

---

① 《马克思恩格斯全集》第 1 卷，人民出版社 1995 年版，第 217 页。

为，而堂堂正正地进入了公共、政治领域里的事实，才是他学说的重要部分"①。这样，伴随着劳动从私人领域转化为公共领域，阶级对立得以消除，作为阶级统治工具的政治国家也得以消亡，从而变为联合劳动的共同体，人的自由个性得以发展。所以，马克思指出："共产主义是私有财产即人的自我异化的积极扬弃，因而是通过人并且为了人而对人的本质的真正占有……是人和自然之间、人和人之间矛盾的真正解决，是存在和本质、对象化和自我确证、自由和必然、个体和类之间的斗争的真正解决。"② 这就是马克思在《关于费尔巴哈的提纲》第十条中所提出的与"市民社会"对立的"社会化的人类"概念的哲学注解。

马克思对未来"社会化的人类"生活的勾画虽然继承了黑格尔未竟的事业，但是，在马克思那里，对未来"社会化的人类"生活的勾画，一方面既要批判黑格尔的社会与国家哲学，另一方面也要批判资本主义的社会关系。也就是说，在马克思的视野中，批判黑格尔的社会与国家哲学和批判资本主义社会关系是一体两面的理论活动。在批判黑格尔的社会与国家哲学的过程中，一方面，马克思深刻地体会到现代社会的缺陷——个体与共同体分裂的私有制根源；另一方面，通过对资产阶级自由哲学的根基——以生产资料私人占有制为基础的雇佣劳动制度所造成的对人的奴役和压迫的后果的剖析，马克思对人的生存状态的憧憬没有止步于建立在生产资料资本主义私人占有制基础之上以人格化的资本自由为依托的政治解放，而是要以人类解放来扬弃政治解放，实现建立在生产资料社会占有制基础上的以联合劳动为依托的每个人自由而全面的发展。

一　马克思对黑格尔理性主义国家伦理观的批判

《莱茵报》时期，在《关于林木盗窃法的辩论》中，当时的马克思虽然已清楚地看到林木所有者的物质利益对国家与法以及人们的思想和行动所起的支配作用，但是他在内心深处仍然肯定黑格尔的理性国家观，仍然强调"应该同整个国家理性和国家伦理联系起来来解决每一个涉及物质

---

① ［美］汉娜·阿伦特：《马克思与西方政治思想传统》，江苏人民出版社 2007 年版，第 13 页。

② 《马克思恩格斯全集》第 42 卷，人民出版社 1979 年版，第 120 页。

的课题"①。然而，在此两个月之后撰写的《摩泽尔记者的辩护》中，马克思已经明显地注意到人们活动背后的客观的社会关系的作用，看到了客观关系对国家的制约性。提醒人们注意:"人们在研究国家状况时很容易走入歧途，即忽视各种关系的客观本性，而用当事人的意志来解释一切。但是存在着这样一些关系，这些关系既决定私人的行动，也决定个别行政当局的行动，而且就像呼吸的方式一样不以他们为转移。"② 如果说马克思从前认为私人利益对国家和法的制约不符合国家的本性，譬如，在《关于林木盗窃法的辩论》中，马克思把由林木所有者本身来立法的行为称之为"下流的唯物主义"，是"违反各族人民和人类精神的罪恶"，③那么，现在则从客观关系出发去研究国家制度和管理原则，这无疑是向唯物史观大大迈进了一步。

正是现实生活与赤裸裸的物质利益问题，使马克思深刻认识到黑格尔唯心主义原则同现实存在巨大的鸿沟和矛盾，黑格尔的方法无法解开社会历史之谜。马克思对黑格尔的法哲学产生了巨大的信仰危机，陷入了理论的困惑和思想的苦恼。《莱茵报》被查封使得马克思有机会从社会舞台退回书房，对他的以往的理论活动进行梳理。而《黑格尔法哲学批判》的写作，旨在通过对黑格尔法哲学的系统批判，搞清楚市民社会与政治国家和法的关系。马克思认识到是市民社会决定政治国家，而不是相反。从这时起，马克思利益概念的内涵发生了变化，开始从德国人的理性主义光环中走出来。在莱茵省议会的辩护期间，马克思从理性主义的视角，把利益看作非理性的、盲目的，是理性主义需要扬弃的东西。而非理性的东西是不法的东西，它本身需要理性的法律去约束。但在《黑格尔法哲学批判》中，利益概念开始与市民社会相联系，理性主义开始在唯物主义审判台散去其耀眼的光环。随后，在《德法年鉴》时期，马克思在市民社会决定政治国家思想的基础上，对市民社会概念的内涵作了进一步的拓展，加深了对市民社会与政治国家关系的认识。在《论犹太人问题》中，马克思借助于犹太人的世俗礼拜（做生意）和世俗的神（金钱），开始从人的利己主义的活动出发来揭示市民社会的本质，从人的商品经济活动的要素和

---

① 《马克思恩格斯全集》第 1 卷，人民出版社 1995 年版，第 290 页。
② 同上书，第 363 页。
③ 同上书，第 289 页。

原则，即需要、利己主义、金钱以及商品出发来认识市民社会及其与政治国家的关系。这样，在马克思那里，利益概念从黑格尔理性主义光环下走出来，在非理性的市民社会中找到了发源地。

在《〈政治经济学批判〉序言》中，马克思回顾了对黑格尔法哲学批判在其思想变革中的重要性："为了解决使我苦恼的疑问，我写的第一部著作是对黑格尔法哲学的批判性的分析，这部著作的导言曾发表在1844年巴黎出版的《德法年鉴》上。我的研究得出这样一个结果：法的关系正像国家的形式一样，既不能从它们本身来理解，也不能从所谓人类精神的一般发展来理解，相反，它们根源于物质的生活关系，这种物质的生活关系的总和，黑格尔按照18世纪的英国人和法国人的先例，概括为'市民社会'，而对市民社会的解剖应该到政治经济学中去寻求。"① 可见，通过对黑格尔国家和法思想的批判，马克思实现了立场、观念和方法的重要转换，并且使他的伦理学研究具有更鲜明的指向性，即着眼于对现实社会关系的认识和批判，来揭示伦理的现实基础以及资产阶级伦理的虚伪性。

马克思首先对黑格尔国家和法思想中的"逻辑的泛神秘主义"进行了批判。在黑格尔那里，因为"伦理性实体"的"国家"超越了"有限性"并成为"绝对精神"的体现，"家庭"和"市民社会"只不过是"精神"分化出的两个领域，且这两个领域以"国家"作为其将要达至的最终目标。"现实的理念，即精神，把自己分为自己概念的两个理想性的领域，分为家庭和市民社会，即分为自己的有限性的两个领域，目的是要超出这两个领域的理想性而成为自为的无限的现实精神。"② 马克思把黑格尔的思想称为"逻辑的泛神论的神秘主义"，"作为出发点的事实并不是被当作事实本身来看待，而是被当作神秘主义的结果。现实性变成了现象，但是除了这种现象，理念便没有任何其他的内容。除了'成为自为的无限的现实精神'这一逻辑的目的，理念也没有任何其他的目的"③。在黑格尔那里，理念是独立的，而现实的家庭和市民社会却变成了"理念"运动的结果。于是，黑格尔的出发点是不断实现自身的"精神"而不是现实的"社会存在"。马克思批判了这种"主谓颠倒"的做法，"重

---

① 《马克思恩格斯选集》第2卷，人民出版社1995年版，第32页。

② ［德］黑格尔：《法哲学原理》，商务印书馆1961年版，第263页。

③ 《马克思恩格斯全集》第1卷，人民出版社1956年版，第253页。

要的是黑格尔在任何地方都把理念看作主体，而把真正的现实的主体，例如‘政治情绪’变成了谓语，而事实上发展却总是在谓语方面完成的”①。马克思认为，现实的“家庭”和“市民社会”是国家的前提，现实的“个人”作为“主体”而存在，而其思辨的活动和它产生的“观念”才是“谓语”，黑格尔把这一切都“头足倒置”了。

由于其出发点的错置，黑格尔在考察“共同体”和“个体”的关系时，也就不可避免地进行了“抽象化”的理解。马克思指出：“黑格尔不承认人的这种实现是最具体的，反而说国家有这样的优点：国家中的‘概念环节’、‘单一性’达到某种神秘的‘定在’。所谓合乎理性，并不是指现实的人的理性达到了现实性，而是指抽象的各个环节达到了现实性。”② 在现实的人和国家的关系上，马克思批判黑格尔“神化”了国家对人的天然统治权力，从而主张“个体”对于国家、法律和社会生活的主导地位。“黑格尔从国家出发，把人变成主体化的国家。民主制从人出发，把国家变成客体化的人。正如同不是宗教创造人而是人创造宗教一样，不是国家制度创造人民，而是人们创造国家制度。”③ 因此，与黑格尔相反，马克思把现实的个人作为分析和看待问题的出发点，人的主观性存在才是现实的，“主观性是主体，而主体又必然是有经验的个人，是单一的东西”④。在此基础上，马克思深入解剖了黑格尔关于国家根本性质的观点。在黑格尔看来，不同的国家制度不是发展了的现实生活和现实的人造成的，而只是国家的“理念”在不同发展阶段上的特殊性的体现。马克思直接批判这种以抽象的国家形式来消解现实的做法。在他看来，“国家本身的抽象只是近代的特点，因为私人生活的抽象只是近代的特点。政治国家的抽象是现代的产物”⑤。因此，“市民社会”与国家的分离以及现代国家制度的形成，并不是概念运动的特殊性环节造成的，而是由于社会交往发展的产物。正如他后来所指出的："只有到了十八世纪，在‘市民社会’中，社会联系的各种形式，对个人说来，才只是表现为达到他私人目的的手段，才表现为外在的必然性。但是，产生这种孤立个人的

---

① 《马克思恩格斯全集》第 1 卷，人民出版社 1956 年版，第 255 页。
② 同上书，第 278 页。
③ 同上书，第 281 页。
④ 同上书，第 285 页。
⑤ 同上书，第 284 页。

观点的时代，正是具有迄今为止最发达的社会关系的时代。"① 正是在人们的交互活动中，才产生出一定历史阶段的"社会"和"国家"，在这里，不存在"理念"的抽象运动，而是在现实的"社会关系"运动中产生人们的观念和政治体制。因此，政治国家没有家庭的天然基础和市民社会的人为基础就不可能存在，它们是国家的必要条件。"国家是从作为家庭和市民社会的成员而存在的这种群体中产生出来的，思辨的思维却把这一事实说成理念活动的结果，不说成这一群体的理念，而说成不同于事实本身的主观的理念活动的结果。"② 而且，马克思还揭示了现代国家的本质是为了保护"私有财产"，"由于私有制摆脱了共同体，国家获得了和市民社会并列的并且在市民社会之外的独立存在；实际上国家不外是资产者为了在国内外相互保障自己的财产和利益所必然要采取的一种组织形式"③。

鉴于此，马克思指出黑格尔无法真正解决市民社会与国家之间的矛盾。在马克思看来，当黑格尔感受到"市民社会"和"国家"分离的现实时，他是正确的，但是当他用作为绝对理念的体现者——伦理国家来统摄或消解市民社会内部以及市民社会与政治国家的冲突时，他却是错误的。马克思主张要用一种把握特殊对象的"逻辑"和"真正的批判"来解决现实矛盾和冲突。"真正的批判就要揭露神圣三位一体在人们头脑中的内在根源，描述这种教条产生的情形。同样，对现代国家制度的真正哲学的批判，不仅要揭露这种制度中实际存在的矛盾，而且要解决这些矛盾；真正哲学的批判要理解这些矛盾的根源和必然性，从它们的特殊意义上来把握它们。但是，这种理解不在于像黑格尔所想象的那样到处去寻找逻辑概念的规定，而在于把握特殊对象的特殊逻辑。"④

可以看出，马克思对黑格尔国家和法思想批判的重要意义在于：他认识到了黑格尔依然是在"解释世界"的层面上承认现实的矛盾和分裂，并企图以国家伦理的力量来消解之，因而并不能真正在"改造世界"的层面上来解决个体与个体之间、个体与共同体之间的分裂。而马克思通过

---

① 《马克思恩格斯全集》第46卷上，人民出版社1979年版，第21页。
② 《马克思恩格斯全集》第1卷，人民出版社1956年版，第252—253页。
③ 《马克思恩格斯全集》第3卷，人民出版社1960年版，第70页。
④ 《马克思恩格斯全集》第1卷，人民出版社1956年版，第359页。

对黑格尔的批判实现的思想变革，正如他在《〈黑格尔法哲学批判〉导言》中所言："对思辨的法哲学的批判既然是德国过去政治意识形式的坚决反对者，那他就不会集中于自身，而会集中于只用一个办法即通过实践才能解决的那些课题上去。"① 正是通过对市民社会和国家关系的"实践性"批判和超越，马克思才致力于实现"社会化的人类"对"市民社会"的超越，重新建构社会公共生活。

值得指出的是，马克思在对黑格尔国家和法思想批判的基础上，对国家的管理职能、国家管理的原则以及国家管理的目标曾有过深刻的论述。

关于国家的管理职能，恩格斯曾这样说过："为了使这些对立面，这些经济利益互相冲突的阶级，不致在无谓的斗争中把自己和社会消灭，就需要有一种表面上驾于社会之上的力量，这种力量应当缓和冲突，把冲突保持在'秩序'的范围以内；这种从社会中产生但又自居于社会之上并且日益同社会相异化的力量，就是国家。"② 可见，人类社会在阶级矛盾不可调和的情况下之所以存在，正是因为国家的维持。因此，国家一经产生便充当了整个社会的管理者和阶级压迫的执行者，即国家管理职能既包括政治统治职能，也包括社会管理职能。

从传统意义上讲，国家被认为是阶级矛盾不可调和的产物，其本质是对被压迫阶级进行统治和压迫的机器。其最基本的职能是维护其政治统治，而维护和实现阶级统治则是其核心任务。为使本阶级在经济、思想和政治上占据统治地位，保护统治阶级的利益不受侵犯，在一定范围内对本阶级实行民主，并对被统治阶级的反抗进行残酷镇压。于是，在人们传统的思维中，国家就成为了纯粹的压迫性机关，而忽视了国家管理的社会公共事物管理职能，这很明显这违背了马克思、恩格斯的原意。

马克思主义认为："旧政权的纯属压迫性质的机关予以铲除，而旧政权的合理职能则从僭越和凌驾于社会之上的当局那里夺取过来，归还给社会的负责任的勤务员。"③ "政府的压迫力量和统治社会的权威就随着它的纯粹压迫性机构的废除而被摧毁，而政府应执行的合理职能，则不是由凌

① 《马克思恩格斯全集》第 1 卷，人民出版社 1956 年版，第 460 页。
② 《马克思恩格斯选集》第 4 卷，人民出版社 1995 年版，第 170 页。
③ 《马克思恩格斯选集》第 3 卷，人民出版社 1995 年版，第 57 页。

驾于社会之上的机构，而是由社会本身的负责的勤务员来执行。"① 这里的"合理职能"和"理应属于政府权力的职能"，应当就是指国家的社会管理职能，是相对于"旧政权的纯粹压迫性质"即政治统治职能来讲的，是实现阶级统治职能的基础。恩格斯也明确地指出："一切政治权力起先都是以某种经济的、社会的职能为基础的。"② "政治统治到处都是以执行某种社会职能为基础，而且政治统治只有在它执行了它的这种社会职能时才能持续下去。"③ 因此，可以肯定的是，执行社会公共事务的管理职能作为一种必要条件，使政治统治得以存在。

关于国家的管理原则，马克思强调的是民主制与法治。马克思认为，所谓民主制就是人民在国家空间中的自我统治。那么，社会、国家的主人都应是人民，社会、国家都是因人民的存在而存在，人民掌握国家这一工具实现自我管理和自我统治，这才是民主制的本质所在。马克思深刻指出：在民主制中，"国家制度不仅就其本质说来是自在的，而且就其存在，就其现实性说来也日益趋向于自己的现实的基础、现实的人、现实的人民，并确定为人民自己的事情。国家制度在这里表现出它的本来面目，即人的自由产物"④。这就是说，人类为了保障本身的自由实现而创立了国家制度，而非为了实现国家对社会的统治。因此，我们说国家制度最自然、最本质的属性就是民主制。通过这一属性，我们可以判断一个国家的国家制度民主与否。偏离这一本质属性之结果就是非民主的国家制度的产生。

马克思关于民主制的理论认为，"民主制"是一切国家制度的本质属性而非属于某一种，并且国家制度的这种本质属性是人所赋予的。马克思理论的出发点是：一是国家制度的创造者的主体是人；二是国家制度的创造是为了保障整个国家中所有人的自由不受他人威胁和侵害，即保障个人自身的自由。由此，我们可以讲，基于人的自我规定而形成的就是国家制度。民主制以人为出发点，把国家变成客体化的人。就如同是人创造宗教而不是宗教创造人一样，是人民创造的国家制度，而不是国家制度创造的

---

① 《马克思恩格斯选集》第 3 卷，人民出版社 1995 年版，第 122 页。
② 同上书，第 526 页。
③ 同上书，第 523 页。
④ 《马克思恩格斯全集》第 1 卷，人民出版社 1956 年版，第 281 页。

人民。马克思进而明确指出："在民主制中，国家制度本身就是一个规定，即人民的自我规定。在君主制中是国家制度的人民，在民主制中则是人民的国家制度。"① "在民主制中，不是人为法律而存在，而是法律为人而存在；在这里人的存在就是法律，而在国家制度的其他形式中，人却是法律规定的存在。"② 显然，在民主制下，国家制度不能独立地存在于人民之外，"国家制度、法律、国家本身都只是人民的自我规定和特定内容"③。

马克思指出，国家管理不仅体现在民主制上，更加体现在法治的建设上。法治以民主为基础，是民主的实现。马克思的法治思想以人迫切希望得到自由为出发点，对政府运用职权限制人的自由进行抨击。在这个过程中，马克思逐渐认识到国家不是理性的抽象，而是社会结构。在《"评普鲁士人"的"普鲁士国王和社会改革"一文》中，马克思指出："国家永远也不会认为社会疾苦的根源在于国家和社会结构"④，"国家是建筑在社会生活和私人生活之间的矛盾上，建筑在公共利益和私人利益之间的矛盾上的"⑤。在《共产党宣言》的 1888 年英文版序言中，恩格斯明确指出："每一历史时代主要的经济生产方式和交换方式以及必然由此产生的社会结构，是该时代政治的和精神的历史所赖以确立的基础，并且只有从这一基础出发，这一历史才能得以说明；因此人类的全部历史（从土地公有的原始氏族社会解体以来）都是阶级斗争的历史，即剥削阶级和被剥削阶级之间、统治阶级和被压迫阶级之间斗争的历史。"⑥

循此，马克思对法的性质进行了全新的界定。在《共产党宣言》中，他指出"法"反映了统治阶级的意志，被统治阶级作为一种工具用来压迫被统治阶级。这种观点恰恰否定了他早期所认为的，法是人类理性的产物，是"人民自由的圣经"。他写道："你们的观念本身是资产阶级的生产关系和所有制关系的产物，正象你们的法不过是被奉为法律的你们这个阶级的意志一样，而这种意志的内容是由你们这个阶级的物质生活条件来

①　《马克思恩格斯全集》第 1 卷，人民出版社 1956 年版，第 281 页。

②　同上。

③　同上书，第 282 页。

④　同上书，第 478 页。

⑤　同上书，第 479 页。

⑥　《马克思恩格斯选集》第 1 卷，人民出版社 1995 年版，第 257 页。

决定的。"① 所以，国家是"管理整个资产阶级的共同事务的委员会"②，而不是理性的抽象，国家与法始终站在人民自由的对立面，不再充当人民自由的保障。因此，"在现今的资产阶级的生产关系的范围内，所谓自由就是贸易自由、买卖自由"③。与早期相比，马克思不再追求实质的自由法治与形式自由的法制的平衡，而成为一个实实在在的实质的自由法制论者；他不再像青年时期在现实政权制度下演绎理性自由法治一样，而是在不断地将现实的制度解构，从而将传统自由法治的实质揭露得使人一览无余。

从巴黎公社革命开始，马克思晚期的自由法治观开始了重要转变。他指出，无产阶级不只是取得经济生活上的自由，更重要的是获得在政治生活中的自由。那么，要达到政治生活上的自由，无产阶级就必须得到权力来建立自己的国家和相应的国家制度，这样才能真正地摒弃解构性的自由法治观，实现建构性的自由法治观。巴黎公社革命的失败，促使马克思总结了其经验教训并提出了许多具体方案来实现法治建设。因为在他看来，工人阶级不能简单地掌握现成的国家机器，并运用它来达到自己的目的。他提出，首先要建立一个实行充分民主的民主共和国。在这个国家实体内，最高权力机关要保持立法和行政的统一，不搞议会制；要采取普选制作为选举的一般方式而非等级授职制；同时，他还认为不能有特权等级思想，工职人员的薪金要平等，国家要赋予民众监督政府的自由权利，实行政务公开。因为"公社并不象一切旧政府那样，自以为永远不会犯错误。公社公布了自己的言论和行动，它把自己的一切缺点都告诉民众"④。

关于国家管理目标，马克思曾指出，未来社会管理的最终目标是通过实现"我们这个世纪面临的大变革，即人同自然的和解以及人类本身的和解"⑤，最终达到每个人自由而全面的发展。

在《德意志意识形态》中，马克思指出："任何人类历史的第一个前提无疑是有生命的个人的存在，此第一个需要确定的具体事实就是这些个

---

① 《马克思恩格斯选集》第 1 卷，人民出版社 1995 年版，第 289 页。
② 同上书，第 274 页。
③ 同上书，第 288 页。
④ ［德］马克思：《法兰西内战》，人民出版社 1964 年版，第 64 页。
⑤ 《马克思恩格斯全集》第 1 卷，人民出版社 1956 年版，第 603 页。

人的肉体组织，以及受肉体组织制约的他们与自然界的关系。"① 可见，自然界是人的生存和延续的环境，没有自然界也就没有人，当然也就不会有人与人、人与社会的相互关系，从根本上说人与自然界是同一的。然而，人又是社会存在物，作为一个主体"对自然界的独立规律的理论认识本身不过表现为狡猾，其目的是使自然界（不管是作为消费品，还是作为生产资料）服从于人的需要"②。诚然，人认识自然是为了支配和改造自然，而支配和改造自然旨在实现人自身的需要。人类的生存和发展都必须依赖于向大自然的索取，这是不受任何历史时代所限制的。马克思、恩格斯关于人与自然的和解的主张意在阐明人类要在不打破生态平衡和生态循环的前提下对大自然进行索取和利用，但并不否认人类对大自然最基本的物质索取。马克思说："动物只是按照它所属的那个种的尺度和需要来建造，而人却懂得按照任何一个种的尺度来进行生产，并且懂得怎样处处把内在的尺度运用到对象上去，因此，人也按照美的规律来建造。"③即在支配和改造自然的过程中，人类的目的和需要必须尊重自然的本性和规律，既要将内外尺度做到合理统一，又要辩证地把握规律性和目的性。通俗地讲，就是要达到自然生态和社会生态两大文明的和谐、统一。人类要实现和谐社会，真正实现人与自然的和解，就必须基于这一前提。这样的社会"是人同自然界的完成了的本质的统一，是自然界的真正复活，是人的实现了的自然主义和自然界的实现了的人道主义"④。马克思、恩格斯认为，实现共产主义，就必须推翻资本主义，变革其人与自然对立的生产方式和社会制度。到那时"生产资料的社会占有，不仅会消除生产的现存的人为障碍，而且还会消除生产力和产品的明显浪费和破坏"⑤，"社会化的人，联合起来的生产者，将合理地调节他们和自然之间的物质变换，把它置于他们的共同控制之下，而不让它作为盲目的力量来统治自己；靠消耗最小的力量，在最无愧于和最适合于他们的人类本性的条件下进行这种物质变换"⑥。

---

① 《马克思恩格斯选集》第 1 卷，人民出版社 1995 年版，第 24 页。
② 《马克思恩格斯全集》第 46 卷上，人民出版社 1979 年版，第 393 页。
③ 《马克思恩格斯全集》第 42 卷，人民出版社 1979 年版，第 97 页。
④ 同上书，第 122 页。
⑤ 《马克思恩格斯全集》第 20 卷，人民出版社 1971 年版，第 307 页。
⑥ 《马克思恩格斯全集》第 25 卷，人民出版社 1974 年版，第 926—927 页。

"人同本身的和解"主要表现为人与人的关系和人与社会的关系这两个方面。人是社会活动的主体，其自身具有对其他个体的依赖性，因此个体之间的接触会逐步产生利益或利益冲突。在资本主义社会里，个人利益的实现往往是建立在损害他人利益、激化相互之间矛盾基础上的，这种方式不能带来真正的幸福。这是导致社会不和谐的一种诱因，因为个体是社会的组成元素，其各种矛盾和不和谐直接导致了社会的不和谐。因此，人与社会之间也往往会呈现出各种程度的矛盾。由此看来，只有高度发达的社会生产力"把生产发展到能够满足所有人的需要的规模；结束牺牲一些人的利益来满足另一些人的需要的状况"①，才能实现人际关系的和谐发展，从而促进整个社会的发展。也就是说，只有在社会主义社会中，才能通过革除个人之间的矛盾实现人与人、人与社会的和谐相处，也只有在社会主义社会中才能充分展现人的自由发展。这才是"两个和解"追求的根本价值目标。

二　马克思对资产阶级市民社会内在矛盾的批判

在批判黑格尔理性国家观的基础上，马克思展开了对资产阶级市民社会内在缺陷的批判。

在《1844 年经济学哲学手稿》中，马克思讲道："无产和有产的对立，只要还没有把它理解为劳动和资本的对立，它还是一种无关紧要的对立，一种没有从它的能动关系上、它的内在关系上来理解的对立，还没有作为矛盾来理解的对立。这种对立即使没有私有财产的进一步的运动也能以最初的形式表现出来，如在古罗马、土耳其等。所以它还不表现为由私有财产本身规定的对立。但是，作为财产之排除的劳动，即私有财产的主体本质，和作为劳动之排除的资本，即客体化的劳动，——这就是发展到矛盾状态的，因而也是有力地促使这种矛盾状态得到解决的私有财产。"②也就是说，私有财产的两极分化古已有之，但这一分化没有发展为资本与劳动的对立，即没有发展为在资本主义生产方式条件下"物的增殖与人的贬值成正比"，客观上还没有造就巨大的生产力，不具备消灭生产资料

---

① 《马克思恩格斯选集》第 1 卷，人民出版社 1995 年版，第 243 页。
② 《马克思恩格斯全集》第 42 卷，人民出版社 1979 年版，第 117 页。

私有占有制、实现共同富裕的历史条件，主观上劳动者无法达到对于私有财产本质规定的认识，不具备整体的无产阶级的阶级意识，找不到自身解放的出路，因而是"无关紧要"的对立。黑格尔局限于生产和消费意义上的一般市民社会，而没有真正进入打上了资本主义生产关系烙印的市民社会存在形态中，而马克思已经紧紧抓住劳动与资本对立这一资产阶级市民社会的内在矛盾。这导致两人在对个人与社会、国家关系的建构问题上，有着不同的路径。

在《论犹太人问题》中，马克思肯定了资产阶级政治解放的历史地位："政治解放当然是一大进步；尽管它不是一般人的解放的最后形式，但在迄今为止的世界制度内，它是人的解放的最后形式。不言而喻，我们这里指的是现实的、实际的解放。人把宗教从公法领域驱逐到私法领域中去，这样人就在政治上从宗教中解放出来。宗教不再是国家的精神；因为在国家中，人——虽然是以有限的方式，以特殊的形式，在特殊的领域内——是作为类存在物和他人共同行动的；宗教成了市民社会的、利己主义领域的、一切人反对一切人的战争的精神。它已经不再是共同性的本质，而是差别的本质。它成了人同自己的共同体、同自身并同他人分离的表现。"① 在这里，马克思表达了如下两层意思：

其一，资产阶级革命把人从宗教以及封建专制制度中解放出来，人的价值和尊严得到了尊重，人的自主性和权利得到了承认，具有巨大的进步意义。

马克思与恩格斯在《神圣家族》中谈到罗伯斯比尔等人的悲剧缘由时，指出了以人权为口号的法国大革命所带来的资本主义生产方式的变革。他们写道："罗伯斯比尔倒台以后，从前想获得空前成就并耽于幻想的政治启蒙运动，才初次开始平凡地实现。尽管恐怖主义竭力要使资产阶级社会为古代政治生活制度牺牲，革命还是把资产阶级社会从封建的桎梏中解放出来，并正式承认了这个社会。在执政内阁时代，资产阶级社会的生活浪潮迅速高涨起来。于是出现了创办商业和工业企业的热潮、发财致富的渴望、新的资产阶级生活的喧嚣忙乱，在这里，这种生活的享受初次表现出自己的放肆、轻佻、无礼和狂乱；法兰西的土地得到了真正的开发，土地的封建结构已经被革命的巨锤打得粉碎，现在无数新的所有者以

---

① 《马克思恩格斯全集》第3卷，人民出版社2002年版，第174页。

第一次出现的狂热对这块土地进行了全面的耕作，解放了的工业也第一次活跃起来；——这就是刚刚诞生的资产阶级社会的生活的某些表现。资产阶级社会的真正的代表是资产阶级。于是资产阶级开始了自己的统治。人权已经不再仅仅是一种理论了。"① 资产阶级革命胜利后，人权从理论变为实践，变为法律规定，从而促进了资产阶级民主政治建设，开创了近代政治文明。马克思和恩格斯都曾给予了历史性的、积极性的评价。马克思曾"正确评价了国家的自由主义宪法的良好作用，宪法允许自由争论、结社权利和为整个欧洲的利益撒播人道主义的种子"②。恩格斯也指出："一些人摧毁了德国的小邦制度，给资产阶级提供了实行工业革命的行动自由，既给物也给人创造了统一的交往条件，从而也不得不给我们提供了较大的活动自由……法国的资产阶级共和派……给法国带来了过去在非革命时期所未闻的出版、结社和集会的自由，实行了初级义务教育，使教育普及化……英国的两个官方政党的活动家大大地扩大了选举权，使选民人数增加了四倍，使各选区一律平等……"③

其二，在资本主义社会中，人的自主性的增强意味着人与人之间的分离和冲突，这终将暴露出被资产阶级"天赋人权"观念所遮蔽的市民社会成员的利己主义动机与资产阶级政治解放所造成的理想与现实的矛盾。由此，马克思展开了对资产阶级市民社会内在缺陷的分析。

第一，对资本主义世界"拜物教"的批判。

在马克思眼中，资本主义是一个"头足倒置的世界"，即生产者和产品的"倒立"关系。这种"倒立"关系存在的根源就在于资本对劳动的统治。因此可以说，马克思思想的本质就是以"资本批判"为核心的现代性批判理论。这种批判，在马克思那里，经历了一个从对"劳动异化"的批判到对"拜物教"批判的思想发展过程，并在对"拜物教"批判中彻底批判了资本主义雇佣劳动。劳动异化理论主要从人的主体向度出发，以应然的类本质来批判现实的劳动异化和人本质异化的状况；拜物教则从客体的向度出发，以实然的经济关系入手分析了没有灵魂的物体为什么成了人类顶礼膜拜的神灵的图景、根源以及扬弃经济拜物教的途径。从对

---

① 《马克思恩格斯全集》第 2 卷，人民出版社 1957 年版，第 156—157 页。
② 《马克思恩格斯全集》第 42 卷，人民出版社 1979 年版，第 477 页。
③ 《马克思恩格斯全集》第 38 卷，人民出版社 1972 年版，第 175—176 页。

"劳动异化"的批判到对"拜物教"的批判，反映出马克思的现代性批判理论从哲学的层面向政治经济学层面的纵深发展，其中突出的一个共同主题是，异化是资本主义的一个本质事实，资本主义是一个"头足倒置的世界"。在《资本论》中，马克思从商品拜物教到货币拜物教再到资本拜物教渐次展开的序列分析构成了对资本主义这一"头足倒置的世界"的有力批判，透视与全面揭示了资本主义经济拜物教所遮蔽与颠倒的人与人之间的真实关系。

其一，对作为头足倒置世界的总相的"商品拜物教"进行了批判。资本主义是一个因异化而头足倒置的世界，物质世界人的本质的异化必然带来精神文化世界的头足倒置，商品拜物教就是这个倒置世界的总相。因为资本主义社会的财富表现为"庞大的商品堆积"，商品是资本主义经济生活的一个缩影，解开资本主义社会关系之谜的一把钥匙。

什么是商品拜物教？简单地说，人们像崇拜上帝一样崇拜自己的劳动产品——商品，这就是商品拜物教。拜物教是人们对外在之物由于无法理解和掌控而产生的一种神秘感和心理崇拜。在崇拜过程中人与世界的本原关系被颠倒，人的本质被遮蔽，人成了物的奴役对象。正如马克思所说，理解拜物教，"要找一个比喻，我们就得逃到宗教世界的幻境中去。在那里，人脑的产物表现为赋有生命的、彼此发生关系并同人发生关系的独立存在的东西。在商品世界里，人手的产物也是这样。我们把这叫拜物教"[1]。马克思认为商品拜物教的秘密性质不是来源于商品的使用价值，也不是来源于商品的价值规定的内容，即消耗的持续时间的劳动量，只能来源于商品"这种形式本身"。马克思举例说："用木头做桌子，木头的形状就改变了。可是桌子还是木头，还是一个普通的可以感觉的物。但是桌子一旦作为商品出现，就变成一个可感觉而又超感觉的物了。它不仅用它的脚站在地上，而且在对其他一切商品的关系上用头倒立着，从它的木脑袋里生出比它自动跳舞还奇怪得多的狂想。"[2] 劳动产品一采取商品形式就具有谜一般的性质，劳动产品一旦作为商品来生产，就带上拜物教性质。因此，"一旦我们逃到其他的生产形式中去，商品世界的全部神秘

① 《马克思恩格斯全集》第23卷，人民出版社1972年版，第89页。
② 同上书，第87—88页。

性，在商品生产的基础上笼罩着劳动产品的一切魔法妖术，就立刻消失了"①。

商品形式能够充当拜物教产生的根源，主要是因为"商品形式的奥秘不过在于：商品形式在人们面前把人们本身劳动的社会性质反映成劳动产品本身的物的性质，反映成这些物的天然的社会属性，从而把生产者同总劳动的社会关系反映成存在于生产者之外的物与物之间的社会关系。由于这种转换，劳动产品成了商品，成了可感觉而又超感觉的物或社会的物。正如一物在视神经中留下的光的印象，不是表现为视神经本身的主观兴奋，而是表现为眼睛外面的物的客观形式。但是在视觉活动中，光确实从一物射到另一物，即从外界对象射入眼睛。这是物理的物之间的物理关系。相反，商品形式和它借以得到表现的劳动产品的价值关系，是同劳动产品的物理性质以及由此产生的物的关系完全无关的。这只是人们自己的一定的社会关系，但它在人们面前采取了物与物的关系的虚幻形式"②。商品拜物教的本质是把人与人的社会关系转变为物与物的关系或人与物的关系，或者说以物的关系掩盖了人的社会关系，以虚假和"倒置的关系"掩盖了真实的社会关系。通过这样的劳动产品到商品的惊人一跳，展现在我们面前的不在是人对人的奴役，而是物对人的奴役。

马克思指出，在商品世界的这种拜物教性质，归根结底来源于生产商品的"劳动所特有的社会性质"。这种劳动的社会性质是私人劳动与社会劳动的矛盾。"使用物品成为商品，只是因为它们是彼此独立进行的私人劳动的产品。这种私人劳动的总和形成社会总劳动。由于生产者只有通过交换他们的劳动产品才发生社会接触，因此，他们的私人劳动的特殊的社会性质也只有在这种交换中才表现出来。换句话说，私人劳动在事实上证实为社会总劳动的一部分，只是由于交换使劳动产品之间、从而使生产者之间发生了关系。"③ 这样，在生产者面前，他们的私人劳动的社会关系，"不是表现为人们在自己劳动中的直接的社会关系，而是表现为人们之间的物的关系和物之间的社会关系"④。

---

① 《马克思恩格斯全集》第23卷，人民出版社1972年版，第93页。

② 同上书，第88—89页。

③ 同上。

④ 同上书，第90页。

　　马克思说，劳动产品在交换过程中分裂为有用物和价值物，有用物是为了交换而生产的，因而物的价值一定要代替物的有用性。劳动产品的分离导致私生产者的私人劳动必须取得二重社会性质，一是私人劳动必须有用，二是每一种特殊的有用的私人劳动可以同任何另一种有用的私人劳动相交换，唯有如此生产者的私人劳动才能满足生产者本人的多种需要。私人劳动的这种二重的社会性质，只是反映在从实际交易，产品交换中表现出来的那些形式中，表现为他们的私人劳动的社会有用性，反映在劳动产品必须有用，而且是对别人有用的形式中；更进一步说，反映在这些不同的物即劳动产品具有共同的价值性质的形式中。据此，劳动产品不再是因为有用才交换而是因为有价值才交换，获得交换价值成了产生商品的目的。"人们使他们的劳动产品彼此当作价值发生关系，不是因为在他们看来这些物只是同种的人类劳动的物质外壳。恰恰相反，他们在交换中使他们的各种产品作为价值彼此相等，也就使他们的各种劳动作为人类劳动而彼此相等。他们没有意识到这一点，但是他们这样做了。价值没有在额上写明它是什么。不仅如此，价值还把每个劳动产品变成社会的象形文字。后来，人们竭力要猜出这种象形文字的涵义，要了解他们自己的社会产品的秘密，因为使用物品当作价值，正象语言一样，是人们的社会产物。"①

　　商品生产的存在是商品拜物教产生的客观基础，而商品拜物教的产生还有它的认识论根源。那就是从假象出发，抽掉现实的人与人之间的经济关系，赋于物的关系以奇特的社会属性，使它成为独立的东西来奴役人和统治人，这才构成商品拜物教的本身。这项工作是由国民经济学来完成的。在《1857—1858 年经济学手稿》中，马克思指出："经济学家们把人们的社会生产关系和受这些关系支配的物所获得的规定性看作物的自然属性，这种粗俗的唯物主义是一种同样粗俗的唯心主义，甚至是一种拜物教，它把社会生产关系作为物的内在规定归之于物，从而使物神秘化。"②在《资本论》中，马克思进一步指出："给劳动产品打上商品烙印、因而成为商品流通的前提的那些形式，在人们试图了解它们的内容而不是了解它们的历史性质（人们已经把这些形式看成是不变的了）以前，就已经

　　①　《马克思恩格斯全集》第 23 卷，人民出版社 1972 年版，第 90—91 页。
　　②　《马克思恩格斯全集》第 46 卷下，人民出版社 1980 年版，第 202 页。

取得了社会生活的自然形式的固定性。"① 资产阶级经济学家这样做的目的是把这个历史上一定的社会生产方式即商品生产的生产关系，作为他们的经济范畴，并赋予这个范畴"不言而喻的自然必然性"。马克思批判地指出，古典政治经济学家的根本缺点之一，就是始终不能从商品的分析，而特别是商品价值的分析中，发现那种正是使价值成为交换价值的价值形式。更深刻的原因是"劳动产品的价值形式是资产阶级生产方式的最抽象的、但也是最一般的形式，这就使资产阶级生产方式成为一种特殊的社会生产类型，因而具有历史的特征。因此，如果把资产阶级生产方式误认为是社会生产的永恒的自然形式，那就必然会忽略价值形式的特殊性从而忽略商品形式及其进一步发展——货币形式、资本形式等等的特殊性"②。经济学家们的目的可以从他们武断的口气中看出："只有两种制度，一种是人为的，一种是天然的。封建制度是人为的，资产阶级制度是天然的。"③

总之，商品拜物教使得生产劳动产品不再是目的，生产能够交换出去的商品成了目的。在这样的商品生产过程中，人不是目的，反而沦落为生产商品的工具，商品的工具由于具有能够交换的价值，摇身变成了生产的目的。生产目的与手段的倒置，致使物与物的关系掩盖了人与人的关系，并由此形成了某种"误认"，即将人的关系误认为物的关系。形成这一误认的结果是，商品这个人的制造物摆脱它的生产者的掌控，站在生产者的对立面，带着一种超人的神秘的力量，支配人、奴役人和统治人；人拜倒在自己产品的脚下，成了自己产品的奴仆。

商品拜物教是资本主义社会中人的本质异化的总特征，说明了人的基本生存状况，为了物的目的而丧失了人的尊严和价值，对毫无灵性的物的崇拜变成了人精神文化异化的症候。然而，商品崇拜不是崇拜的结束，只是拜物教的起点和初级形态，商品崇拜的背后真正拥有无穷魔法使人彻底倒置的是货币和资本。由于"商品形式是资产阶级生产的最一般的和最不发达的形式（所以它早就出现了，虽然不象今天这样是统治的、从而是典型的形式），因而，它的拜物教性质显得还比较容易看穿。但是在比

---

① 《马克思恩格斯全集》第 23 卷，人民出版社 1972 年版，第 92 页。

② 同上书，第 98 页。

③ 同上。

较具体的形式中,连这种简单性的外观也消失了。货币主义的幻觉是从哪里来的呢?是由于货币主义没有看出:金银作为货币代表的一种社会生产关系,不过采取了一种具有奇特的社会属性的自然物的形式。而蔑视货币主义的现代经济学,一当它考察资本,它的拜物教不是也很明显吗?"①

其二,对作为头足倒置世界核心的货币拜物教进行了批判。

商品拜物教展示的是头足倒置世界中一种最普遍而简单的经济关系,即人与商品之间的异化与倒置关系。接下来的问题是,商品拜物教崇拜商品的真正目的是什么?难道仅仅是因为它是商品而崇拜商品吗?显然,人们崇拜商品是因为通过交换商品,可以换来自己需要的货币,对货币的崇拜是商品崇拜的逻辑延展和深层次的拜物教形式,它显示了资本主义社会人的本质彻底倒置与异化的现实,一个更加抽象的物体——货币——成了资本主义颠倒世界的"上帝"。对货币拜物教的祛魅可以揭开资本主义经济的异常艳丽与诡异的面具。

马克思指出,货币崇拜是商品世界的灵魂。在商品世界中存在着一系列虚幻与倒置的景象:在生产阶段,商品的形式使价值似乎脱离了劳动的物质基础,成为商品的天然禀赋,商品被化约为一个个抽象的价值实体;在流通阶段,交换忽略了产品质的规定性(使用价值)而突出了商品量的规定性(交换价值),货币作为一种交换的媒介从商品中独立出来,成了连接各个不同生产者的纽带,所有商品都通过货币来进行交换。这种情况是如何出现的呢?

首先,一般等价物是经济活动需要的一个现实抽象过程。"任何时候,在计算,记账等等时,我们都把商品转化为价值符号,把商品当作单纯交换价值固定下来,而把商品的物质和商品的一切自然属性抽掉。在纸上,在头脑中,这种形态变化是通过纯粹的抽象进行的;但是,在实际的交换中,必须有一种实际的媒介,一种手段,来实现这种抽象。"② 一般地说,抽象的价值,"在对商品进行比较时,这种抽象就够了;而在实际交换中,这种抽象又必须物化,象征化,通过某个符合而实现"③。这个抽象的符号是价值的物化和象征物,它是存在于一切商品之间的第三者。

---

① 《马克思恩格斯全集》第 23 卷,人民出版社 1972 年版,第 99—100 页。
② 《马克思恩格斯全集》第 46 卷上,人民出版社 1979 年版,第 86 页。
③ 同上书,第 88 页。

"商品必须和一个第三物相交换，而这个第三物本身不再是一个特殊的商品，而是作为商品的商品的象征，是商品的交换价值本身的象征。"①

其次，能够有幸成为商品的象征的商品就是货币。"商品的交换价值，作为同商品本身并列的特殊存在，是货币，是一切商品借以互相等同、比较和计量的那种形式，是一切商品向之转化，又由以转化为一切商品的那种形式，是一般等价物。"② 货币作为一般等价物确立之后，货币的魔法便产生了。马克思说："当一般等价形式同一种特殊商品的自然形式结合在一起，即结晶为货币形式的时候，这种假象就完全形成了。一种商品成为货币，似乎不是因为其他商品都通过它来表现自己的价值，相反，似乎因为这种商品是货币，其他商品才都通过它来表现自己的价值。中介运动在它本身的结果中消失了，而且没有留下任何痕迹。商品没有出什么力就发现一个在它们之外、与它们并存的商品体是它们自身的现成的价值形态。这些物，即金和银，一从地底下出来，就是一切人类劳动的直接化身。货币的魔术就是由此而来的。人们在自己的社会生产过程中的单纯原子般的关系，从而，人们自己的生产关系的不受他们控制和不以他们有意识的个人活动为转移的物的形式，首先就是通过他们的劳动产品普遍采取商品形式这一点而表现出来。因此，货币拜物教的谜就是商品拜物教的谜，只不过变得明显了，耀眼了。"③ 货币拜物教是商品拜物教的延续和极端的表现形式，如果说商品拜物教仅仅是以物的形式遮蔽了人的关系，那么货币拜物教则使世界一切物的形式与人的关系都抽象化或物化为货币的形式，货币摒弃了一切物的差异性和一切人的差异性，而将所有关系通过唯一的存在形式——货币——表现出来。西美尔也说："金钱越来越成为所有价值的绝对充分的表现形式和等价物，它超越客观事物的多样性达到一个完全抽象的高度。"④

再次，这个高度抽象的一般等价物，由度量商品价值的尺度，摇身变成商品世界中传说的"哲人石"和"点金术"，它被赋予超越一切事物的神力和点化一切商品成为天使的魔力。"因为从货币身上看不出它是由什

---

① 《马克思恩格斯全集》第46卷上，人民出版社1979年版，第89页。
② 同上书，第86页。
③ 《马克思恩格斯全集》第44卷，人民出版社2001年版，第112—113页。
④ ［德］西美尔：《金钱、性别、现代生活风格》，学林出版社2000年版，第13页。

么东西转化成的，所以，一切东西，不论是不是商品，都可以转化成货币。一切东西都可以买卖。流通成了巨大的社会蒸馏器，一切东西抛到里面去，再出来时都成为货币的结晶。连圣徒的遗骨也不能抗拒这种炼金术，更不用说那些人间交易范围之外的不那么粗陋的圣物了。正如商品的一切质的差别在货币上消灭了一样，货币作为激进的平均主义者把一切差别都消灭了。"①

复次，货币象征物造成了目的与手段的颠倒。本来货币作为商品交换的一个符号与尺度，充当着实现商品交换的手段，现在这个手段越来越成为商品生产和交换的目的。在《政治经济学批判》一书中，马克思指出："货币内在的特点是，通过否定自己的目的同时来实现自己的目的；脱离商品而独立；由手段变成目的；通过使商品同交换价值分离来实现商品的交换价值；通过使交换分裂，来使交换易于进行；通过使直接商品交换的困难普遍化，来克服这种困难；按照生产者依赖于交换的同等程度，来使交换脱离生产者而独立。"② 最终的结果是："一切商品都是暂时的货币；货币是永久的商品……在货币上，物的价值同物的实体分离了。货币本来是一切价值的代表；在实践中情况却颠倒过来，一切实在的产品和劳动竟成为货币的代表。"③ 目的成了手段，手段成了目的，这就是货币拜物教的实质。

马克思批判地指出，货币作为一切商品的价值尺度的象征物，"这种象征，这种交换价值的物质符合，是交换本身的产物，而不是一种先验地形成的观念的实现。（事实上，被用作交换媒介的商品，只是逐渐地转化为货币，转化为一个象征；在发生了这样的情况后，这个商品本身就可能被它自己的象征所代替。现在它成了交换价值的被人承认的符合。）"④ 在马克思看来，货币只是代表一种社会象征，只是表现一种社会关系，它是一定历史阶段的产物。然而一旦货币这个象征物出现在商品经济世界的舞台上，原本为其他商品提供"通约性"手段的功能或作为一个符合的象征，却反而幻化为资本主义商品世界的灵魂。每一个商品在制造之前都被

---

① 《马克思恩格斯全集》第 44 卷，人民出版社 2001 年版，第 155 页。
② 《马克思恩格斯全集》第 46 卷上，人民出版社 1979 年版，第 96—97 页。
③ 同上书，第 94—95 页。
④ 同上书，第 89 页。

赋予了灵魂，一切商品为了货币而生，一切商品为了货币而死。货币成为商品生产的直接动力、内在精神和外在追求。按照张一兵先生的见解，货币拜物教是抽象成为统治的典型，对货币的崇拜掩盖了生产的目的，遮蔽了人的真实生存状态。

马克思指出，货币被崇拜为生活世界的上帝。货币是商品世界的灵魂，必然成为人们生活世界的上帝，在资本主义社会经济生活是一切社会生活的核心，在经济生活中没有挣得货币，其他生活就必然暗淡无色。马克思指出，货币，因为它具有购买一切东西的特性，具有占有一切对象的特性，所以，货币的普遍特性是它的本质的万能性，它被当成万能之物。

在《1844 年经济学哲学手稿》中，马克思借用莎士比亚的诗形象地揭示了货币万能的特性："金子！黄黄的、发光的、宝贵的金子！……你可以使黑的变成白的，丑的变成美的；错的变成对的，卑贱变成尊贵，老人变成少年，懦夫变成勇士……它可以使受诅咒的人得福，使害着灰白色的癫病的人为众人所敬爱；它美的变成丑的；可以使敌人相互拥抱。"① 货币的万能本性，说明货币资本主义生活世界成了上帝，拥有主宰世间一切事物的魔力，借助它人们可以随心所欲地购买自己需要的任何东西，借助它可以帮助人们实现任何敢于想象的梦想。借助这种神奇的魔力，人的力量也变得神奇："货币的力量多大，我的力量就多大。货币的特性就是我的——货币占有者的——特性和本质力量。因此，我是什么和我能够做什么，决不是由我的个人特征来决定的。我是丑的，但我能给我买到最美的女人。可见，我并不丑，因为丑的作用，丑的吓人的力量，被货币化为乌有了。"②

货币这个万能的上帝，不仅具有化丑为美、化美为丑的神力，而且，还是世间善恶、是非的评判者。"我是一个邪恶的、不诚实的、没有良心的、没有头脑的人，可是货币是受尊敬的，因此，它的占有者也受人尊敬。货币是最高的善，因此，它的占有者也是善的……我是没有头脑的，但是货币是万物的实际的头脑，货币占有者又怎么会没有头脑呢？"③ 在货币这里，公道与正义早有定论，货币就是公道，货币就是正义。谁拥有

---

① ［德］马克思：《1844 年经济学哲学手稿》，人民出版社 2001 年版，第 141—142 页。

② 同上书，第 143 页。

③ 同上。

它谁就拥有了正义，拥有了批判万物的权力。但是货币的评判只有一个标准，那就是看谁的货币多，除此之外，更无他途。

显然，货币把世间万物彻底地搞颠倒了，什么美丑、善恶，都丧失了自身的特性。"它把坚贞变成背叛，把爱变成恨，把恨变成爱，把德行变成恶行，把恶行变成德行，把奴隶变成了主人，把主人变成了奴隶，把愚蠢变成明智，把明智变成愚蠢。"① 货币这种颠倒黑白的神力非常大。"货币作为现存的和起作用的价值概念把一切事物都混淆了、替换了，所以它是一切事物的普遍的混淆和替换，从而是颠倒的世界，是一切自然的品质和人的品质的混淆和替换。" "货币能把任何特性和任何对象同其他任何即使与它相矛盾的特性和对象相交换，货币能使冰炭化为胶漆，能迫使仇敌互相亲吻。"② 所以说，货币是人尽可夫的娼妇，充当着需要和对象之间、人的生活和生活资料之间的牵线人，既是社会各种关系的黏合剂又是分离剂。

马克思认为，货币的神力，包含在它的本质中，包含在人异化的、外化的和外在化的类本质中。它是人类外化的能力。"凡是我作为人所不能做到的，也就是我个人的一切本质力量所不能做到的，我凭借货币都能做到。因此，货币把这些本质力量的每一种都变成它本来不是的那个东西，即变成它的对立物。"③ 所以，货币是人彻底异化的象征，是世界颠倒的根源。在现实与幻想的替换中，实现了对世界本质的头足倒置。它具有"能够把观念变成现实而把现实变成纯观念的普遍的手段和能力，它把人的和自然界的现实的本质力量变成纯抽象的观念，并因而变成不完善性和充满痛苦的幻象；另一方面，同样地把现实的不完善性和幻象，个人的实际上无力的、只在个人想象中存在的本质力量，变成现实的本质力量和能力。因此，仅仅按照这个规定，货币就已是个性的普遍颠倒：它把个性变成它们的对立物，赋予个性以与它们的特性相矛盾的特性"④。最终的结果正如马克思在《论犹太人问题》中所指出的："金钱贬低了人所崇奉的一切神，并把一切神都变成商品。金钱是一切事物的普遍的、独立自在的

① ［德］马克思：《1844年经济学哲学手稿》，人民出版社2001年版，第145页。
② 同上。
③ 同上书，第144页。
④ 同上书，第145页。

价值。因此它剥夺了整个世界——人的世界和自然界——固有的价值。金钱是人的劳动和人的存在的同人相异化的本质；这种异己的本质统治了人，而人则向它顶礼膜拜。"① 货币是神，是上帝，货币在商品世界中取得了至上的神的权柄和力量的象征。货币实现了主体化和神灵化，人对货币的顶礼膜拜达到了无以复加的地步。正如马克思所指出的："货币本身是商品，是可以成为任何人的私产的外界物。这样，社会权力就成为私人的私有权力。因此，古代社会咒骂货币是自己的经济秩序和道德秩序的瓦解者。还在幼年时期就抓着普路托的头发把他从地心里拖出来的现代社会，则颂扬金的圣杯是自己最根本的生活原则的光辉体现。"②

其三，对作为头足倒置世界的秘密资本拜物教进行批判。理性主义的经济正义论在精神形态颂扬的是货币上帝、金钱万能的教条。它把社会一切事物包括人的价值都化约为由货币来度量，把社会一切关系甚至是家庭关系都变成了赤裸裸的金钱关系。货币成了社会生活的基本原则和社会正义的批判标准。货币以自身的魔力制造出一个荒谬绝伦的头足倒置的世界。在货币上帝面前，人显得异常渺小，无法遏制的追求金钱的欲望成为人生的终极目标。人匍匐在金钱上帝面前做了最虔诚的信徒。社会正义被金钱占据，哪里还有公正的法庭可以伸张正义呢？金钱就是正义，正义就是金钱。还没有一个时代人类对货币如此痴迷。

崇拜货币只是反映了社会对货币的态度以及货币在社会中的地位，如果说货币使人普遍异化，制造了一个非人的、非正义的世界，那么最低限度的事实是社会的每一个人在货币面前都是平等的，我们仅仅看到货币对人的奴役，没有看到人对人的压迫。崇拜货币是社会中人的一般心理，资本家崇拜的不是一般货币而是货币背后的能够生出货币的资本，资本崇拜才是资本家货币崇拜的真实目的。随着从货币拜物教到资本拜物教的惊人一跳，资本家对工人的剥削与正义问题就露出水面。理性主义经济正义论普遍赞同的资本利润产生在流通领域的神话就不攻自破。所以，资本拜物教是资本主义社会独特经济文化的意识映像，它以一种神秘的资本形式遮蔽了资本主义生产方式所造成的资本家对工人奴役性剥削的非正义秘密。马克思剖析资本拜物教神话是对理性主义经济正义论所有谜团在最后时刻

---

① 《马克思恩格斯全集》第 3 卷，人民出版社 2002 年版，第 194 页。
② 《马克思恩格斯全集》第 44 卷，人民出版社 2001 年版，第 155—156 页。

的揭晓。

国民经济学把资本主义生产方式看作永恒的、合乎自然规律的经济形态，根本否认经济活动中的剥削与奴役，美化资本主义生产方式是正义的化身。马克思认为资本拜物教是比商品拜物教和货币拜物教对资本主义生产方式更厉害、更隐蔽的是非颠倒。拜物教这种神秘的性质，"把在生产中以财富的各种物质要素作为承担者的社会关系，变成这些物本身的属性（商品），并且更直截了当地把生产关系本身变成物（货币）。一切已经有商品生产和货币流通的社会形态，都不免有这种颠倒。但是，说到资本主义生产方式下和在资本这个资本主义生产方式的占统治的范畴、起决定作用的生产关系下，这种着了魔的颠倒的世界就会更厉害得多地发展起来"①。

在《资本论》一书中，马克思对国民经济学家称作"资本—利息，土地—地租，劳动—工资"的"三位一体的公式"进行了深刻的批判。马克思嘲讽地说：在这个三位一体的公式中，"资本、土地和劳动，分别表现为利息（代替利润）、地租和工资的源泉，而利息、地租和工资则是它们各自的产物，它们的果实。前者是根据，后者是归结；前者是原因，后者是结果；而且每一个源泉都把它的产物当作是从它分离出来的、生产出来的东西"②。马克思评价道，这个被庸俗经济学神化和作为出发点的公式，显然是三个不能通约、不能综合在一起的量。"如果资本被理解为一定的、独立地表现在货币上的价值额，那么，说一个价值是比它的所值更大的价值，显然是无稽之谈。正是在资本—利息这个形式上，一切媒介都已经消失，资本归结为它的最一般的、但因此也就无法从它本身得到说明的、荒谬的公式。"马克思指出，这正是庸俗经济学钟情这个公式的目的，在这个神秘的公式中，"利息则好象和工人的雇佣劳动无关，也和资本家自己的劳动无关，而是来自作为它本身的独立源泉的资本。如果说资本起初在流通的表面上表现为资本拜物教，表现为创造价值的价值，那末，现在它又在生息资本的形式上，取得了它最异化最特别的形式"③。马克思批判地指出：在"这个表示价值和一般财富的各个组成部分同财富的各个源泉的联系的经济三位一体中，资本主义生产方式的神秘化，社

① 《马克思恩格斯全集》第25卷，人民出版社1974年版，第934—935页。

② 同上书，第922页。

③ 同上书，第937页。

会关系的物化，物质生产关系和它的历史社会规定性直接融合在一起的现象已经完成：这是一个着了魔的、颠倒的、倒立着的世界。在这个世界里，资本先生和土地太太，作为社会的人物，同时又直接作为单纯的物，在兴妖作怪"①。

马克思认为在所有这些关系的颠倒中，最完善的"物神"就是生息资本，因为资本最初的一般公式（G—W—G'）"被缩减成了没有意义的简化式"（G—G'）。正是在这个 G—G' 中，资本主义所特有的"变体和拜物教彻底完成了"②。这样，"在生息资本上，这个自动的拜物教，即自行增殖的价值，会生出货币的货币，就纯粹地表现出来了"，并且看不到它真正产生根源的任何痕迹。人们看不到生息资本在整个资本主义生产总过程中的真实地位。所以，"这一切使资本变成一种非常神秘的存在"。③资本以其神秘性掩盖了社会关系中的荒谬性和奴役性，以其颠倒性证明了颠倒世界的合理性。马克思认为，三种拜物教观念是对资本主义生产关系物役性的真实关系的遮蔽，"在作为关系的资本中——即使撇开资本的流通过程来考察这种关系——实质上具有特征的是，这种关系被神秘化了，被歪曲了，在其中主客体是颠倒过来的，就象在货币上所表现出来的那样。由于这种被歪曲的关系，必然在生产过程中产生出相应的被歪曲的观念，颠倒了的意识"④。这种遮蔽与颠倒意识的强化恰恰是通过国民经济学家的努力来完成的，他们"对实际的生产当事人的日常观念进行训导式的、或多或少教条式的翻译，把这些观念安排在某种合理的秩序中。因此，它会在这个消灭了一个内部联系的三位一体中，为自己的浅薄的妄自尊大，找到自然的不容怀疑的基础，这也同样是自然的事情。同时，这个公式也是符合统治阶级的利益的，因为它宣布统治阶级的收入源泉具有自然的必然性和永恒的合理性，并把这个观点推崇为教条"⑤。经济拜物教不是纯粹的幻想或热昏的胡话，它是对资本主义的"现象形态"的一种"真实的"意识。正是借助市场经济和神秘的物化形式，资本主义生产方式这个神奇的魔术师让人们在市场的万千镜像里尽情体验与享受它的

---

① 《马克思恩格斯全集》第 25 卷，人民出版社 1974 年版，第 938 页。
② 《马克思恩格斯全集》第 26 卷第 3 册，人民出版社 1974 年版，第 548 页。
③ 《马克思恩格斯全集》第 26 卷第 1 册，人民出版社 1972 年版，第 422 页。
④ 《马克思恩格斯全集》第 48 卷，人民出版社 1985 年版，第 257—258 页。
⑤ 《马克思恩格斯全集》第 25 卷，人民出版社 1972 年版，第 939 页。

"魔术表演"——人权、自由、平等和正义，但对魔术真相与背后支撑魔术运行的那个统制逻辑，资本家心知肚明而大部分人却是一无所知。因此，在马克思看来，为了进一步揭露资本主义生产方式的拜物教意识形态，还必须深入资本主义生产方式的运行机制中去，在经济活动的诸种环节中揭露出理性主义的经济正义的欺骗性和非正义性。

第二，对资产阶级市民社会所希冀的人权理想的内在矛盾的揭露。

美国学者科斯塔斯·杜兹纳在《人权的终结》中论及马克思的人权观时指出："要理解马克思对人权问题所运用的具体入微的分析方法，我们必须从更宽阔的视野来审视马克思主义思想。最佳的切入点就是马克思早期论文《论犹太人问题》中对法国《人权宣言》的评述。紧随黑格尔，马克思认为革命摧毁了封建主义的大一统的社会地位，将其划分成国家、占主导地位的经济社会、公民社会等政治领域。结果，个人从古代政体的社会关系中解放出来，个人成为一个原子，把带有自私内容的人权与新出现的不甚明晰却又理想化的公民及公民权区分开来。马克思将人和公民或社会与国家之间的差别作为它的理论基础，他认为法国革命是一场资产阶级的政治革命，肯定要被其他的普遍的社会革命所取代。黑格尔在耶拿战争的那天精辟地指出，他看到马背上的拿破仑就像看到了世界精神的化身。然而马克思却不以为然，他认为法国革命看似轰轰烈烈，却没有完成它的历史使命。普遍性和特殊性、人和世界依旧相互对立着。从理论上讲，国家为了实现普遍的善，实际上它只提升了资产阶级的狭隘阶级利益及其在文明社会的统治地位。法国革命在政治上成功地解放了资本主义经济，现在有必要发动旨在解放全人类的社会革命。"[①] 科斯塔斯·杜兹纳对马克思的人权观的上述评价是中肯的。在《论犹太人问题》中，马克思窥见了政治国家与市民社会的分离所造成的后果，即人权与公民权之间的分离。由此，马克思展开了对近代西方人权及其内在矛盾的系统分析。

马克思问道："Droits de l'homme，人权，它本身不同于 droits du citoyen，公民权。与 citoyen［公民］不同的这个 homme［人］究竟是什么人呢？不是别人，就是市民社会的成员。为什么市民社会的成员称作'人'，只是称作'人'，为什么他的权利称作人权呢？"对于这个问题，

---

① ［美］科斯塔斯·杜兹纳：《人权的终结》，江苏人民出版社 2002 年版，第 169—170 页。

他指出："只有用政治国家对市民社会的关系，用政治解放的本质来解释。"① 在马克思看来，把人理解为市民社会的成员，这直接与政治解放及其所造成的人的二元化发展有关。马克思认为，政治解放的直接后果就是同人民相异化的国家制度即统治者的权力所依据的旧社会的解体以及市民社会的政治性质的消灭。他指出："政治革命是市民社会的革命。旧社会的性质是怎样呢？可以用一个词来表述。封建主义。旧的市民社会直接具有政治性质，就是说，市民生活的要素，例如，财产、家庭、劳动方式，已经以领主权、等级和同业公会的形式上升为国家生活的要素。它们以这种形式规定了单一的个体对国家整体的关系。"② 这意味着旧的市民社会并非独立于政治国家的领域，而是受到政治国家的直接支配的对象。人作为社会活动的承担者也因此在按抽屉般分类的等级政治结构中被固定在特定的位置上，并具有了普遍性质的假象，丧失其独立主体的意义。而"政治革命打倒了这种统治者的权力，把国家事务提升为人民事务，把政治国家组成为普遍事物，就是说，组成为现实的国家；这种革命必然要摧毁一切等级、同业公会、行帮和特权，因为这些是人民同自己的共同体相分离的众多表现。于是，政治革命消灭了市民社会的政治性质。它把市民社会分割为简单的组成部分：一方面是个体，另一方面是构成这些个体的生活内容和市民地位的物质要素和精神要素。它把似乎是被分散、分解、溶化在封建社会各个死巷里的政治精神激发出来，把政治精神从这种分散状态中汇集起来，把它从与市民生活相混合的状态中解放出来，并把它构成为共同体、人民的普遍事务的领域，在观念上不依赖于市民社会的上述特殊的要素。特定的生活活动和特定的生活地位降低到只具有个体意义。它们已经不再构成个体对国家整体的普遍关系。公共事务本身反而成了每个个体的普遍事务，政治职能成了他的普遍职能"③。质言之，在封建社会，人们无论是在物质上还是在精神上，都同国家具有直接的统一性，都受国家的直接统治；而在资产阶级社会，人们只是在政治精神上同国家具有直接的统一性，人们平等地参与国家政治事物，政治职能是人们的普遍职能，物质活动是个体的利己主义行为。因此，政治解放的直接结果就是

---

① 《马克思恩格斯全集》第 3 卷，人民出版社 2002 年版，第 182 页。

② 同上书，第 186 页。

③ 同上书，第 187 页。

市民社会和政治国家的分离。

　　市民社会和政治国家的分离,使人在本质上也发生了分离或二元化。在马克思看来,作为市民社会成员的人与作为政治国家的公民,其规定是有着根本性的不同的。作为市民社会成员的人是本来意义上的人,与 ci-toyen（公民）不同的 homme（人）,因为他是具有感性的、单个的、直接存在的人,而政治人只是抽象的、人为的人,寓意的人,法人。马克思还对作为市民社会成员的人的存在特质作了进一步的揭示,他指出:"封建社会已经瓦解,只剩下了自己的基础——人,但这是作为它的真正基础的人,即利己的人。因此,这种人,市民社会的成员,是政治国家的基础、前提。他就是国家通过人权予以承认的人。"①

　　总之,政治解放一方面把人归结为市民社会的成员,归结为利己的、独立的个体;另一方面把人归结为公民,归结为法人。基于此,马克思指出:"所谓的人权,不同于 droits du citoyen〔公民权〕的 droits de l'homme〔人权〕,无非是市民社会的成员的权利,就是说,无非是利己的人的权利、同其他人并同共同体分离开来的人的权利。"② 根据这种判断,马克思以法国 1793 年的宪法为例,对《人权和公民权宣言》中所规定的平等、自由、安全、财产等自然的和不可剥夺的权利的内容进行了具体分析,他看到了贯穿于这些权利的基本精神却是人与人之间的分立性和相互排斥性。第一,自由这一人权不是建立在人与人相结合的基础上,而是相反,建立在人与人相分割的基础上。这一权利就是这种分割的权利,是狭隘的、局限于自身的个人的权利。自由这一人权的实际应用就是私有财产这一人权。第二,私有财产这一人权是任意地、同他人无关地、不受社会影响地享用和处理自己财产的权利;这一权利是自私自利的权利。第三,平等,在这里就其非政治的意义上来说,无非是上述自由的平等,就是说,每个人都同样被看成那种独立自在的单子。第四,安全是为了保证维护每个成员的人身、权利和财产,因而,市民社会并没有借助安全这一概念而超出自己的利己主义。相反,安全是它的利己主义的保障。正是基于对自由、财产、平等和安全等人权的这种理解,马克思一针见血地指出:"任何一种所谓的人权都没有超出利己的人,没有超出作为市民社会成员

① 《马克思恩格斯全集》第 3 卷,人民出版社 2002 年版,第 187—188 页。
② 同上书,第 182—183 页。

的人，即没有超出作为退居于自身，退居于自己的私人利益和自己的私人任意，与共同体分割开来的个体的人。在这些权利中，人绝对不是类存在物……把他们连接起来的惟一纽带是自然的必然性，是需要和私人利益，是对他们的财产和他们的利己的人身的保护。"①

在马克思看来，近代西方人权观所主张的自由、平等、财产和安全等人权根据并不在于人的理性，而在于历史发展进程中政治国家和市民社会的分离，市民社会是政治国家的基础，而政治国家则要保障市民社会中人的自由、平等、财产和安全等人权，近代政治国家就这样沦落为保护利己主义的人的人权的工具。因此，这恰恰是近代西方人权观不合理的根源所在。因为政治国家和市民社会的分离使人的本质二重化，即在私人生活领域里是市民或自然人，在公共生活领域里是公民或抽象人，从而导致了人权所具有的具体的自私本性以及公民权所具有的抽象的国家本性的分裂。政治国家维护的是具有自私本性的利己主义的人权，它不是人类自由的普遍实现，它是个体生活与类生活的分裂。因此，要打破这种二重化，打破人的个体生活与类生活的分裂，就必须超越政治解放，实现人类解放，打破政治国家和市民社会的分离状态。而政治国家和市民社会的分离，正是市民社会自身的分裂所造成的，前者不过是后者的反映而已。因此，马克思在《论犹太人问题》之后的《黑格尔法哲学批判导言》中指出："人的自我异化的神圣形象被揭穿以后，揭露具有非神圣形象的自我异化，就成了为历史服务的哲学的迫切任务。"② 所谓的非神圣形象中的自我异化，就是指政治国家的异化，其根源则是市民社会的异化。因为市民社会奉行的原则就是"一切人反对一切人的战争"。这是资产阶级政治解放的限度的表现，也是资产阶级人权理想内在矛盾和冲突的根源。

马克思指出："政治解放的限度一开始就表现在：即使人还没有真正摆脱某种限制，国家也可以摆脱这种限制，即使人还不是自由人，国家也可以成为自由国家。"③ 在马克思的视野中，近代西方资产阶级所理解的人权的基本内容，没有超出以个人权利为基本价值取向的自由主义范畴，这种个人权利的实现是以财产为基础的。因此，当政治国家成为自由国家

---

① 《马克思恩格斯全集》第 3 卷，人民出版社 2002 年版，第 184—185 页。
② 同上书，第 200 页。
③ 同上书，第 170 页。

时，它只是成为有产者实现其自由的政治国家，这种自由国家自身包含着种种矛盾和冲突。于是，揭露这种矛盾和冲突就成为马克思考察人权的理论活动初期的一项重要内容。

一是，在马克思看来，资产阶级人权理想的矛盾和冲突首先表现在其体系中存在着"目的"与"手段"关系的本末倒置。马克思在揭示了资产阶级的人权观念的利己主义本质之后，紧接着提出了一个尖锐的问题："令人困惑不解的是，一个刚刚开始解放自己、扫除自己各种成员之间的一切障碍、建立政治共同体的民族，竟郑重宣布同他人以及同共同分割开来的利己的人是有权利的（1791 年《宣言》）。后来，当只有最英勇的献身精神才能拯救民族、因而迫切需要这种献身精神的时候，当牺牲市民社会的一切利益必将提上议事日程、利己主义必将作为一种罪行受到惩罚的时候，又再一次这样明白宣告（1793 年《人权宣言》）。尤其令人困惑不解的是这样一个事实：正如我们看到的，公民身份、政治共同体甚至都被那些谋求政治解放的人贬低为维护这些所谓人权的一种手段；因此，ci-toyen〔公民〕就被宣布为利己的 homme〔人〕的奴仆；人作为社会存在物所处的领域被降低到人作为单个存在物所处的领域之下；最后，不是身为 citoyen〔公民〕的人，而是身为 bourgeois〔市民社会的成员〕的人，被视为本来意义上的人，真正的人。"① 本来，近代西方资产阶级所进行的政治解放运动的重要成就就是通过摧毁封建等级制度和消灭政治特权，来消除人"抽屉般"分类的等级状况，使人在政治上处于平等的地位，并使政治国家成为公共事务的领域，成为真正的政治共同体。这在理论上说是政治解放的目的。但是，在资产阶级革命完成以后，资产阶级的"人权宣言"肯定和强调的却是利己者的权利，在实践中，政治国家保障的是利己者的人权。"就是说，政治生活……就宣布自己只是一种手段，而这种手段的目的是市民社会生活。"② 显然，这在逻辑上是与政治解放所形成的政治发展趋势相背离的。这完全是目的和手段本末倒置的一种表现。

马克思认为，政治共同体被贬低为市民社会生活的手段，公民被变成利己者的奴仆，说明"这个政治生活的革命实践同它的理论还处于极大

---

① 《马克思恩格斯全集》第 3 卷，人民出版社 2002 年版，第 185 页。
② 同上。

的矛盾之中"，"例如，一方面，安全被宣布为人权，一方面侵犯通信秘密已公然成为风气。一方面'不受限制的新闻出版自由'（1793 年宪法第122 条）作为人权的个人自由的结果而得到保证，一方面新闻出版自由又被完全取缔，因为'新闻出版自由危及公共自由，是不许可的'……所以，这就是说，自由这一人权一旦同政治生活发生冲突，就不再是权利，而在理论上，政治生活只是人权、个人权利的保证，因此，它一旦同自己的目的即同这些人权发生矛盾就必须被抛弃"。① 这表明，资产阶级的人权理想本身存在着逻辑上的矛盾，即人权与政治生活这两者谁是目的。它表明了资产阶级人权理想所固有的个人主义取向与公共社会生活的冲突。

　　二是，在马克思看来，资产阶级人权理想的矛盾和冲突的表现，还在于当它郑重宣布每个人都被赋予不可剥夺的平等人权时，在实践中这种平等的人权却很少被全体社会成员所平等拥有。例如，"当国家宣布出身、等级、文化程度、职业为非政治的差别，当它不考虑这些差别而宣告人民的每一成员都是人民主权的平等享有者，当它从国家的观点来观察人民现实生活的一切要素的时候，国家是以自己的方式废除了出身、等级、文化程度、职业的差别。尽管如此，国家还是让私有财产、文化程度、职业以它们固有的方式，即作为私有财产、作为文化程度、作为职业来发挥作用并表现出它们的特殊本质。国家根本没有废除这些实际差别，相反，只有在以这些差别为前提，它才存在，只有同自己的这些要素处于对立的状态，它才感到自己是政治国家，才会实现自己的普遍性"②。这就是说，国家在政治上废除了上述差别，并不意味着这些差别及其作用在实际上被消灭。相反，这些差别继续存在于国家范围以外，存在于市民社会之中，作为市民社会的特性而存在。于是，"在政治国家真正形成的地方，人不仅在思想中，在意识中，而且在现实中，在生活中，都过着双重的生活——天国的生活和尘世的生活"③。天国的生活是人的同自己物质生活相对立的类生活。在其中，人是社会存在物，人作为人民主权的平等的参加者，过着一种政治共同体的生活。尘世的生活是市民社会中的生活，在其中，人是作为私人进行活动的，把他人看作工具，把自己也降为工具，

----

① 《马克思恩格斯全集》第 3 卷，人民出版社 2002 年版，第 186 页。
② 同上书，第 172 页。
③ 同上。

并成为异己力量的玩物。

马克思把人的生活二重化为"天国的生活和尘世的生活",其意义是非常深刻的,他针对的是资产阶级的政治解放的局限性。在他看来,资产阶级的政治解放并没有在社会的政治生活和物质生活中同时实现其人人平等的权利主张。它只是使政治等级变成了社会等级,质言之,它只是使政治国家与市民社会发生了分离,从政治上取消了等级和差别的存在,但在社会上并没有取消等级和差别。他指出:"历史的发展使政治等级变成社会等级,以致正如基督徒在天国是平等的,而在尘世不平等一样,人民的单个成员在他们的政治世界的天国是平等的,而在社会的尘世存在中却不平等。"① 这说明,政治解放本身还是有限度的,它还不是彻底的人类解放。因此,政治解放只是给人们许诺了一张空头支票,上面赫然写着人人生而平等,但它却不能够随便兑付,因为平等的基础是金钱。

然而,人们却对政治解放充满了希冀与渴望,对待它就像对待天国的上帝一样。所以,马克思讽刺地说道:"政治国家对市民社会的关系,正像天国对尘世的关系一样,也是唯灵论。"② 也就是说,政治国家是脱离市民社会的一种抽象,政治生活本身就是空中的生活,是市民社会上空的领域。由此,马克思在《〈黑格尔法哲学批判〉导言》中指责资产阶级的政治解放是"乌托邦式的梦想",因为它是市民社会的一部分解放自己,取得普遍统治,就是一定的阶级从自己的特殊地位出发,例如既有钱又有文化知识,或者可以随意取得它们,从事社会的普遍解放。而这在实际上是不可能的。不言而喻,政治解放只能是符合处于资产阶级地位的人的解放。人权作为政治解放的集中要求,也只能是一种呼唤资本主义文明的历史的权利,而不是像其名称所宣示的那样,是适合于一切时代的一切人的权利。

第三,对资产阶级市民社会的人权原则蕴含的压迫性的批判。

在马克思的视野里,资产阶级政治解放所追求的人权是建立在资本主义私有制基础上的,由于资本对劳动的奴役和压迫,资产阶级人权以及以实现人权为目的的资产阶级民主制度表现出强烈的压迫性。因此,马克思、恩格斯对资产阶级的人权与民主制度进行激烈的抨击,揭露了资产阶

---

① 《马克思恩格斯全集》第 3 卷,人民出版社 2002 年版,第 100 页。

② 同上书,第 173 页。

级人权和民主本来的面孔。

在马克思看来，资产阶级人权的实质是：它名义上是所有人的自由和平等，但实际上它是建立在资本对劳动奴役和压迫基础上的少数人的自由和平等。马克思认为，就资产阶级思想家而言，他们全部的聪明才智不过是停留在最简单的经济关系上，用纯粹抽象的思维来论证自由和平等；而对于那些愚蠢的法国社会主义者，如蒲鲁东等人而言，他们就是要实现由法国革命所宣告的资产阶级社会的理想。他们认为，交换、交换价值在时间上或在概念上是自由和平等的制度，但是被货币、资本等歪曲了。对此，马克思指出："交换价值，或者更确切地说，货币制度，事实上是平等和自由的制度。而在这个制度更进一步的发展中对平等和自由起干扰作用的，是这个制度所固有的干扰，这正好是平等和自由的实现，这种平等和自由证明本身就是不平等和不自由。认为交换价值不会发展成为资本，或者说，生产交换价值的劳动不会发展成为雇佣劳动，这是一种虔诚而愚蠢的愿望。这些先生不同于资产阶级辩护论者的地方就是：一方面他们觉察到这种制度所包含的矛盾，另一方面抱有空想主义，不理解资产阶级社会的现实的形态和观念的形态之间必然存在的差别，因而愿意做那种徒劳无益的事情，希望重新实现观念的表现本身。"[1] 马克思的意思是，从纯粹的商品交换的经济形式中衍生出来的自由和平等只是表象，在资产阶级社会里，商品交换总是离不开雇佣劳动制度的，而在雇佣劳动制度内部，资本家和工人之间不可能存在真正的自由和平等，雇佣劳动制度实质上就是不自由和不平等。

在《1857—1858年经济学手稿》中，马克思把资本与劳动之间的交换活动区分为两个不仅在形式上而且在质上不同的甚至是对立的过程。"（1）工人拿自己的商品，劳动，即作为商品同其他一切商品一样也有价格的使用价值，同资本出让给他的一定数额的交换价值，即一定数额的货币相交换。（2）资本家换来劳动本身，这种劳动是创造价值的活动，是生产劳动；也就是说，资本家换来这样一种生产力，这种生产力使资本得以保存和倍增，从而变成了资本的生产力和再生产力，一种属于资本本身的力。这两个过程的分离是一目了然的，它们可以在时间上分开，完全不

---

① 《马克思恩格斯全集》第30卷，人民出版社1995年版，第204页。

必同时发生。"① 在资本和劳动的交换中第一个行为是交换，它完全属于普通的流通范畴，第二个行为是在质上与交换不同的过程，是直接同交换对立的，它本质上是另一种范畴。因为，用货币交换来的劳动力的使用价值表现为特殊的经济关系，用货币交换来的东西的一定用途构成两个过程的最终目的。

马克思对资本和劳动之间的两个交换过程的内在关系作了具体的分析，从而揭示了商品所有权规律所体现出来的"所有权、自由和平等的三位一体"向纵深发展的结果，即资本对劳动力所有权的支配，工人丧失了自己劳动力的所有权，从而也就丧失了自由和平等。他指出："为了把资本同雇佣劳动的关系表述为所有权的关系或规律，我们只需要把双方在价值增殖过程中的行为表述为占有的过程。例如，剩余劳动变为资本的剩余价值，这一点意味着：工人并不占有他自己的劳动产品，这个产品对他来说表现为他人的财产，反过来说，他人的劳动表现为资本的财产。资产阶级所有权的这第二条规律是第一条规律转变来的……第一条是劳动和所有权的同一性；第二条是劳动表现为被否定的所有权，或者说，所有权表现为对他人劳动的异己性的否定。"② 这样，工人对自己劳动的产品拥有所有权的规律变成了资本家对剩余价值无偿占有的规律。

所以，马克思指出，资本家和工人之间的交换关系，仅仅成为属于流通过程的一种表面现象。"劳动力的不断买卖是形式。其内容则是，资本家用他总是不付等价物而占有的别人的已经物化的劳动的一部分，来不断再换取更大量的别人的活劳动。最初，在我们看来，所有权似乎是以自己的劳动为基础的。至少我们应当承认这样的假定，因为互相对立的仅仅是权利平等的商品所有者，占有别人商品的手段只能是让渡自己的商品，而自己的商品又只能是由劳动创造的。现在，所有权对于资本家来说，表现为占有别人无酬劳动或产品的权利，而对于工人来说，则表现为不能占有自己的产品。所有权和劳动的分离，成了似乎是一个以它们的同一性为出发点的规律的必然结果。"③ 这就是马克思所揭露的货币和劳动力之间的自由和平等的买卖的真实后果，即所有权与劳动的分离。

---

① 《马克思恩格斯全集》第 30 卷，人民出版社 1995 年版，第 232 页。
② 同上书，第 463 页。
③ 《马克思恩格斯全集》第 23 卷，人民出版社 1972 年版，第 640 页。

　　这表明，资产阶级的人权只是形式上的，它最多只适用于经济关系中的交换领域，而一旦超出这一领域，进入生产领域，资产阶级人权的真实面目就显露了出来。

　　马克思说："必须承认，我们的工人在走出生产过程时同他进入生产过程时是不一样的。在市场上，他作为'劳动力'这种商品的所有者与其他商品的所有者相遇，即作为商品所有者与商品所有者相遇。他把自己的劳动力卖给资本家时所缔结的契约，可以说像白纸黑字一样表明了他可以自由支配自己，在成交之后却发现：他不是'自由的当事人'。他自由出卖自己劳动力的时间，是他被迫出卖劳动力的时间；实际上，他'只要还有一块肉、一根筋、一滴血可供榨取'，吸血鬼就决不罢休。"① 在这里，所谓的自由和平等的神话就破灭了，取而代之的是资本对雇佣劳动的压榨，体现在无产阶级身上的不自由和不平等得到了淋漓尽致的体现。所以，"现代国家承认人权同古代国家承认奴隶制是一个意思。就是说，正如古代国家的自然基础是奴隶制一样，现代国家的自然基础是市民社会以及市民社会中的人，即仅仅通过私人利益和无意识的自然的必要性这一纽带同别人发生关系的独立的人，即自己营业的奴隶，自己以及别人的私欲的奴隶。现代国家就是通过普遍人权承认了自己的这种自然基础。"②

　　在马克思看来，从人权的意义上讲，资本的特权是指资本对雇佣劳动的所创造的剩余价值的无偿占有的特殊人权。马克思指出，资本主义的生产过程既是劳动过程和价值形成过程的统一，又是劳动过程和价值增殖过程的统一。劳动过程是商品的使用价值的生产过程，同时也是劳动力这种特殊商品的使用价值耗费的过程，正是劳动力使用价值的耗费才创造出了商品的使用价值。而商品使用价值的创造过程，同时也是价值的形成过程，即价值自行增殖的过程。"价值自行增殖既包括预先存在的价值的保存，也包括这一价值的倍增。"③ 这里，"预先存在的价值的保存"指的是生产资料价值的转移和劳动力自身价值的创造过程；而"价值的倍增"指的是剩余价值的形成过程或价值增殖的过程。两者的结合就是价值形成的过程。由此可知，剩余价值的形成或价值的增殖过程，不外是超过一定

---

① 《马克思恩格斯全集》第 23 卷，人民出版社 1972 年版，第 334—335 页。
② 《马克思恩格斯全集》第 2 卷，人民出版社 1957 年版，第 145 页。
③ 《马克思恩格斯全集》第 30 卷，人民出版社 1995 年版，第 270 页。

时间延长了的价值形成过程。换言之，价值形成过程的生产过程延长到超过它以单纯等价物支付购买劳动力所付价值的瞬间，作为价值形成过程的生产过程，就成为价值增殖过程，或剩余价值的生产过程了。如果价值形成过程只持续到这样一个点，即资本所支付的劳动力价值恰好为新的等价物所补偿，那就是单纯的价值形成过程。如果价值形成过程超过这个点，那就成为价值增殖过程。这就是说，价值增殖或剩余价值的创造不是在流通中，而是在生产过程之中，是由工人在必要劳动时间之外，即在剩余劳动时间（绝对的或相对的）内所创造的。

资本主义生产过程是一个不断再生产的过程。从资本主义再生产过程来考察，它不仅生产商品，不仅生产剩余价值，而且还生产和再生产资本关系本身，再生产出剥削工人的条件，使资本家剥削雇佣工人永久化。马克思说："它不断迫使工人为了生活而出卖自己的劳动力，同时不断使资本家能够为了发财致富而购买劳动力。现在资本家和工人作为买者和卖者在商品市场上相对立，已经不再是偶然的事情了。过程本身必定把工人不断地当作自己劳动力的卖者投回商品市场，同时又把工人自己的产品不断地变成资本家的购买手段。实际上，工人在把自己出卖给资本家以前就已经属于资本了。工人经济上的隶属地位，是由他的卖身行为的周期更新、雇主的更换和劳动的市场价格的变动造成的，同时又被这些事实所掩盖。"①

这样，当资本家用货币（资本）自由地购买到了劳动力，从而把劳动力变成商品，把死的劳动和活的劳动结合在一起，实现了自行增殖时，资本变成为一个有灵性的怪物，它用"好像害了相思病"的劲头开始去"劳动"，去追逐剩余价值。唯有如此，资本主义生产才能不断持续下去。马克思说："工人丧失所有权，而对象化劳动拥有对活劳动的所有权，或者说资本占有他人劳动，——两者只是在对立的两极上表现了同一关系，——这是资产阶级生产方式的基本条件，而决不是同这种生产方式毫不相干的偶然现象。"② 也正是从这一认识出发，马克思、恩格斯指出，自由这一人权的运用就是私有财产这一人权。"特权、优先权符合于与等级相联系的私有制，而权利符合于竞争、自由私有制的状态……人权本身

① 《马克思恩格斯全集》第 23 卷，人民出版社 1972 年版，第 633—634 页。
② 《马克思恩格斯全集》第 31 卷，人民出版社 1998 年版，第 245 页。

就是特权，而私有制就是垄断。"①

然而，资本总是以温情脉脉的姿态来掩饰其特殊的人权，使人受其蒙蔽。马克思说："在雇佣劳动下，甚至剩余劳动或无酬劳动也表现为有酬劳动。在奴隶劳动下，所有权关系掩盖了奴隶为自己的劳动，而在雇佣劳动下，货币关系掩盖了雇佣工人的无偿劳动。因此可以懂得，为什么劳动力的价值和价格转化为工资形式，即转化为劳动本身的价值和价格，会具有决定性的重要意义。这种表现形式掩盖了现实关系，正好显示出它的反面。工人和资本家的一切法权观念，资本主义生产方式的一切神秘性，这一生产方式所产生的一切自由幻觉，庸俗经济学的一切辩护遁词，都是以这个表现形式为依据的。"②

资本不仅是特权，而且是一种社会权力。每个资本家都会按照他在社会总资本中占有的份额而分享这种社会权力，参与总体资本对全体工人阶级的剥削，并参与决定这个剥削的程度。这就是等量资本要求获得等量利润，平均地占有雇佣工人的剩余劳动。

总之，商品生产按自身内在的规律越是发展为资本主义生产，商品生产的所有权规律也就越是转变为资本主义的占有规律。所以，马克思揭露道："平等地剥削劳动力，是资本的首要人权"，"资本是天生的平等派，就是说，它要求在一切生产领域内剥削劳动的条件都是平等的，把这当作自己的天赋人权"。③ 马克思所揭示的商品所有权规律向剩余价值规律或资本占有规律转化过程，就是对资产阶级人权的认识由现象到本质的过程。它最终表明，资产阶级的自由和平等的人权只是停留在形式上，其实质则是不自由和不平等的。

在对资产阶级市民社会批判的基础上，马克思着眼于生产资料私人所有权对国家权力的决定性作用，对资产阶级市民社会民主制原则的虚伪性进行了批判。

马克思早期曾尖锐地批判了封建制度的普鲁士政府。他受黑格尔思想的影响，在理性的国家观指导下指出，封建制度的实质犹如动物界的王国，而人类又恰恰如同不同的动物一样被分门别类。在封建制国家里，人

① 《马克思恩格斯全集》第 3 卷，人民出版社 1960 年版，第 229 页。
② 《马克思恩格斯全集》第 23 卷，人民出版社 1972 年版，第 591 页。
③ 同上书，第 324、436 页。

被贴上等级标签,只在本阶级内享有平等的权利,如同动物界一样,天敌之间是没有公平可言的。在封建国家里,上层阶级通过榨取下层阶级的血汗来生活,这就如同不劳而获的雄蜂杀死工蜂——用劳动把它们折磨死。当权阶级将这些所谓理所应当的习惯变成法时,法就变成了人类社会的"森林法则",成为统治阶级的假面具。在关于莱茵省林木盗窃法的辩论中,马克思尖锐地指出:"国家权威变成林木所有者的奴仆。整个国家制度,各种行政机构……都沦为林木所有者的工具,使林木所有者的利益成为左右整个机构的灵魂。一切国家机关都应成为林木所有者的耳、目、手、足,为林木所有者的利益探听、窥视、估价、守护、逮捕和奔波。"①虽然这时马克思对国家与法以及人们的思想和行动对林木所有者的物质利益的依赖已经了然于心,但他仍然不肯放弃黑格尔的理性国家观思想,仍然强调"应该同整个国家理性和国家伦理联系起来来解决每一个涉及物质的课题"②。但是,马克思还是产生了"可恼的疑问",即"所谓的物质利益发表意见的难事",其实质就是政治国家与市民社会的关系问题。正是这一社会生活中的疑问,直接影响了马克思,使其动摇了对黑格尔理性国家观的信赖。为了解答这一疑问,马克思进行了多方面的研究,并着重研究了政治经济学,从而得到了清晰的答案。马克思在1859年《〈政治经济学批判〉序言》中总结性地论述道:"我所得到的、并且一经得到就用于指导我的研究工作的总的结果,可以简要地表述如下:人们在自己生活的社会生产中发生一定的、必然的、不以他们的意志为转移的关系,即同他们的物质生产力的一定发展阶段相适合的生产关系。这些生产关系的总和构成社会的经济结构,即有法律的和政治的上层建筑竖立其上并有一定的社会意识形式与之相适应的现实基础。物质生活的生产方式制约着整个社会生活、政治生活和精神生活的过程。不是人们的意识决定人们的存在,相反,是人们的社会存在决定人们的意识。"③由此可知,马克思对资产阶级国家管理所进行的激烈地批判立足于市民社会决定政治国家这一历史唯物主义的基本观点。

马克思指出,在资本主义国家里,资产阶级绝对占有生产资料,无产

---

① 《马克思恩格斯全集》第1卷,人民出版社1995年版,第267页。
② 同上书,第290页。
③ 《马克思恩格斯选集》第2卷,人民出版社1995年版,第32页。

者只能通过被雇佣来得到低微的报酬以实现其生存和繁衍后代的简单目的。资本家对无产阶级进行残酷的剥削和压迫，这两个阶级是对立的，国家机构也不会为其鸣不平，因为国家本身就是资产阶级建立的，它们的存在只不过是为维护其阶级的利益而已。马克思曾对这种压迫性的统治作过全面的阐述和分析。在《共产党宣言》中，马克思指出，现代的国家政权不过是管理整个资产阶级的共同事务的委员会。因为，既然自由和平等等人权在资产阶级社会是资本自由和平等地剥削工人的特权，那么，作为资产阶级自由和平等等人权实现机制的政治民主制就是资产阶级的民主，它体现的是少数人的意志以及对人权的种种限制，因而是伪善的。对此，恩格斯在 1843 年的《大陆上社会改革运动的进展》中作了这样的评价："法国大革命是民主制在欧洲的兴起。依我看来，民主制和其他任何政体一样，归根结底也是自相矛盾的，虚假的，无非是一种伪善（我们德国人称之为神学）。政治自由是假自由，最坏的奴隶制；是自由的假象，因而是实在的奴役制。政治平等也是这样。所以，民主制和任何其他一种政体一样，最终一定会破灭：伪善是不能持久的，其中隐藏的矛盾必定暴露出来；要么是真正的奴隶制，即赤裸裸的专制制度，要么是真正的自由和真正的平等，即共产主义。这二者都是法国大革命带来的结果；前者是拿破仑建立的，后者是巴贝夫建立的。"① 在 1846 年的《德国状况》中，恩格斯又一针见血地指出："资产阶级的力量全部取决于金钱，所以他们要取得政权就只有使金钱成为人在立法上的行为能力的唯一标准。他们一定得把历代的一切封建特权和政治垄断权合成一个金钱的大特权和大垄断权。资产阶级的政治统治之所以具有自由主义的外貌，原因就在于此。资产阶级消灭了国内各个现存等级之间一切旧的差别，取消了一切依靠专横而取得的特权和豁免权。他们不得不把选举原则当做统治的基础，也就是说在原则上承认平等；他们不得不解除君主制度下书报检查对报刊的束缚；他们为了摆脱在国内形成独立王国的特殊的法官阶层的束缚，不得不实行陪审制。就这一切而言，资产者真像是真正的民主主义者。但是资产阶级实行这一切改良，只是为了用金钱的特权代替已往的一切个人特权和世袭特权。这样，他们通过选举权和被选举权的财产资格的限制，使选举原则成为本阶级独有的财产。平等原则又由于被限制为仅仅在'法律上

---

① 《马克思恩格斯全集》第 3 卷，人民出版社 2002 年版，第 475—476 页。

的平等'而一笔勾销了，法律上的平等就是在富人和穷人不平等的前提下的平等，即限制在目前主要的不平等的范围内的平等，简括地说，就是简直把不平等叫做平等。这样，出版自由就仅仅是资产阶级的特权，因为出版需要钱，需要购买出版物的人，而购买出版物的人也得要有钱。陪审制也是资产阶级的特权，因为他们采取了适当的措施，只选'有身分的人'做陪审员。"①

马克思在《路易·波拿巴的雾月十八日》中就资产阶级自由民主制度对人权的种种限制作了揭露。他指出，人身、出版、言论、结社、集会、教育和信教等等的自由都穿上宪法制服而被宣布为法国公民的绝对权利，但是，宪法的每一节本身都包含有自己的对立面，包含有自己的上院和下院：在一般词句中标榜自由，在附带条件中废除自由。② 在 1851 年的《1848 年 11 月 4 日通过的法兰西共和国宪法》文章中，马克思同样指出："宪法一再重复着一个原则。对人民的权利和自由（例如，结社权、选举权、出版自由、教学自由等等）的调整和限制将由以后的组织法加以规定，——而这些'组织法'用取消自由的办法来'规定'被允诺的自由……这个虚伪的宪法中常常出现的矛盾十分明显地证明，资产阶级口头上标榜是民主阶级，而实际上并不想成为民主阶级，它承认原则的正确性，但是从来不在实践中实现这种原则，法国真正的'宪法'不应当在我们所叙述的文件中寻找，而应当在根据这个文件通过的我们已经向读者简要地介绍过的组织法中寻找。这个宪法里包含了原则，——细节留待将来再说，而在这些细节里重新恢复了无耻的暴政！"③

资产阶级的自由民主制度的虚伪性同资产阶级国家政权的压迫性是一致的。在《法兰西内战》中，马克思指出，国家政权"一直是一种维护秩序、即维护现存社会秩序从而也就是维护占有者阶级对生产者阶级的压迫和剥削的权力。但是，只要这种秩序还被人当作不容异议、无可争辩的必然现象，国家政权就能够摆出一副不偏不倚的样子。这个政权把群众现在所处的屈从地位作为不容变更的常规，作为群众默默忍受而他们的'天然尊长'则放心加以利用的社会事实维持下去。随着社会本身进入一

① 《马克思恩格斯全集》第 2 卷，人民出版社 1957 年版，第 647—648 页。
② 参见《马克思恩格斯选集》第 1 卷，人民出版社 1995 年版，第 597—598 页。
③ 《马克思恩格斯全集》第 7 卷，人民出版社 1959 年版，第 588—589 页。

个新阶段，即阶级斗争阶段，它的有组织的社会力量的性质，即国家政权的性质，也不能不跟着改变（也经历一次显著的改变），并且它作为阶级专制工具的性质，作为用暴力长久保持财富占有者对财富生产者的社会奴役、资本对劳动的经济统治的政治机器的性质也越来越发展起来。每一次新的人民革命总是使国家机器管理权从一些统治阶级手中转到另一些统治阶级手中，在每次这样的革命之后，国家政权的压迫性质就更充分地表现出来，并且更无情地被运用。"①

在马克思看来，资产阶级国家政权的压迫性体现在两个方面：一是它迫使劳动者不得不服从资本的统治与奴役；二是它是镇压劳动者的机器。每当被压迫人民敢于起来反对主子，捍卫自己的权利时，资产阶级制度的文明和正义就显示出自己的凶残面目，残酷地加以镇压，"把共和国的'自由，平等，博爱'这句格言代以毫不含糊的'步兵，骑兵，炮兵'！"②

资产阶级的自由民主制度的虚伪性还表现在资产阶级的自由民主制度是实现资产阶级政客自己特殊利益的工具。恩格斯在马克思《法兰西内战》1891 年单行本导言中指出："正是在美国，同在任何其他国家中相比，'政治家们'都构成国民中一个更为特殊的更加富有权势的部分。在这个国家里，轮流执政的两大政党中的每一个政党，又是由这样一些人操纵的，这些人把政治变成一种生意，拿联邦国会和各州议会的议席来投机牟利，或是以替本党鼓动为生，在本党胜利后取得职位作为报酬。大家知道，美国人在最近 30 年来千方百计地想要摆脱这种已难忍受的桎梏，可是却在这个腐败的泥沼中越陷越深。正是在美国，我们可以最清楚地看到，本来只应为社会充当工具的国家政权怎样脱离社会而独立化。那里没有王朝，没有贵族，除了监视印第安人的少数士兵之外没有常备军，不存在拥有固定职位或享有年金的官僚。然而我们在那里却看到两大帮政治投机家，他们轮流执掌政权，以最肮脏的手段用之于最肮脏的目的，而国民却无力对付这两大政客集团，这些人表面上是替国民服务，实际上却是对国民进行统治和掠夺。"③

---

① 《马克思恩格斯选集》第 3 卷，人民出版社 1995 年版，第 118—119 页。
② 《马克思恩格斯选集》第 1 卷，人民出版社 1995 年版，第 622 页。
③ 《马克思恩格斯选集》第 3 卷，人民出版社 1995 年版，第 12 页。

　　值得指出的是，长期以来，在人们的思想观念中，对于人权，马克思、恩格斯是持拒斥态度的。因为，无论是马克思、恩格斯对人权的批判，还是在社会主义制度确立以后的长期社会主义实践中对人权的避讳，都会给人们造成这样一种强烈的印象。

　　对于这个问题，科斯塔斯·杜兹纳在《人权的终结》中专门论及马克思的人权观时表明了自己的观点："马克思及其马克思主义对人权的批判和理论贡献已成为一种基本原则。可以理解，对许多人来说，马克思主义永远是与社会主义阵营及其意识形态联系在一起的。马克思主义被简单地认为是一种无情否定人权及其人权要求的思想。但是，如果我们进一步审视，我们就会在马克思和他后继者的宏观巨著中发现他的丰富内容。马克思的早期著作试图继承和发展黑格尔的辩证法，马克思'吸收了它的合理内核'，肯定了黑格尔的辩证法思想，舍弃了其理性是历史的化身的唯心主义。马克思主义后期政治著作中，尽管还是站在批判的立场上，马克思对政治权和经济权的潜在性表现了极大的兴趣。"[①] 科斯塔斯·杜兹纳是不赞成那种简单地认为马克思（包括恩格斯）否定人权的看法，一方面，他认为，资产阶级"权利属于抽象的普遍人，然而在实践中人权促进了资本主义中非常具体的人以及自私、贪婪的人的利益。从这个角度看，马克思的人权批判具有全面性和彻底性"；另一方面，马克思"通过否定人权的道德形式和唯心内涵，如抽象和孤立的人，无产阶级革命实现了人权的理想。在共产主义社会，这些内涵和形式的否定性会赋予基本权利以真正含义，能为一个新的社会的人带来现实的自由和平等。自由不再是一种否定和保护，不再是自我与他人的分界线，而会成为个人与他人联系在一起的积极力量。平等不再是与私人个体做抽象对比，而是在强大的社会里倾情参与。所有权不再是排他性权利，而是社会公共的财产权。现实的自由和平等关注社会中具体的个人，取消了各种各样的正义的和社会分配的形式之义，他们的旗帜上打着'各尽所能，按需分配'的原则。相反，法国大革命把财产权和宗教自由权看作是神圣不可侵犯的，因此，资本家剥削和压迫的前提条件在权利话语中被逆转过来了，资本主义的自由被视为虚伪的民主"[②]。

―――――――――

① ［美］科斯塔斯·杜兹纳：《人权的终结》，江苏人民出版社2002年版，第169页。
② 同上书，第170、173页。

　　科斯塔斯·杜兹纳的观点是中肯的。是的，对于曾受法国革命和政治理性主义影响至深的马克思、恩格斯来说，当他们从书斋走出来观察现实的时候，他们发现，启蒙思想家所描绘的人权理想王国并不能够掩盖野蛮的社会秩序，形式的平等加剧了现实的不平等，自由权利也只是相互都把对方看作是自己目的的威胁和阻碍，而生产资料的私人占有在使得资本家具有独立性和个性的同时，却使劳动者失去了独立性和个性。所以，资产阶级的政治解放还是不彻底的，它需要被人类解放所超越。因此，如果说马克思、恩格斯拒斥和否定人权的话，它拒斥和否定的只是资产阶级人权，是从对资产阶级人权超越的人类解放的意义上来否定的。

　　在《德意志意识形态》中，马克思、恩格斯曾明确地表明他们反对资产阶级人权的观点以及反对的缘由："至于谈到权利，我们和其他许多人都曾强调指出了共产主义对政治权利、私人权利以及权利的最一般的形式即人权所采取的反对立场。请看一下'德法年鉴'，那里指出特权、优先权符合于与等级相联系的私有制，而权利符合于竞争、自由私有制的状态；指出人权本身就是特权，而私有制就是垄断。"① 当然，从历史的角度看，马克思、恩格斯对资产阶级人权在反对宗教神学、封建等级特权以及促进资本主义政治、经济发展方面所起的巨大进步作用给予了高度的评价。

　　所以说，对于资产阶级人权，马克思、恩格斯采取的是辩证的态度。一方面，他们深刻地认识到，无产阶级争取自身以及人类解放的运动不能受到资产阶级所谓的自由、平等和人权等口号的迷惑，并把这些口号作为奋斗的目标，必须废除资本主义私有制，才能实现人们在自由基础上的平等，从而使人类获得真正的解放。在《神圣家族》中，马克思、恩格斯明确反对鲍威尔把"国家和人类、人权和人本身、政治解放和人类解放混为一谈"的做法。② 恩格斯在 1875 年《给奥·倍倍尔的信》中针对拉萨尔派有这样一段话："用'消除一切社会的和政治的不平等'来代替'消灭一切阶级差别'，这也很成问题。在国和国、省和省、甚至地方和地方之间总会有生活条件方面的某种不平等存在，这种不平等可以减少到最低程度，但是永远不可能消除。阿尔卑斯山的居民和平原上的居民的生

---

　　① 《马克思恩格斯全集》第 3 卷，人民出版社 1960 年版，第 228—229 页。
　　② 参见《马克思恩格斯全集》第 2 卷，人民出版社 1957 年版，第 111 页。

活条件总是不同的。把社会主义看作平等的王国，这是以'自由、平等、博爱'这一旧口号为根据的片面的法国人的看法，这种看法作为当时当地一定的发展阶段的东西曾经是正确的，但是，像以前的各个社会主义学派的一切片面性一样，它现在也应当被克服，因为它只能引起思想混乱，而且因为已经有了阐述这一问题的更精确的方法。"①

另外，马克思在 1864 年 10 月起草的国际工人协会临时章程中有这样一段话："他们认为，一个人有责任不仅为自己本人，而且为每一个履行自己义务的人要求人权和公民权。没有无义务的权利，也没有无权利的义务。"② 在准备 1871 年版的《国际工人协会共同章程》中，马克思把"没有无义务的权利，也没有无权利的义务"前的一句话，即"他们认为，一个人有责任不仅为自己本人，而且为每一个履行自己义务的人要求人权和公民权"这句话删去了，并在章程的附录里作了说明（见《马克思恩格斯全集》第 17 卷，第 488 页）。③ 在此之前，马克思在 1864 年 11 月 4 日致恩格斯的信中，就国际工人协会临时章程中所用的一些"字眼"这样写道："不过我必须在《章程》（协会临时章程）引言中采纳'义务'和'权利'这两个词，以及'真理、道德和正义'等词，但是，这些字眼已经妥为安排，使它们不可能为害。"马克思还指出："要把我们的观点用目前水平的工人运动所能接受的形式表达出来，那是很困难的事情……这就必须内容上坚决，形式上温和。"④ 从中可以看出，马克思反对利用资产阶级人权观中的口号来表达无产阶级的主张。

另一方面，如同资产阶级在反对封建专制制度过程中为争取人民群众的支持而不得不为广大人民要求与自己同样的人权那样，无产阶级在实现其自身以及人类解放的目标的过程中，可以而且必须利用资产阶级人权为自身的政治和经济利益服务。对此，恩格斯在 1865 年《普鲁士军事问题和德国工人政党》中有过专门的阐述："如果不同时把武装交给无产阶级，资产阶级就不能争得自己的政治统治，不能使这种政治统治在宪法和法律中表现出来。针对着按出身区分的各种旧的等级，它应当在自己的旗

---

① 《马克思恩格斯选集》第 3 卷，人民出版社 1995 年版，第 325 页。

② 《马克思恩格斯全集》第 16 卷，人民出版社 1964 年版，第 16 页。

③ 参见《马克思恩格斯选集》第 2 卷，人民出版社 1995 年版，"注释"第 170 条，第 673 页。

④ 《马克思恩格斯全集》第 31 卷，人民出版社 1972 年版，第 17 页。

帜上写上人权；针对着行会制度写上贸易和工业自由；针对着官僚制度的监督写上自由和自治。如果坚决彻底，资产阶级就应当要求直接的普选权、出版、结社和集会自由，废除反对居民中各个阶级的一切特别法令。然而这也就是无产阶级应当向资产阶级要求的一切。它不能要求资产阶级不再成为资产阶级，但是它毫无疑问能够要求资产阶级彻底实行自己的原则。与此同时，无产阶级也就得到为取得彻底胜利所必需的武器。它借助出版自由、集会和结社权可以为自己争得普选权，而借助直接的普选权并与上面所说的鼓动手段相结合，就可以争得其余的一切。"① 这就是说，尽管出版、结社和集会自由、普选权、地方自治等这一切是资产阶级性质的，但是工人没有它们就永远不能为自己争得解放，也没有工人运动。所以，恩格斯一再强调："即使在最严重的情况下，当资产阶级由于害怕工人而躲到反动派的背后，并且为了防御工人而求救于它的敌对分子的时候，——即使在那样的情况下，工人政党也只有继续进行资产阶级背弃了的、违反资产阶级心愿的争取资产阶级自由、出版自由、集会和结社权的鼓动。没有这些自由，工人政党自己就不能获得运动的自由；争取这些自由，同时也就是争取自己本身存在的条件，争取自己呼吸所需的空气。"②

实际上，早在《德意志意识形态》中，针对施蒂纳的"公民权对无产者来说是无所谓的"观点，马克思、恩格斯就指出："公民权即积极的公民权对于工人是如此的重要，凡是在工人享有公民权的地方，如在美国，他们都从中'取得利益'，而凡是在工人没有公民权的地方，他们都力求取得公民权。"③ 马克思、恩格斯直到晚年，仍然坚持无产阶级要善于利用普选权的主张，恩格斯在 1871 年 9 月 21 日第一国际伦敦代表会议上所作的"关于工人阶级的政治行动"发言中，针对有人主张不干预政治的观点，指出无产阶级的政治统治是达到消灭阶级这个目的的手段，为此，为了革命，就需要有工人阶级的独立的政治行动。因此，"政治自由、集会结社的权利和新闻出版自由，就是我们的武器；如果有人想从我们手里夺走这些武器，难道我们能够置之不理和放弃政治吗？有人说，进行任何政治行动都意味着承认现状。但是，既然这种现状为我们提供了反

---

① 《马克思恩格斯全集》第 16 卷，人民出版社 1964 年版，第 85 页。
② 同上书，第 86—87 页。
③ 《马克思恩格斯全集》第 3 卷，人民出版社 1960 年版，第 237—238 页。

对它的手段，那么利用这些手段就不是承认现状。"① 在1880年《法国工人党纲领宣言》中，马克思也指出，生产者只有在占有生产资料之后才能获得自由，这种集体占有制只有通过组织成为独立政党的生产者阶级——无产阶级的革命活动才能实现，要建立上述组织，就必须使用无产阶级所拥有的一切手段，包括借助于由向来是欺骗的工具变为解放工具的普选权。恩格斯在其逝世的那年撰写的《〈法兰西阶级斗争〉导言》中，指出利用普选权可以成为我们最好的宣传手段。它给了我们最好的手段到民众还远离我们的地方去接触人民群众，它在帝国国会中给我们的代表提供了讲坛。在资产阶级借以组织其统治的国家机构中，也有许多东西是工人阶级可能利用来对这些机构本身作斗争的。

当然，在马克思和恩格斯看来，无产阶级应当利用资产阶级的人权和民主来进行无产阶级革命斗争，把它们由资产阶级欺骗的工具变成无产阶级解放的工具，但是，它们只是无产阶级斗争的手段，不能忘记其资产阶级性质，更不能让"不可剥夺的人权"以及"普遍的、平等的、直接的选举权"等词句模糊了无产阶级的奋斗目标。恩格斯在1884年3月致伯恩斯坦的信中曾谈到了这一点，他说："无产阶级为了夺取政权也需要民主的形式，然而对于无产阶级来说，这种形式和一切政治形式一样，只是一种手段。"②

三　实现自由联合劳动基础上的个体与共同体的有机统一

正是由于看清了资产阶级政治解放的内在缺陷，在《论犹太人问题》中，马克思提出政治解放还不是彻底的、普遍的人的解放，要实现彻底的、普遍的人的解放，就必须超越政治解放，实现人类解放。人类解放是马克思终其一生所追求的社会理想，这一理想的确立既是基于马克思对人类命运的深切同情与关怀，也是马克思立足于"人类社会或社会化的人类"这一新唯物主义世界观来观察人类社会的发展所得出的基本结论。

当近代启蒙思想家以先验理性主义的世界观和个人主义的方法论来设

---

① 《马克思恩格斯选集》第3卷，人民出版社1995年版，第124页。
② 《马克思恩格斯选集》第4卷，人民出版社1995年版，第662页。

定社会时，在《关于费尔巴哈的提纲》中，马克思就以"立足点是人类社会或社会化的人类"的新唯物主义世界观来观察社会，并把它和立足点是市民社会的旧唯物主义作了区分。市民社会和人类社会的差别，是对人与社会的理解的感性直观与感性实践的差别。马克思关于"人类社会化"概念的用法，在西方思想史上是相当独特的。它既蕴含着马克思对人类社会存在的前提、社会的本质、发展的实质与内在机制和基本趋势的独特理解，又包含着认识社会的一种历史主义的方法。所有这一切，显示出马克思与近代启蒙运动的决裂。

首先，与近代启蒙运动从抽象的理性及其与此相联系的抽象的人出发去说明人类社会的前提不同的是，在马克思、恩格斯看来，他们的理论的前提，也即人类社会存在的前提，是现实的人及其现实的活动。"我们不是从人们所说的、所设想的、所想象的东西出发，也不是从口头说的、思考出来的、设想出来的、想象出来的人出发，去理解有血有肉的人。我们的出发点是从事实际活动的人，而且从他们的现实生活过程中还可以描绘出这一生活过程在意识形态上的反射和反响的发展。"① 即是说，马克思、恩格斯所理解的人，不是像启蒙学者所理解的人那样，处在某种虚幻的离群索居和固定不变状态中的人，而是处在现实的、可以通过经验观察到的、在一定条件下进行的发展过程中的人。他们认为，可以根据理性或随便别的什么来区别人和动物。但是，一当人们开始生产自己的生活资料的时候，这一步是由他们的肉体组织所决定的，人本身就开始把自己和动物区别开来。与此相关，马克思、恩格斯所理解的人类历史，就不再像启蒙学者所理解的所认为的那样，是一些僵死的事实的汇集，或者是想象的主体的想象活动。他们把现实的个人及其现实的物质活动看作全部人类历史的第一个前提。因此，任何历史观的第一件事情就是必须注意上述基本事实的全部意义和全部范围，并给予应有的重视。

这样，马克思有理由认为，被斯密和李嘉图当作出发点的单个的孤立的猎人和渔夫，属于18世纪的缺乏想象力的虚构，而卢梭的通过契约来建立天生独立的主体之间关系和联系的社会契约，统统都是假象，只是大大小小的鲁宾逊一类故事所造成的美学上的假象。这些理论上的"虚构"倒是对于16世纪以来就进行准备，而在18世纪大踏步走向成熟的"市民

---

① 《马克思恩格斯选集》第1卷，人民出版社1995年版，第73页。

社会"的预感。这种 18 世纪的个人，一方面是封建社会形式解体的产物，另一方面是 16 世纪以来新兴生产力的产物。他们需要的是摆脱自然联系而进行自由、平等的竞争。在 18 世纪的预言家看来，这种个人是一种理想，这种个人不是历史的结果，而是历史的起点。因为，按照他们关于人类天性的看法，合乎自然的个人并不是从历史中产生的，而是由自然造成的。①

其次，与近代启蒙运动从抽象的人性出发去说明人类社会本质不同的是，在马克思、恩格斯看来，就本质而言，社会不是理性的抽象物，也不是个人的集合体，社会是人们在生产的基础上发生交互作用的产物。在《雇佣劳动与资本》中，马克思指出："人们在生产中不仅仅影响着自然界，而且也相互影响。他们只有以一定的方式共同活动和相互交换其活动，才能进行生产。为了进行生产，人们相互之间便发生一定的联系和关系；只有在这些社会联系和社会关系的范围内，才会有他们对自然界的影响，才会有生产。"而"各个人借以进行生产的社会关系，即社会生产关系，是随着物质生产资料、生产力的变化和发展而变化和改变的。而生产关系总和起来就构成所谓社会关系，构成所谓社会，并且是构成一个处于一定历史发展阶段上的社会，具有独特的特征的社会。古代社会、封建社会和资产阶级社会都是这样的生产关系的总和，而其中每一个生产关系的总和同时又标志着人类历史发展中的一个特殊阶段。"② 因此，社会不是由个人构成的，而是表示这些个人彼此发生的那些关系和关系的总和。

马克思认为，生产者相互发生的这些社会关系，他们借以互相交换其活动和参与全部生产活动的条件，依照生产资料的性质而有所不同。所以，在阶级社会中，一切人只是经济范畴的人格化，是一定的阶级关系和利益的承担者。不管个人在主观上怎样超脱各种关系，他在社会意义上总是这些社会关系的产物。在资产阶级社会里，资本也是一种社会生产关系，它是资本家和雇佣工人之间的生产关系，离开了其中任何一方，另一方就会不存在。"黑人就是黑人。只有在一定的关系下，他才成为奴隶。纺纱机是纺棉花的机器。只有在一定的关系下，它才成为资本。脱离了这种关系，它也就不是资本了，就像黄金本身不是货币，砂糖并不是砂糖的

---

① 《马克思恩格斯选集》第 2 卷，人民出版社 1995 年版，第 1—2 页。
② 《马克思恩格斯选集》第 1 卷，人民出版社 1995 年版，第 344—345 页。

价格一样。"① 既然社会是一定人们之间的关系总和，人是一定关系中的人，那么，启蒙学者为何只看到了孤立的个人，把社会称作个人的集合体呢？在《〈政治经济学批判〉导言》中，马克思揭示了其中的缘由："我们越往前追溯历史，个人，从而也是进行生产的个人，就越表现为不独立，从属于一个更大的整体；最初还是十分自然地在家庭和扩大成为氏族的家庭中；后来是在由氏族间的冲突和融合而产生的各种形式的公社中。只有到18世纪，在'市民社会'中，社会联系的各种形式，对个人说来，才表现为只是达到他私人目的手段，才表现为外在的必然性。但是，产生这种孤立的个人的观点的时代，正是具有迄今为止最发达的社会关系（从这种观点来看是一般关系）的时代。"② 这就是说，在18世纪，随着资本主义生产方式出现，那种反映着其特征的个人主义的思维方法随之形成。在《哲学的贫困》中，马克思进一步说明了这一点，他指出，每个原理都有其出现的世纪，权威原理出现在11世纪，个人主义原理出现在18世纪。"为什么该原理出现在11世纪或者18世纪，而不出现在其他某一世纪，我们就必然要仔细研究一下：11世纪的人们是怎样的，18世纪的人们是怎样的，他们各自的需要、他们的生产力、生产方式以及生产中使用的原料是怎样的；最后，由这一切生存条件所产生的人与人之间的关系是怎样的。"③

再次，与近代启蒙运动把人类社会发展的动力归结为人的理性所发现的自然法则不同的是，马克思把人类社会发展的实质理解为自然历史的过程，这种自然历史的过程运行的内在机制就是生产力和人们的交往形式，即生产关系之间的矛盾。他们指出："已成为桎梏的旧交往形式被适应于比较发达的生产力，因而也适应于进步的个人自主活动方式的新交往形式所代替；新的交往形式又会成为桎梏，然后又为别的交往形式所代替。由于这些条件在历史发展的每一阶段都是与同一时期的生产力的发展相适应的，所以它们的历史同时也是发展着的、由每一个新的一代承受下来的生产力的历史，从而也是个人本身力量发展的历史。"④ 这就是说，生产力

① 《马克思恩格斯选集》第1卷，人民出版社1995年版，第344页。
② 《马克思恩格斯选集》第2卷，人民出版社1995年版，第2页。
③ 《马克思恩格斯选集》第1卷，人民出版社1995年版，第146页。
④ 同上书，第124页。

与交往形式的关系就是交往形式与个人的行动或活动的关系，这种关系构成了人的生存条件。而生产力和人们的交往形式之间的矛盾运动在整个历史发展过程中构成一个有联系的交往形式的序列，交往形式的联系体现出了个人及人类社会发展的内在规律。因此，近代人权观所说的自由和平等等人的自主性活动的条件也只是新的交往形式，即资本主义生产方式所派生的，是生产力发展到一定阶段的必然产物，它绝不是人的某种天性的东西。所以，当近代启蒙学者以无人身的理性所发现的自由、平等等自然法则来说明社会变革时，马克思反对这种本末倒置的做法，即一开始就撇开现实条件，把整个历史变成意识的发展过程的哲学。

再其次，与近代启蒙运动把人类社会发展终结在资本主义社会不同的是，马克思基于生产力和交往形式之间的矛盾运动，认识到人类社会发展的基本趋势是实现共产主义。在《哲学的贫困》中，马克思指出：启蒙经济学家认为"只有两种制度：一种是人为的，一种是天然的。封建制度是人为的，资产阶级制度是天然的。在这方面，经济学家很像那些把宗教也分为两类的神学家。一切异教都是人们臆造的，而他们自己的宗教则是神的启示。经济学家所以说现存的关系（资产阶级生产关系）是天然的，是想以此说明，这些关系正是使生产财富和发展生产力得以按照自然规律进行的那些关系。因此，这些关系是不受时间影响的自然规律。这是应当永远支配社会的永恒规律。于是，以前是有历史的，现在再也没有历史了。以前所以有历史，是由于有过封建制度，由于在这些封建制度中有一种和经济学家称为自然的、因而是永恒的资产阶级社会生产关系完全不同的生产关系"①。与此相反，马克思认为，资本主义制度所固有的生产力与生产关系之间的矛盾决定了资本主义不是永恒的，而是暂时的，它必然要被共产主义所替代。因为，共产主义作为一种消灭现存状况的现实的运动，它要推翻一切旧的生产关系和交往关系的基础。"共产主义是私有财产即人的自我异化的积极的扬弃，因而是通过人并且为了人而对人的本质的真正占有；因此，它是人向自身、向社会的（即合乎人性的）人的复归，这种复归是完全的，自觉的在以往发展的全部财富的范围内生成的。……它是人和自然界之间、人和人之间的矛盾的真正解决，是存在和本质、对象化和自我确证、自由和必然、个体和类之间的斗争的真正解

①　《马克思恩格斯选集》第 1 卷，人民出版社 1995 年版，第 151 页。

决。它是历史之谜的解答，而且知道自己就是这种解答。"① 这是对他在
《论犹太人问题》中针对资产阶级革命造成的政治国家和市民社会的分裂
所产生的后果，即人与人、人与社会的分裂和对抗而提出的人的最终解放
的思想的重申，即"只有当现实的个人把抽象的公民复归于自身，并且
作为个人，在自己的经验生活、自己的个体劳动、自己的个体关系中间，
成为类存在物的时候，只有当人认识到自身'固有的力量'是社会力量，
并把这种力量组织起来因而不再把社会力量以政治力量的形式同自身分离
的时候，只有到了那个时候，人类解放才能完成"②。

　　由此可知，马克思在《关于费尔巴哈的提纲》中所讲的"人类社会
或社会化的人类"，实际上指的是把人类的既往历史考虑在内的、以人的
解放为旨归的可能的理想生活。波兰学者科拉科夫斯基在评论《关于费
尔巴哈的提纲》第十条时指出："这一条对应着马克思以前的主张，市民
社会必须与政治的社会相一致，这样二者都不会以原来旧的形式存在：市
民社会不再是相互冲突的利己主义的整体，政治社会也不再是抽象的、不
真实的共同体；人自身作为真实的共同体将吸收人的类本质并实现他作为
社会的人的个性。"③ 这里所说的马克思以前的主张，正是指上面所引用
的马克思的观点。

　　人类解放是马克思关于人类终极关怀的理想所在。在《论犹太人问
题》中，马克思围绕着这一"终极关怀"，提出了需要研究的三大课题：
（1）谁应当是解放者？（2）谁应当得到解放？（3）解放指的是哪一类解
放？人们所要求的解放的本质要有哪些条件？④ 在《〈黑格尔法哲学批判〉
导言》中，马克思就上述三大课题作了回答。首先，他提出了一个绝对
命令：必须推翻那些使人成为被侮辱、被奴役、被遗弃和被蔑视的东西的
一切关系。其次，他把解放的承载者寄托于被戴上彻底的锁链的无产阶
级。最后，把无产阶级的原则——否定私有财产——提升为社会的原则。
简而言之，它集中体现为两个最为基本的方面：一是对不平等和奴役状态
的反抗；二是对一种真正能够实现个人自由、实现个人与共同体内在统一

① 《马克思恩格斯全集》第3卷，人民出版社2002年版，第297页。
② 同上书，第189页。
③ 转引自李龚君《马克思的感性活动存在论》，天津人民出版社2005年版，第172页。
④ 参见《马克思恩格斯全集》第3卷，人民出版社2002年版，第167页。

的社会政治制度的追求。对于人类解放的旨趣和向度，马克思自己曾有过明确的表述："社会从私有财产等等的解放出来、从奴役制的解放出来，是通过工人解放这种政治形式来表现的，别以为这里涉及的仅仅是工人的解放，因为工人的解放还包含普遍的人的解放。"① 在马克思、恩格斯看来，只有通过消灭市民社会与雇佣劳动，建立共产主义制度，才能够最终扬弃资产阶级人权的历史局限性，实现人类解放。

第一，人类解放的实质就是对资产阶级人权原则的扬弃。

我们知道，对于政治解放，马克思在《论犹太人问题》中以足够的热情加以肯定。但是，政治解放在解除政治桎梏的同时也粉碎了束缚着市民社会利己主义精神的枷锁。等级社会瓦解了，只剩下了自己的基础——利己主义的人，对这种利己主义的人的自由的认可，无非是认可这种人的生活内容的精神要素和物质要素的不可遏制的运动。这样，其结果是，人并没有从财产中解放出来，反而得到了财产自由，人并没有从行业的利己主义中解放出来，反而获得了行业自由。所以，就政治解放的本质而言，马克思认为，政治解放一方面把人归结为市民社会的成员，归结为利己的、独立的个体，另一方面把人归结为公民，归结为法人。这样就造成了"个体感性存在和类存在的矛盾"，而这一矛盾的现实表现就是市民社会与政治国家之间的矛盾，正是由于这一矛盾的存在，导致人与人之间的分离和疏远，而不是联合。换言之，政治解放使人的本质二重化，在市民社会中，人是现实的个人，而现实的个人又把他人当作实现自己目的的工具，看作自己目的实现的阻碍；在政治生活中，人是抽象的公民，人们彼此之间是自由和平等的。因此，在马克思看来，政治解放诚然是迄今为止的世界制度范围内人的解放的最后形式，但还不是更彻底意义上的人的解放的最后形式。它是有限度的：一方面，当政治国家成为自由国家时，它只是成为有产者实现其政治、经济自由的政治国家；另一方面，政治解放从本质上讲只能是处于资产阶级地位的人的解放，是资产阶级在政治和经济地位上的解放。所以，在《论犹太人问题》中，马克思一方面指出，"这种人，市民社会的成员，是政治国家的基础、前提。他就是国家通过人权予以承认的人"②；另一方面批评鲍威尔把宗教的废除等同于人的解

---

① 《马克思恩格斯选集》第 1 卷，人民出版社 1995 年版，第 51 页。
② 《马克思恩格斯全集》第 3 卷，人民出版社 2002 年版，第 187—188 页。

放，认为他"没有探讨政治解放对人的解放的关系……他毫无批判地把政治解放和普遍的人的解放混为一谈"。而"只有对政治解放本身的批判，才是对犹太人问题的最终批判，也才能使这个问题真正变成'当代的普遍的问题'"①。这就明确宣布了马克思的理论诉求不再是从"传统"解放为"现代"，而是要从"现代"中获得解放。把对政治解放本身的批判作为"当代的普遍的问题"，实际上就是对政治解放限度的揭示和批判，这样的批判不再是对宗教神学的批判，不再是以政治解放所揭示的"现代原则"来批判过去，而是对现代"政治国家的批判"，对政治解放实质的批判。

在政治解放已完成的国家中，市民社会的利己主义特征成为阻碍人类解放的世俗限制，它使人们在市民社会中又获得了新的类似宗教的异化，即金钱拜物教或货币拜物教，这是政治解放所造成的人对物或财富的异化。马克思指出："金钱是一切事物的普遍的、独立自在的价值。因此它剥夺了整个世界——人的世界和自然界——固有的价值。金钱是人的劳动和人的存在的同人相异化的本质；这种异己的本质统治了人，而人则向它顶礼膜拜。"② 这样，人与人之间的关系异化为物与物的关系，利益的本质内容是金钱与物质财富，金钱拜物教支配着人们的灵魂。金钱的异化后来发展到它的极端形式，就是资本对劳动的统治和占有，即劳动异化。

批判意味着扬弃。在《论犹太人问题》中，马克思没有对人类解放的图景作出具体的描述，而仅是在克服政治解放所确立的人权原则的局限性的意义上，阐释了人类解放的一般含义。马克思写道："只有当现实的个人把抽象的公民复归于自身，并且作为个人，在自己的经验生活、自己的个体劳动、自己的个体关系中间，成为类存在物的时候，只有当人认识到自身'固有的力量'是社会力量，并把这种力量组织起来因而不再把社会力量以政治力量的形式同自身分离的时候，只有到了那个时候，人类解放才能完成。"③ 也就是说，人类解放就是国家与市民社会二元对立的克服，是人的存在的二重化的消除，也是人权与公民权分离的消除。这里，指出这样一个事实或许不是多余的，这就是，马克思在阐释人类解放

---

① 《马克思恩格斯全集》第 3 卷，人民出版社 2002 年版，第 167—168 页。
② 同上书，第 194 页。
③ 同上书，第 189 页。

的含义之前，曾以赞赏的口吻引述了卢梭的一段话："敢于为一国人民确立制度的人，可以说必须自己感到有能力改变人的本性，把每个本身是完善的、单独的整体的个体变成一个更大的整体的一部分——这个个体以一定的方式从这个整体获得自己的生命和存在——，有能力用局部的道德存在代替肉体的独立存在。他必须去掉人自身固有的力量，才能赋予人一种异己的、非由别人协助便不能使用的力量。"① 我们把这两段话对比一下就会发现，二者之间有着相同的旨趣。

从人权的角度讲，马克思对资本主义雇佣劳动制度所造成的劳动异化的批判，目的就是要克服和扬弃资本主义雇佣劳动制度所确立的资产者的自由和平等的人权，代之以每个人的自由全面的发展。劳动异化是资本主义雇佣劳动制度中资本家享有自由与平等权利，工人丧失自由与平等权利的真实写照。在马克思看来，在资产阶级的统治下，各个人被设想得要比先前更自由些，但事实上，他们更不自由，因为他们更加屈从于物的力量。作为物的资本，它是一种关系，是资本家和工人之间的雇佣关系，资本家占有工人的劳动，而工人则一无所有，他不得不终生靠出卖劳动力为生。资本具有独立性和个性，而活动着的个人却没有独立性和个性。于是，对于无产者来说，他们自身的生活条件、劳动，以及当代社会的全部生存条件都已变成一种偶然的东西，单个无产者是无法加以控制的，而且也没有任何社会组织能够使他们加以控制。这样，人就不能成为现实的类存在物。这正如马克思所指出的："在现代，物的关系对个人的统治、偶然性对个性的压抑，已具有最尖锐最普遍的形式，这样就给现有的个人提出了十分明确的任务。这种情况向他们提出了这样的任务：确立个人对偶然性和关系的统治，以之代替关系和偶然性对个人的统治……这个由现代关系提出的任务和按共产主义原则组织社会的任务是一致的。"② 而按共产主义原则组织的社会的任务就是实现每个人的自由全面的发展。

从社会形态的角度来讲，在马克思那里，人类解放就是从资本主义的市民社会形态（它是以物的依赖性为基础人的独立性，但同时人又是偶然的个人）向共产主义的社会化的人类形态（建立在个人全面发展和他们共同的社会生产能力成为他们的社会财富这一基础上的自由个性）发

①　《马克思恩格斯全集》第3卷，人民出版社2002年版，第188—189页。
②　《马克思恩格斯全集》第3卷，人民出版社1960年版，第515页。

展的过程，是一个消灭了市民社会和政治国家，即没有阶级差别与对立、没有国家的人类社会的形态。在《哲学的贫困》中，马克思指出："劳动阶级在发展进程中将创造一个消除阶级和阶级对立的联合体来代替旧的市民社会；从此再不会有原来意义上的政权了。因为政权正是市民社会内部阶级对立的正式表现……只有在没有阶级和阶级对抗的情况下，社会进化将不再是政治革命。"① 所以，当马克思在《关于费尔巴哈的提纲》第十条中作出如下判断：旧唯物主义的立脚点是"市民"社会，新唯物主义的立脚点则是人类社会或社会化的人类，它已经彻底地表明了马克思对市民社会中的成员——利己的人——偶然的个人及其自由与平等权利的失望，对社会化的人类——联合起来的个人——他们共同的社会生产能力成为他们的社会财富这一基础上的自由个性发展着的个人的憧憬。

市民社会与"人类社会或社会化的人类"的区别即是政治解放与人类解放的区别。马克思以"人类社会或社会化的人类"为新唯物主义的立脚点，表明他明确以实现人类解放为他的共产主义学说的主题，同时也表明他以实现人类解放来扬弃资产阶级的自由与平等等历史性的权利，以实现每个人真正的自由和平等，从而实现人与人之间的真正的和谐。

个人主义意义上的自由与平等作为西方近代自由主义的核心价值观念，在当时的历史条件下，不仅反映了资产阶级的利益和要求，而且反映了社会广大劳动人民反对封建专制的奴役、争取自由平等的愿望和要求，具有一定的历史进步性。马克思、恩格斯在批判地吸收近代自由主义的自由与平等观的合理因素的同时，又克服了近代自由主义的自由与平等观的内在缺陷，以人的自由全面发展为人类解放的根本目标，实现了对其历史性的超越。

那么，马克思人类解放视阈中的自由与平等的内涵又是什么呢？

人的自由是一个古老而又常新的话题。"古老"是说从人的自我意识独立开始，它就是人们关注的话题；"常新"是说在每个时代它都是人们关注和争论的对象，不同时代甚至同一时代的人对自由都有不同的看法。以人类解放为价值旨趣并为此而奋斗终生的马克思和恩格斯，理所当然地对人的自由问题表示了强烈关注。马克思、恩格斯首先站在唯物史观的立场上，对人的自由问题作了历史的、经济的和社会的考察和研究，在批判

---

① 《马克思恩格斯选集》第 1 卷，人民出版社 1995 年版，第 194—195 页。

近代资产阶级自由观的内在缺陷的基础上，继承了其中的合理因素，科学地阐明了自由的产生、本质及其历史发展等基本问题，创立了历史唯物主义的自由观。同时，他们站在时代的高度，把反对资产阶级剥削和压迫、争取无产阶级和广大劳动人民的自由解放，建立自由人的联合体，实现人的自由全面发展作为未来社会的基本原则和理想目标，实现了对近代西方自由主义自由观的历史性超越。

马克思的自由观是一个内容庞大的体系。这里，我们着重探讨的是马克思人类解放视阈中的自由观。众所周知，近代资产阶级思想家，如霍布斯、洛克、卢梭、边沁等，对自由主义进行了不懈的探索和倡导，并使之形成完整的理论体系。自由主义是西方国家的主流意识形态，是在近代资产阶级反对封建专制、争取经济竞争自由和民主政治权利的斗争中逐渐形成的，并在巩固资产阶级政权、维护资产阶级利益的过程中不断得到发展，从而逐渐奠定了它在资本主义世界的统治地位。自由主义的基本观点是：一是倡导"天赋人权"说，认为人的生命、自由、财产是与生俱来、不可剥夺的权利，反对国家和教会的奴役，认为公民享有政治自由、财产自由和思想自由，可以做法律允许的任何事情；二是为了保护人的自然权利，人民通过订立社会契约的方式授权政府或国家管理公共事务，国家权力必须受到限制，推行代议制民主、分权制衡和法治。在自由主义的这些主张中，维护和保障人的私有财产的自由是最核心、最根本的内容。对此，英国学者约翰·基恩指出："从 17 世纪初期到法国革命这一段时期中，自由主义的个人主义就力图适当地从文字和隐喻的意义上来实现个人财产所有和私人企业的解放。"① 法国学者米歇尔·博德也讲道，对于资本家来说，"自由的问题首先是经济自由：贸易自由，生产自由，尽可能以最低价格购买劳动力的自由，以及保护本阶级来对付工人结盟与造反的自由"②。马克思、恩格斯在《共产党宣言》中也早有论断："在现今的资产阶级生产关系的范围内，所谓自由就是自由贸易、自由买卖。"③

英国当代自由主义政治哲学家约翰·格雷在其《自由主义》中谈到

---

① ［英］约翰·基恩：《公共生活与晚期资本主义》，社会科学文献出版社 1999 年版，第 296 页。

② ［法］米歇尔·博德：《资本主义史 1500—1980》，东方出版社 1986 年版，第 88 页。

③ 《马克思恩格斯选集》第 1 卷，人民出版社 1995 年版，第 288 页。

近代自由主义与马克思主义在自由问题上的对立时说道："按照所有古典自由主义思想家的观点，承诺个人自由即蕴含着对私有财产和自由市场制度的赞同。与这一古典自由主义的观点针锋相对，马克思主义者和其他社会主义者曾论证指出，私有财产本身就是对自由的一种制约。"① 在这里，马克思主义者所论证的"私有财产本身就是对自由的一种制约"指的就是资本对雇佣劳动的奴役与剥削，工人在资本与雇佣劳动的关系中处于异化的状态，自主的创造个性被扼杀，因而是不自由的。如果说有自由，也只是工人自由地出卖自身劳动力的自由。因此，马克思激烈反对资本家任意剥夺工人阶级剩余价值的自由，鄙视资产阶级只顾自己一阶级的自由而置广大劳动人民的利益和自由追求于不顾的行径，对工人自由自觉劳动本质的丧失表示了深切的同情。

在马克思看来，人是通过劳动从自然界中分化独立出来的，而作为人的有意识的生命活动，劳动本应该是一种"自由的自觉的活动"，是人本源性的自我生成、自我创造和自我实现的生存活动，但是，资本主义私有制扭曲了人的实践活动。在《1857—1858年经济学手稿》中，马克思把自由解释为通过劳动活动的自我实现。马克思以《圣经》中一段话开始，他说："'你必须汗流满面地劳动！'这是耶和华对亚当的诅咒。而亚当·斯密正是把劳动看作诅咒。在他看来，'安逸'是适当的状态，是与'自由'和'幸福'等同的东西。一个人'在通常的健康、体力、精神、技能、技巧的状况下'，也有从事一份正常的劳动和停止安逸的需求，这在斯密看来是完全不能理解的。诚然，劳动尺度本身在这里是由外面提供的，是由必须达到的目的和为达到这个目的而必须由劳动来克服的那些障碍所提供的。但是克服这种障碍本身，就是自由的实现，而且进一步说，外在目的失掉了单纯外在自然必然性的外观，被看作个人自己提出的目的，因而被看作自我实现，主体的对象化，也就是实在的自由，——而这种自由见之于活动恰恰就是劳动，——这些也是亚当·斯密料想不到的。不过，斯密在下面这点上是对的：在奴隶劳动、徭役劳动、雇佣劳动这样一些劳动的历史形式下，劳动始终是令人厌恶的事情，始终表现为外在的强制劳动，而与此相反，不劳动却是'自由和幸福'。这里可以从两个方面来谈：一方面是这种对立的劳动；另一方面与此有关，是这样的劳动，

---

① ［英］约翰·格雷：《自由主义》，吉林人民出版社2005年版，第88页。

这种劳动还没有为自己创造出（或者同牧人等等的状况相比,是丧失了）一些主观的和客观的条件,从而使劳动会成为吸引人的劳动,成为个人的自我实现,但这决不是说,劳动不过是一种娱乐,一种消遣,就像傅立叶完全以一个浪漫女郎的方式极其天真地理解的那样。真正自由的劳动,例如作曲,同时也是非常严肃,极其紧张的事情。物质生产的劳动只有在下列情况下才能获得这种性质:（1）劳动具有社会性;（2）这种劳动具有科学性,同时又是一般的劳动,这种劳动不是作为用一定方式刻板训练出来的自然力的人的紧张活动,而是作为一个主体的人的紧张活动,这个主体不是以单纯自然的,自然形成的形式出现在生产过程中,而是作为支配一切自然力的活动出现在生产过程中。"①

　　从这段引文中可以看出,马克思把他的自由观与亚当·斯密的作为"安逸"或免除劳苦的自由观进行了比较。亚当·斯密是根据自由不是什么来消极定义自由的。自由是"免于……的自由"而不是"做……的自由"。对亚当·斯密来说,劳动使人不愉快,是因为劳动是一种外在的强制,即由于不得不满足人的自然需要而由外部所强加的强制。因此,自由就存在于紧张活动的缺乏和使人不愉快的劳动的消除中。马克思的自由概念也包含消极的方面。与亚当·斯密一样,自由可以被描述为一种"免于……的自由"。但是,对于亚当·斯密来说,自由存在于外在强制的缺乏中,而对马克思来说,自由是对外在强制的克服。于是,马克思的自由概念呈现出与他者决定相对的自我决定的特征,即马克思把自由看作通过将自身从这些强制中解放出来的活动而实现的。在这一点上,马克思的自由概念可以被看作是与康德和黑格尔的自由概念相联系的。在康德看来,自由不仅仅是消极的,而且也是意志的一种积极活动,自由是一个与其本质相一致的理性存在的活动。黑格尔把康德对自由的看法发展为自我决定。对于黑格尔来说,每一个主体都是含蓄地自我决定的（也就是说,是自在的）,但是,只有当主体认识到表现为外在的或他者的东西实际上是他者中的根本时,这个自我决定才变成明确了。有了这种认识,主体在自在和自为中都变成自由的了。所有,自由是自我意识发展过程的结果。这一思想,体现在黑格尔对主奴关系辩证法与劳动辩证法的论述中。马克思自由概念的第二个方面就是自我决定。马克思在这个方面遵循了康德的

---

① 《马克思恩格斯全集》第30卷,人民出版社1995年版,第615页。

主张。和康德一样，马克思也认为自由是一种包含自我意识在内的活动。但不同的是，对康德来说，自我决定不以经验条件为转移，是人的理性本质的活动；而对马克思来讲，自由就是人与外在的经验条件相互作用而实现人的本质的一致活动。就外在的经验条件与人的活动的关联来讲，我们可以认为马克思遵循了黑格尔的观点。但是，在黑格尔那里，外在的经验条件仅仅是精神实现自身的"中介"，它自身没有独立的实在性。而在马克思那里，外在的经验条件作为客体构成了主体实现自由目的的独立的客观的东西，不仅客体要主体化，而且主体也要客体化，而就是在这一双向的能动的过程中，主体得以克服外在经验条件的强制，走向自我实现。①由此可见，"对马克思来说，自由具有消极和积极两个方面。一方面，在克服障碍或阻碍的过程（特别是通过自己的活动把自身从社会支配和自然必然性的外在强制中解放出来的过程）这个意义上，自由是'免于……的自由'。另一方面，自由是'做……的自由'，是通过提出可能性并作用于自由它们而实现自身的自由。根据马克思的论述，自由的这两个方面在对象化活动中是结合在一起的，在对象化活动中，作为社会个人的个人通过克服障碍来实现他或她自身，因此，实在的自由，或如马克思也称之为具体的自由，就在于这两个方面的统一体之中。"②

但是，在马克思看来，在资本主义私有制条件下，工人与资本家之间的关系成了一种雇佣劳动关系，这种雇佣劳动关系使得自由自觉的劳动变成了一种"抽象劳动"。这种"抽象劳动"表明，"劳动"脱离了真实的劳动主体而成为了一种为劳动主体之外的神秘力量服务的工具，这种神秘力量就是"资本"和作为资本人格化身的"资本家"，劳动成为一种被"资本"所掌控并为"资本"服务的异化的活动。③因此，所谓人的自由实质上不过是"资产者"的原则，是资本的自由，它所代表的解放只是一种狭隘的解放，即资产阶级的政治解放。这种解放是一种把大多数"无产者"排除在外的、剥夺大多数人自由的解放。所以，在资本主义社会，"自由这一人权不是建立在人与人相结合的基础上，而是相反，建立

---

①　参见［美］古尔德《马克思的社会本体论：马克思社会实在理论中的个性和共同体》，北京师范大学出版社 2009 年版，第 93—100 页。

②　同上书，第 100 页。

③　参见贺来《论马克思实践哲学的政治意蕴》，《哲学研究》2007 年第 1 期。

在人与人相分隔的基础上。这一权利就是这种分隔的权利,是狭隘的、局限于自身的个人的权利"。"私有财产这一人权是任意地、同他人无关地、不受社会影响地享有和处理自己的财产的权利;这一权利是自私自利的权利。这种个人自由和对这种自由的应用构成了市民社会的基础。这种自由使每个人不是把他人看作自己自由的实现,而是看作自己自由的限制。"① 很显然,建立在"人与人相分隔"、"自私自利的权利"的基础上的个人自由、个人特殊利益与共同体的普遍利益就必然处于尖锐分裂和冲突的状态之中,表现为资产者享有自由,无产者失去自由。于是,在此基础上,马克思提出了社会整体发展与个体自由发展的辨证统一的思想。

1894 年,当《新纪元》杂志要求恩格斯用一段话来表达未来社会主义新纪元的基本思想时,恩格斯重述了他和马克思在《共产党宣言》中所表达的人的全面自由的发展的思想,他说:"除了从《共产党宣言》中摘出下列一段话外,我再也找不出合适的了:'代替那存在着阶级和阶级对立的资产阶级旧社会的,将是这样一个联合体,在那里,每个人的自由发展是一切人的自由发展的条件'。"② 在《德意志意识形态》中,马克思、恩格斯相似的表述是:"只有在共同体中,个人才能获得全面发展其才能的手段,也就是说,只有在共同体中才可能有个人自由。"③ 马克思、恩格斯指出了人的自由发展,是个体的自由发展和社会共同体发展有机统一。

上述命题的实质意义在于:第一,在共产主义社会中,个人之间的关系是平等地发展自己自由个性的关系,即"每个人"都能得到自由而全面的发展,每个人的自由发展是自由联合体的基本原则;第二,每个人的自由而全面的发展是和人类社会的发展(即一切人的发展)相一致的。就是说,人的自由个性理想的实现最终将归结为全体个体自由发展程度的普遍提高,而且这一过程是通过社会共同体的发展而实现的,离开了社会共同体的发展,任何个体的自由都将成为一句空谈。在这种个体与社会共同体相统一的关系中,每个个体对社会所作的贡献是社会共同体发展的源泉;而社会共同体的发展又将为每个个体的自由发展提供坚实的基础。由

---

① 《马克思恩格斯全集》第 3 卷,人民出版社 2002 年版,第 183、184 页。
② 《马克思恩格斯全集》第 39 卷,人民出版社 1975 年版,第 189 页。
③ 《马克思恩格斯选集》第 1 卷,人民出版社 1995 年版,第 119 页。

此导致的结果就是：在共产主义社会中，个人是"有个性的个人"，而不是"偶然的个人"；个人的劳动是"自主活动"，而不是自发活动；个人的发展是能力的全面的发展，而不是畸形的、片面的发展；个人与社会是和谐的，而不是对立的。一句话，"个人向完整的个人的发展以及一切自发性的消除"①。在这里，"完整的个人"也就是"有个性的个人"；"一切自发性的消除"指的是人不再屈从于从旧的社会分工，成为自然界的主人，成为自己社会关系的主人。

这样，"有个性的个人"在社会的结合中追求全面发展自己的能力，在生活和活动中充分展现个人生存的价值，从而实现个人与集体、社会和谐一致的自由全面的发展。马克思指出："自由王国只是在由必需和外在目的规定要做的劳动终止的地方才开始；因而按照事物的本性来说，它存在于真正物质生产领域的彼岸。像野蛮人为了满足自己的需要，为了维持和再生产自己的生命，必须与自然进行斗争一样，文明人也必须这样做；而且在一切社会形态中，在一切可能的生产方式中，他都必须这样做。这个自然必然性的王国会随着人的发展而扩大，因为需要会扩大；但是，满足这种需要的生产力同时也会扩大。这个领域内的自由只能是：社会化的人，联合起来的生产者，将合理地调节他们和自然之间的物质变换，把它置于他们的共同控制之下，而不让它作为盲目的力量来统治自己；靠消耗最小的力量，在最无愧于和最适合于他们的人类本性的条件下来进行这种物质变换。但是不管怎样，这个领域始终是一个必然王国。在这个必然王国的彼岸，作为目的本身的人类能力的发展，真正的自由王国，就开始了。但是，这个自由王国只有建立在必然王国的基础上，才能繁荣起来。工作日的缩短是根本条件。"②

马克思上述思想的获得，来自对启蒙思想家所首肯的以个人主义为理论基础的自由主义政治哲学的反动，当然，这又是以黑格尔对以个人主义为理论基础的自由主义政治哲学的批判为中介的。黑格尔洞察到了以个人主义为理论基础的自由主义政治哲学的本质，指出自由主义揭示了原子论的原则，即个别意志的原则，来对抗政治组织。它主张以个人的意志为依归，认为一切政府都应该从个人明白的权力出发，并且应该取得各个人明

---

① 《马克思恩格斯选集》第 1 卷，人民出版社 1995 年版，第 130 页。
② 《马克思恩格斯全集》第 25 卷，人民出版社 1974 年版，第 926—927 页。

白的同意。① 自由主义把社会和国家看作实现个体的私人目的的手段，这是令黑格尔深感不满的地方。他认为，如果把国家同市民社会混淆起来，而把它的使命规定为保证和保护所有权和个人自由，那么，单个人本身的利益就成为这些人结合的最后目的。由此产生的结果是，成为国家成员是任意的事。国家与个人的关系，完全不是这样。于是，他基于"国家是具体自由的现实"这一认识来重新对国家与个人的关系进行定位："国家是具体自由的现实；但具体自由在于，个人的单一性及其特殊利益不但获得它们的完全发展，以及它们的权利获得明白承认（如在家庭和市民社会的领域中那样），而且一方面通过自身过渡到普遍物的利益，其他方面它们认识和希求普遍物，甚至承认普遍物作为它们自己实体性的精神，并把普遍物作为它们的最终目的而进行活动。其结果，普遍物既不能没有特殊利益、知识和意志而发生效力并底于完成，人也不仅作为私人和为了本身目的而生活，因为人没有不同时对普遍物和为普遍物而希求，没有不自觉地为达成这一普遍物的目的而活动。"② 质言之，国家必须予以促进，从而实现客观自由（即普遍的实体性意志）；个人必须得到充分活泼的发展，从而实现主观自由（即个人知识和他追求特殊目的的意志）。"国家的力量在于它的普遍的最终的目的和个人的特殊利益的统一，即个人对国家尽多少义务，同时也就享有多少权利。"③ 从这一认识出发，黑格尔认为，成为国家成员是单个人的义务，而单个人只有在国家中才能获得实体性的自由权利，权利与义务相结合是国家内在力量之所在，也是人类人身自由的原则。

黑格尔对自由主义的批判及其对国家与个人关系的重新定位，引起了马克思、恩格斯的强烈共鸣。在《1844 年经济学哲学手稿》中，马克思指出："首先应当避免重新把'社会'当作抽象的东西同个体对立起来。个体是社会存在物。因此，它的生命表现，即使不采取共同的、同他人一起完成的生命表现这种直接形式，也是社会生活的表现和确证。人的个体生活和类生活不是各不相同的，尽管个体生活的存在方式是——必然是——类生活的较为特殊的或者较为普遍的方式，而类生活是较为特殊的

---

① 参见 ［德］黑格尔《历史哲学》，上海书店出版社 2006 年版，第 422 页。

② ［德］黑格尔：《法哲学原理》，商务印书馆 1961 年版，第 260 页。

③ 同上书，第 261 页。

或者较为普遍的个体生活。"① 这里，我们可以明显感受到马克思对自由主义关于个人与社会之间关系的那种抽象的设定的反对，以及对黑格尔关于个人与社会之间的有机统一思想的赞赏之情。黑格尔的这种整体主义国家观对马克思的影响至深。早在 1842 年撰写的《〈科隆日报〉第 179 号的社论》中，马克思从黑格尔的理性国家观的整体主义出发，强调国家要按照自由理性维护公民的自由，而公民则要服从理性国家的法律。对于国家与个人的关系，马克思曾有过神似于黑格尔的论述："实际上，国家的真正的'公共教育'就在于国家的合乎理性的公共的存在。国家本身教育自己成员的办法是：使他们成为国家的成员，把个人的目的变成普遍的目的，把粗野的本能变成合乎道德的意向，把天然的独立性变成精神的自由；使个人以整体的生活为乐事，整体则以个人的信念为乐事。"一句话，"把国家看作是相互教育的自由人的联合体"。② 在《莱茵报》时期，尽管残酷的社会现实很快使马克思对黑格尔的理性国家观发生了动摇，并对之进行了颠覆，但是，个人与社会之间的有机统一的思想从此就成为贯穿于马克思一生思想活动的一根红线。

由此可知，马克思与黑格尔的法哲学同属于对自由主义批判的模式，但在对个人与社会、国家关系的建构上，又有不同的路径。德国学者卡尔·洛维特在其所著的《从黑格尔到尼采》中指出："马克思和黑格尔都把市民社会当做一个需求体系来分析，这个体系的道德丧失在极端中，它的原则就是利己主义。他们的批判性分析的区别在于，黑格尔在扬弃中保留了特殊利益和普遍利益之间的差异，而马克思却想在清除的意义上扬弃这种差异，为的是建立一个拥有公有经济和公有财产的绝对共同体。因此，他对黑格尔的法哲学的批判就主要集中在国家与社会的关系上。当黑格尔把市民的存在与政治的存在的分离感受为一种矛盾时，他是有道理的，而当他认为可以现实地扬弃、也就是说清除这一矛盾时，他就没有道理了。他的调和只是掩盖了资产者私人的——利己主义的存在与公共的——国家的存在之间的现存对立。作为资产者，现代公民并不是'政治动物'，而作为公民，他又放弃了作为私人的自己。由于马克思在黑格尔的法哲学中到处都指出了这一矛盾，并把它里面所包含的问题推进到极

---

① 《马克思恩格斯全集》第 3 卷，人民出版社 2002 年版，第 302 页。
② 《马克思恩格斯全集》第 1 卷，人民出版社 1995 年版，第 217 页。

端，所以，他一方面超越黑格尔，另一方面又返回到卢梭的区分（人与公民）。他是卢梭的一个受黑格尔教育的后继者，对于他来说，普遍的阶层既不是小市民（卢梭），也不是有公职的公民（黑格尔），而是无产者。"①

事实确实如此。马克思在《黑格尔法哲学批判》中指出："黑格尔觉得市民社会和政治社会的分离是一种矛盾，这是他的著作中比较深刻的地方。但是，错误在于：他满足于这种解决办法的表面现象，并把这种表面现象当作事情的本质。"② 这里，马克思所说的"解决办法的表面现象"，就是卡尔·洛维特所指出的黑格尔对私人的利己主义的存在与公共的国家的存在之间对立的调和。马克思不满足于黑格尔的这一调和，通过对市民社会与政治社会已彻底分离事实的揭示，对市民社会和私有财产的批判，在不同于黑格尔国家理想主义的立场上提出了克服政治解放的缺陷以实现人类解放的方案："只有当现实的个人把抽象的公民复归于自身，并且作为个人，在自己的经验生活、自己的个体劳动、自己的个体关系中间，成为类存在物的时候，只有当人认识到自身'固有的力量'是社会力量，并把这种力量组织起来因而不再把社会力量以政治力量的形式同自身分离的时候，只有到了那个时候，人类解放才能完成。"③

"社会力量"就是无产者在共同占有生产资料基础上通过联合劳动所形成的社会整体的力量。社会力量不再以政治力量的形式同自身相分离所存在的状态，就是马克思、恩格斯所讲的自由人的联合体。恩格斯指出："一旦社会占有了生产资料，商品生产就将被消除，而产品对生产者的统治也将随之消除，社会生产内部的无政府状态将为有计划的自觉的组织所代替。个体生存斗争停止了。于是，人在一定意义上才最终地脱离了动物界，从动物的生存条件进入真正人的生存条件。人们周围的、至今统治着人们的生活条件，现在受人们的支配和控制，人们第一次成为自然界的自觉的和真正的主人，因为他们已经成为自身的社会结合的主人了。人们自己的社会行动的规律，这些一直作为异己的、支配着人们的自然规律而同人们相对立的规律，那时就将被人们熟练地运用，因而将听从人们的支

---

① ［德］卡尔·洛维特：《从黑格尔到尼采》，三联书店 2006 年版，第 332—333 页。

② 《马克思恩格斯全集》第 3 卷，人民出版社 2002 年版，第 94 页。

③ 同上书，第 189 页。

配。人们自身的社会结合一直是作为自然界和历史强加于他们的东西而同他们相对立的，现在则变成他们自己的自由行动了。至今一直统治着历史的客观的异己的力量，现在处于人们自己的控制之下了。只是从这时起，人们才完全自觉地自己创造自己的历史；只是从这时起，由人们使之起作用的社会原因才大部分并且越来越多地达到他们所预期的结果。这是人类从必然王国进入自由王国的飞跃。"①

　　自由王国是建立在对资本主义大工业充分发展的肯定和对阻碍人的发展的资本主义生产关系的否定基础上的。因此，一方面，马克思、恩格斯没有把实现人的自由全面的发展的自由王国的开始看成是外在于物质生产领域的过程，恰恰相反，他们在人类思想史上第一次把工业和生产力与人的本质联系起来，认为生产力的发展恰恰就是人的劳动本质力量的充分展现。在《1844年经济学哲学手稿》中，马克思指出："工业的历史和工业的已经生成的对象性的存在，是一本打开了的关于人的本质力量的书。"② 马克思在剩余价值理论中指出李嘉图所希望的"为生产而生产"的观点对于他所处的那个时代是正确的时候说道："为生产而生产无非就是发展人类的生产力，也就是发展人类天性的财富这种目的本身。"③ 这就是说，生产力的发展就是人的本质力量的发展，也就是推动人类历史发展的社会主体力量的发展。生产力绝不仅仅只是外在于人的单纯的物的增长，而是人的生命活动的积极展现，是人的潜在能力和个体价值的增进和展现。就生产力表现的外在形式而言，是人类征服自然和利用自然的能力，是人类不断创造的物质财富。从生产力表现的实质而言，则是人类本质力量的体现，是人类创造能力的提升和精神的高扬。但是，另一方面，马克思又指出，在资本主义社会，对于体现人的本质力量的工业发展，即人的对象性的劳动，人们至今还没有把它和人的本质联系起来，而总是仅仅从外在的有用性这种关系来理解。劳动就其一般目的而言，仅仅是替资本家增加财富的手段。因此，劳动"增加社会的财富，促使社会精美完善，同时却使工人陷于贫困直到变为机器。劳动促进资本的积累，从而也促进社会福利的增长，同时却使工人越来越依附于资本家，引起工人间更剧烈的竞

① 《马克思恩格斯选集》第3卷，人民出版社1995年版，第633—634页。
② 《马克思恩格斯全集》第3卷，人民出版社2002年版，第306页。
③ 《马克思恩格斯全集》第26卷第2册，人民出版社1973年版，第124页。

争，使工人卷入生产过剩的追猎活动"①。因此，马克思指出："如果抛掉狭隘的资产阶级形式，那么，财富不就是在普遍交换中产生的个人的需要、才能、享用、生产力等等的普遍性吗？财富不就是人对自然力——既是通常所谓的'自然'力，又是人本身的自然力——的统治的充分发展吗？财富不就是人的创造天赋的绝对发挥吗？这种发挥，除了先前的历史发展之外没有任何其他前提，而先前的历史发展使这种全面的发展，即不以旧有的尺度来衡量的人类全部力量的全面发展成为目的本身。在这里，人不是在某一种规定性上再生产自己，而是生产出他的全面性；不是力求停留在某种已经变成的东西上，而是处在变易的绝对运动之中。"②

　　值得指出的是，在马克思主义经典作家看来，要实现个人自由发展与社会共同体发展的有机统一，必须坚持权利义务并重的原则。恩格斯指出："我们的目的是要建立社会主义制度，这种制度将给所有的人提供健康而有益的工作，给所有的人提供充裕的物质生活和闲暇时间，给所有的人提供真正的充分的自由。请所有的人在这个伟大的事业中给予社会主义联盟以协助。赞同者应该承认他们彼此之间以及他们同所有的人之间的关系的基础是真理、正义和道德。他们应该承认：没有无义务的权利，也没有无权利的义务。"③ 资产阶级权利观单纯地强调个人的权利，认为社会只是个人实现权利的手段，这种权利与义务关系的理论实际上为极端个人主义的发展打开了方便之门。马克思主义经典作家在注重个人合理的权利要求的同时，也注重个人对社会的义务，这是他们与资产阶级理论的根本区别之一，也是他们对黑格尔关于权利与义务一致性思想的继承。对义务的重视在本质上标志着马克思主义经典作家对人类的存在方式和个人自由实现途径的认识已经提升到一个更高的层次，与资产阶级的原子式的社会理解方式不同，他们在认为个人的自主性活动是社会发展的根本动力的同时，又强调个人是社会中的人，社会整体的存在是个人自主性活动实现的根本方式。因此，他们认为个人在享有权利的同时对社会尽义务，是社会得以存在并健康发展的基本前提。所以，在共产主义社会，每个人自由而全面发展的命题具有"新人权"意蕴，它是个人自由发展与社会共同体

① 《马克思恩格斯全集》第 3 卷，人民出版社 2002 年版，第 231 页。
② 《马克思恩格斯全集》第 30 卷，人民出版社 1995 年版，第 479—480 页。
③ 《马克思恩格斯全集》第 21 卷，人民出版社 1965 年版，第 570 页。

发展的有机统一。这种"新人权"不同于资产阶级人权，它将成为全面发展人的能力和实现自由个性的确证，它的实现是以社会整体的自由发展为依托的。

平等作为自由主义的另一条基本原则，赋予所有人以同等的道德地位。美国学者萨皮罗（J. Salwyn Schapiro）对自由主义与平等原则的关系作过言简意赅的概括："平等是自由主义的另一条基本原则。自由主义宣布所有人一律平等。当然，不应忘记，这种平等并不意味着所有人有同样的能力、同样的道德理解力或同样的个人魅力。它的含义是，所有人在法律面前有同等的权利，有权享受同等的公民自由。"① 人的权利平等，最早是由法国 18 世纪启蒙思想家提出来的一项最基本的社会政治原则。这种法权关系上的平等在当时历史条件下，对于反对封建等级特权，批判宗教神学的愚昧和迷信，解放人们的思想，都起了巨大的推动作用。

也正因为如此，卢梭所倡导的平等，不仅后来成为资产阶级"天赋人权"论的典范，而且后来在工人运动中也获得了一批又一批的拥护者。工人运动中那些代表小资产阶级利益和小生产者要求的人物，都这样或那样地重复着卢梭的抽象平等的话语，对工人运动造成了很坏的影响。马克思、恩格斯在领导工人运动的过程中，对这种观点给予了一次又一次的批判，构成了马克思主义创始人批判"天赋人权"论的一个重要方面。其中最为著名的就是对蒲鲁东主义、拉萨尔机会主义"平等"论和杜林"普遍公平原则"的批判。

首先，批判了蒲鲁东主义的抽象的"公平"原则，强调要从对生产关系的具体分析来说明人的权利关系。蒲鲁东主义者是 19 世纪 40 年代在法国有很大影响的机会主义派别，主要代表小资产阶级的利益和小生产者的要求。蒲鲁东理论的基石是对抽象"公平"原则的崇拜。他将绝对的"永恒公平"观念看作超历史的准绳，"公平"原则成了拥有最高立法权的原则并进而支配着其他一切原则，整个人类以至法的发展史，都不过是对"永恒公平"观念的证明。他认为各社会中有机的、起调节作用的、至高无上的原则，支配其他一切原则的原则，不是利益，而是公平。公平是人类自身的本质。对于蒲鲁东的"永恒公平"论，马克思在《神圣家族》中作过批评；在《哲学的贫困》一书中，马克思又系统地批评过这

---

① 转引自杨令飞《马克思的自由平等观与法国自由主义》，《现代哲学》2006 年第 4 期。

种唯心主义法学"公平"观；在《资本论》第 1 卷中，马克思进一步批判了蒲鲁东将法权关系看作社会基础的唯心主义法学观。但是到了 19 世纪 70 年代，蒲鲁东主义又在欧洲工人运动中重新泛滥起来。以米尔柏格为代表的德国蒲鲁东主义者把"永恒公平"运用到对住宅问题的研究中，甚至从这种"永恒公平"论出发，鼓吹"阶级调和"论。蒲鲁东主义者从抽象的"平等"原则出发，认为权利关系首先不是经济的问题，而只是同财富生产极少关系的心理上和道德上的考虑。对此，在《论住宅问题》中，恩格斯评论道："如果人们像蒲鲁东那样相信这种社会燃素即所谓'公平'，或者可向米尔柏格那样硬说燃素同氧气一样时十分确实的，这种混乱还会更加厉害。"其实，"这个公平则始终只是现存经济关系的或者反映其保守方面、或者反映其革命方面的观念化的神圣化的表现。希腊人和罗马人的公平认为奴隶制度是公平的；1789 年资产者的公平要求废除封建制度，因为据说它不公平……所以，关于永恒公平的观念不仅因时因地而变，甚至也因人而异，这种东西正如米尔柏格正确说过的那样，'一个人有一个人的理解'"①。蒲鲁东离开对生产关系的具体分析，只在"平等"的幻想中解决一切问题，这是唯心史观的反映，因而是荒谬的。恩格斯不仅指出了蒲鲁东公平观的危害，而且还分析了抽象的公平观念产生的原因。他指出："法学在其进一步发展中把各民族和各时代的法的体系互相加以比较，不是把它们视为各该相应经济关系的反映，而是把它们视为自身包含自我根据的体系。比较是以共同点为前提的：法学家把所有这些法的体系中的多少相同的东西统称为自然法，这样便有了共同点。而衡量什么算自然法和什么不算自然法的尺度，则是法本身的最抽象的表现，即公平。于是，从此以后，在法学家和盲目相信他们的人们眼中，法的发展就只不过是使获得法的表现的人类生活状态一再接近于公平理想，即接近于永恒公平。"②

其次，批判了拉萨尔主义的所谓的"公平分配劳动所得"理论，强调不同的阶级、不同的利益集团有不同的公平正义观。针对拉萨尔主义炮制出来的"公平分配劳动所得"的口号，马克思在《哥达纲领批判》中针锋相对地反问道："什么是'公平的'分配呢？难道资产者不是断言今

① 《马克思恩格斯选集》第 3 卷，人民出版社 1995 年版，第 212 页。
② 同上书，第 211—212 页。

天的分配是'公平的'吗？难道它事实上不是在现今的生产方式基础上唯一'公平的'分配吗？难道经济关系是由法的概念来调节，而不是相反，从经济关系中产生出法的关系吗？"① 因此，公平总是具体的，和一定的阶级、一定的利益集团联系在一起，不存在抽象的公平。马克思还进一步指出，是生产决定分配，而不是以某种公平正义的观念来随心所欲地进行分配，不应该把社会主义描写为主要是围绕着分配兜圈子。这是因为，"消费资料的任何一种分配，都不过是生产条件本身分配的结果；而生产条件的分配，则表现生产方式本身的性质"②。也就是说，有什么样的生产方式就会有什么样的分配方式，分配不是取决于某种公平正义的要求。

最后，批判了杜林所谓的"普遍公平原则"，强调无产阶级平等观的消灭阶级要求。杜林理论的核心原则是所谓的"普遍公平原则"。恩格斯在《反杜林论》中集中批判了杜林唯心主义的平等观，指出杜林用"两个人意志的完全平等"解决社会问题的做法是从卢梭等人那里搬来的。对此，恩格斯强调指出："平等的观念，无论以资产阶级的形式出现，还是以无产阶级的形式出现，本身都是一种历史的产物，这一观念的形成，需要一定的历史条件，而这种历史条件本身又以长期的以往的历史为前提。"③ 在人类社会发展的任何历史阶段，都有相应的公平正义的观念和要求，其内容则是由这一时期的经济的生活条件以及由这些条件决定的社会关系和政治关系来说明。换言之，人们归根到底总是从他们阶级地位所依据的实际关系中，从他们进行生产和交换的经济关系中，获得自己的伦理观念。因此，平等是历史的、具体的。

上述批判表明，马克思、恩格斯对于平等在理论上有了一个科学的把握。他们还从社会实践的角度，对资本主义权利平等进行了一针见血的揭露。他们认为，由于资产阶级的权利平等不能摆脱资产阶级私有财产制度的藩篱，使得这种权利平等在实践上表现为形式平等与事实上权利不平等的悖论。因为，在资产阶级理想化的王国中，"平等归结为法律面前的资

---

① 《马克思恩格斯选集》第 3 卷，人民出版社 1995 年版，第 302 页。
② 同上书，第 306 页。
③ 同上书，第 448 页。

产阶级的平等;被宣布为最主要的人权之一的是资产阶级的所有权"①。
由于资产阶级的权利平等只强调政治、法律平等,而只字不提为劳动者提
供条件的社会经济权利的平等。这样就"使得一部分人(少数)得到了
发展的垄断权,而另一些人(多数)经常地为满足最迫切的需要而进行
斗争,因而暂时(即在新的革命的生产力产生以前)失去了任何发展的
可能性。由此可见,到现在为止,社会一直是在对立的范围内发展的,在
古代是自由民和奴隶之间的对立,在中世纪是贵族和农奴之间的对立,近
代是资产阶级和无产阶级之间的对立。这一方面可以解释被统治阶级用以
满足自己需要的那种不正常的'非人的'方式,另一方面可以解释交往
的发展范围的狭小以及因之造成的整个统治阶级的发展范围的狭小;由此
可见,这种发展的局限性不仅在于一个阶级被排斥于发展之外,而且还在
于把这个阶级排斥于发展之外的另一阶级在智力方面也有局限性;所以
'非人的东西'也同样是统治阶级命中所注定的。这里所谓'非人的东
西'同'人的东西'一样,也是现代关系的产物;这种'非人的东西'
是现代关系的否定面,它是没有任何新的革命的生产力作为基础的反抗,
是对建立在现有生产力基础上的统治关系以及跟这种关系相适应的满足需
要的方式的反抗。'人的'这一正面说法是同某一生产发展的阶段上占统
治地位的一定关系以及由这种关系所决定的满足需要的方式相适应的。同
样,'非人的'这一反面说法是同那些想在现存生产方式内部把这种统治
关系以及在这种关系中占统治地位的满足需要的方式加以否定的意图相适
应的,而这种意图每天都由这一生产发展的阶段不断地产生着"②。

　　这种对生产资料(获得生存及发展的必要条件)占有的不平等,必
然会导致社会中一部分人获得平等的权利,一部分人被排斥在这种权利之
外,处于"非人"的境遇。因此,资产阶级的权利平等是以权利的不平
等为前提的,平等权利只能表现为一种阶级的平等,而不是社会全体成员
享有的平等,即社会的平等。它不是一种社会关系上的普遍的平等,而是
一种阶级的平等。而要实现真正的、为社会全体成员共同享有的社会平
等,就必须消灭阶级,消灭生产资料私人占有制。恩格斯指出:"无产阶
级抓住了资产阶级的话柄:平等应当不仅是表面的,不仅在国家的领域中

---

① 《马克思恩格斯选集》第3卷,人民出版社1995年版,第356页。
② 《马克思恩格斯全集》第3卷,人民出版社1960年版,第507—508页。

实行，它还应当是实际的，还应当在社会的、经济的领域中实行……无产阶级平等要求的实际内容都是消灭阶级的要求。任何超出这个范围的平等要求，都必然要流于荒谬。"① 在这里，恩格斯已经超越了资产阶级政治解放意义上的平等观念的狭隘视野，给人们指出了人类解放意义上的平等要求。

马克思、恩格斯在论证社会平等时，总是把平等与自由连在一起的，用是否获得了社会平等来衡量社会成员是否获得了自由。正如恩格斯所指出的："我们的目的是要建立社会主义制度，这种制度将给所有的人提供健康而有益的工作，给所有的人提供充裕的物质生活和闲暇时间，给所有的人提供真正的充分的自由。"② 人类社会只有到了"这样一种社会状态，在这里不再有任何阶级差别，不再有任何对个人生活资料的忧虑"时，才"第一次能够谈到真正人的自由"。③

第二，人类解放的目标是实现每个人的自由全面的发展。

马克思、恩格斯在论及每个人的自由全面发展时，大致有这样几种提法：一是"每个人的自由发展"。如他们在《共产党宣言》中所说的："代替那存在着阶级和阶级对立的资产阶级旧社会的，将是这样一个联合体，在那里，每个人的自由发展是一切人的自由发展的条件。"④ 二是"每个人的全面发展"。如在《给〈祖国纪事〉杂志编辑部的信》中，马克思说："以便最后达到在保证社会劳动生产力极高度发展的同时又保证每个生产者个人最全面的发展的这样一种经济形态。"⑤ 三是上述两个方面的并列，即"每个人的全面而自由的发展"。如马克思在《资本论》第一卷中所讲的：资本家"肆无忌惮地迫使人类去为生产而生产，从而去发展社会生产力，去创造生产的物质条件；而只有这样的条件，才能为一个更高级的、以每个人的全面而自由的发展为基本原则的社会形式创造现实基础"⑥。这三种提法的内涵是基本相同的，最终指向的是每个人的全面而自由的发展。如果说前两个提法有区别的话，"每个人的自由发展"

---

① 《马克思恩格斯选集》第 3 卷，人民出版社 1995 年版，第 448 页。
② 《马克思恩格斯全集》第 21 卷，人民出版社 1965 年版，第 570 页。
③ 《马克思恩格斯选集》第 3 卷，人民出版社 1995 年版，第 456 页。
④ 《马克思恩格斯选集》第 1 卷，人民出版社 1995 年版，第 294 页。
⑤ 《马克思恩格斯选集》第 3 卷，人民出版社 1995 年版，第 342 页。
⑥ 《马克思恩格斯全集》第 23 卷，人民出版社 1975 年版，第 649 页。

的提法主要是针对资本和雇佣劳动之间的对立来讲的，而"每个人的全面发展"的提法是针对旧式分工和异化劳动导致人的畸形的、片面的发展而言的，但是，二者之间又是互相包含的。

　　具体地说，一方面，马克思、恩格斯之所以强调"每个人的自由发展"，是因为他们看到了资本与雇佣劳动之间的严重对立。在资产阶级社会里，资本具有独立性和个性，而活动着的个人却没有独立性和个性，活动劳动只是增殖已经积累起来的劳动的一种手段。因此，无产阶级革命就是要"消灭资产者的个性、独立性和自由"来实现每个人的自由发展，而每个人的自由发展又是一切人的自由发展的条件，这蕴含了通过人与人之间的联合而实现人的全面发展的意思。另一方面，"每个人的全面发展"的提法主要是针对旧式分工和异化劳动导致人的畸形的、片面的发展，要通过消除旧式分工与异化劳动来实现人的全面发展。在他们看来，分工、私有制、异化劳动是同义语，讲的是同一件事情，都与人的畸形的、片面的发展相关联。他们指出："分工从最初起就包含着劳动条件——劳动工具和材料——的分配，也包含着积累起来的资本在各个所有者之间的劈分，从而也包含着资本和劳动之间的分裂以及所有制本身的各种不同的形式。分工越发达，积累越增加，这种分裂也就发展得越尖锐。劳动本身只能在这种分裂的前提下存在。"① 而"个人就是受分工支配的，分工使他变成片面的人，使他畸形发展，使他受到限制"②。所以，人的畸形的、片面的发展只有通过消灭旧式的分工、私有制和异化劳动才能实现。由此，他们得出结论："个人力量（关系）由于分工而转化为物的力量这一现象，不能靠人们从头脑里抛开关于这一现象的一般观念的办法来消灭，而是只能靠个人重新驾驭这些物的力量，靠消灭分工的办法来消灭。没有共同体，这是不可能实现的。只有在共同体中，个人才能获得全面发展其才能的手段，也就是说，只有在共同体中才可能有个人自由。"③这段话同马克思在《1857—1858 年经济学手稿》中所讲的人的发展第三个阶段，即"建立在个人全面发展和他们共同的社会生产能力成为从属于他们的社会财富这一基础上的自由个性"是相通的，表明个人全面发

---

① 《马克思恩格斯选集》第 1 卷，人民出版社 1995 年版，第 127 页。
② 《马克思恩格斯全集》第 3 卷，人民出版社 1960 年版，第 514 页。
③ 《马克思恩格斯选集》第 1 卷，人民出版社 1995 年版，第 118—119 页。

展实现的同时就是人的自由的实现。

由此，概括地说，马克思的每个人的自由全面发展观包含着这样一些内容：

一是人的创造性劳动的自由发展以及人的能力的全面发展。在资本主义社会，生产力获得了很大发展，分工也发达起来。资本主义私有制和分工使劳动被异化，变成了维持个人肉体生存的手段，甚至是奴役个人的手段，而不是自由自觉的活动。同时，由于分工的固定性、强制性，使个人终生被束缚于一定的局部操作和工具之上，成为畸形发展的个人。对此，恩格斯在《共产主义原理》中曾有过述及："共同经营生产不能由现在这种人来进行，因为他们每个人都只隶属于某一个生产部门，受它束缚，听它剥削，在这里，每一个人都只能发展自己才能的一方面而偏废了其他各方面，只熟悉整个生产中的某一个部门或者某一个部门的一部分。"① 所以，马克思在《1857—1858年经济学手稿》中，针对亚当·斯密把劳动看作是对安逸、自由和幸福的牺牲的观点，指出："斯密在下面这点上是对的：在奴隶劳动、徭役劳动、雇佣劳动这样一些劳动的历史形式下，劳动始终是令人厌恶的事情，始终表现为外在的强制劳动，而与此相反，不劳动却是'自由和幸福'。"那么，人类劳动在什么样情况下不再是外在的强制劳动，而成为积极的、创造性的真正的自由活动，成为个人的自我实现？对此，马克思的回答是："物质生产的劳动占有在下列情况下才能获得这种性质：（1）劳动具有社会性；（2）这种劳动具有科学性，同时又是一般的劳动，这种劳动不是作为用一定方式刻板训练出来的自然力的人的紧张活动，而是作为一个主体的人的紧张活动，这个主体不是以单纯自然的，自然形成的形式出现在生产过程中，而是作为支配一切自然力的活动出现在生产过程中。"② 在这里，劳动的社会性的含义是指社会化的人，通过联合进行生产，合理地调节他们与自然之间的物质变换，把它置于他们的共同控制之下。而劳动的科学性的含义是指主体的活动是自主的而不是刻板的，是自觉自愿的因而是自由的，同时又能够支配一切自然力，这显然是与以高度发达的科学技术为特征的现代工业联系在一起的。马克思、恩格斯有一段关于大工业对人的全面发展的重要性的论述："使

① 《马克思恩格斯选集》第1卷，人民出版社1995年版，第242页。
② 《马克思恩格斯全集》第30卷，人民出版社1995年版，第615、616页。

下面这一点成为生死攸关的问题:承认劳动的变换,从而承认工人尽可能多方面的发展是社会生产的普遍规律,并且使各种关系适应于这个规律的正常实现。大工业还使下面这一点成为生死攸关的问题:用适应于不断变动的劳动需求而可以随意支配的人员,来代替那些适应于资本的不断变动的剥削需要而处于后备状态的、可供支配的、大量的贫穷工人人口;用那种把不同社会职能当作互相交替的活动方式的全面发展的个人,来代替只是承担一种社会局部职能的局部个人。"① 这就是说,用全面发展的个人来代替局部的、片面的个人,是大工业生产的客观需要。而大工业打破了旧的分工,使工人的劳动职能得以变换,从而使人成为全面发展的人有了可能。

人的创造性劳动的自由发展同人的能力的全面发展是分不开的。一方面,人的创造性劳动的自由发展,将必然促使人的能力向多方面发展。马克思指出:"劳动首先是人和自然之间的过程,是人以自身的活动来引起、调整和控制人和自然之间的物质变换的过程。人自身作为一种自然力与自然物质相对立。为了在对自身生活有用的形式上占有自然物质,人就使他身上的自然力——譬如腿、头和手运动起来。当他通过这种运动作用于身外的自然并改变自然时,也就同时改变了他自身的自然。使他自身的自然中沉睡着的潜力发挥出来,并且使这种活动受他自己控制。"② 人通过劳动使自己的本质力量对象化,从而达到自己发现自己、自己发展自己的目的,劳动发展的程度越高,人的能力发展也就越全面。另一方面,人的能力是人的本质力量的体现,它为人的创造性劳动的自由发展奠定了能力体系。人的能力是一个复杂的体系:既包括体力,又包括智力;既包括从事物质生产劳动的能力,又包括从事精神生产的能力;既包括社会交往能力,又包括审美能力等。但是,在资本主义社会里,受雇佣劳动和分工的限制,人的能力的发展是片面的。这不仅表现为人的某种能力的单方面发展上,而且还表现在某种能力范围内的片面发展上。而"根据共产主义原则组织起来的社会,将使自己的成员能够全面发挥他们的得到全面发展的才能"③。也就是说,在共产主义社会,发展人的能力将成为目的

---

① 《马克思恩格斯全集》第23卷,人民出版社1972年版,第534—535页。

② 同上书,第201—202页。

③ 《马克思恩格斯选集》第1卷,人民出版社1995年版,第243页。

本身。

　　二是人的需要全面发展。马克思认为,人在任何时候,都不是孤立的个体,"他们的需要即他们的本性,以及他们求得满足的方式,把他们联系起来"①。马克思所理解的人的需要,是指生存和发展需要,这既包括人的吃、穿、住、行等自然的、生活的需要,又包括满足上述需要的物质生产,即劳动的需要;既有物质的需要,也有精神的需要;既有自然的需要,也有社会的需要。人正是为了满足自己的生存和发展需要,才进行物质财富的生产。马克思认为,在自然经济条件下,人的生存和发展需要与物质生产是直接统一的。物质财富不表现为生产的目的,而是以私人享受为目的,人,不管是处在怎样狭隘的民族的、宗教的、政治的规定下,始终表现为生产的目的。与此相反,在资本主义社会中,"生产表现为人的目的,而财富则表现为生产的目的"。这使得一切产品和活动都转化为交换价值,它"既要以生产中人的(历史的)一切固定的依赖关系的解体为前提,又要以生产者互相间的全面的依赖为前提。每个个人的生产,依赖于其他一切人的生产;同样,他的产品转化为他本人的生活资料,也要依赖于其他一切人的消费"。② 马克思把这种普遍的依赖关系,看作资本不断地创造出要求普遍利用自然属性和人的属性的需要体系,这种体系要求"探索整个自然界,以便发现物的新的有用属性",因此,"要把自然科学发展到最高点",从而推动生产力的巨大发展;同样,"要发现、创造和满足由社会生产本身产生的新的需要。培养社会的人的一切属性,并且把他作为具有尽可能丰富的属性和联系的人,因而具有尽可能广泛需要的人生产出来——把他作为尽可能完整的和全面的社会产品生产出来(因为要多方面享受,他就必须有享受的能力,因此他必须是具有高度文明的人),——这同样是以资本为基础的生产的一个条件"。③

　　资本主义大工业的建立和发展使生产力得到了前所未有的发展,并在此基础上产生了各种物质的、精神的和社会的需要。然而,在资本主义私有制下,由于资产阶级为了攫取剩余价值,既利用"考究的需要"又利用"粗陋的需要"来进行投机,"每个人都指望使别人产生某种新的需

---

　　① 《马克思恩格斯全集》第 3 卷,人民出版社 1960 年版,第 514 页。
　　② 《马克思恩格斯全集》第 30 卷,人民出版社 1995 年版,第 479、105 页。
　　③ 同上书,第 389 页。

要，以便迫使他作出新的牺牲，以便使他处于一种新的依赖地位并且诱使他追求一种新的享受，从而陷入一种新的经济破产。每个人都力图创造出一种支配他人的、异己的本质力量，以便从这里面找到他自己的利己需要的满足"①。可见，在资本主义条件下，人的需要被严重扭曲，人的需要的多样性往往表现为花样不断翻新的享乐需要，其背后真正的人的需要的多方面发展反而受到资本利益的种种限制。由此也决定了无产阶级解放的任务之一，就是要使符合自己生存发展的真正需要从资本的扭曲和压制下解放出来。马克思提出"多方面的需求"、"丰富的、人的需要"、"人的需要的丰富性"等，都是针对资本主义生产方式对人的真正需要的压抑和扭曲，以及它造成的劳动者需要的粗陋性和资产阶级的那种"考究的需要"的虚假性而言的。

马克思指出，在未来的社会里，"如果抛掉狭隘的资产阶级形式，那么，财富不就是在普遍交换中产生的个人的需要、才能、享用、生产力等等的普遍性吗？财富不就是人对自然力——既是通常所谓的'自然'力，又是人本身的自然力——的统治的充分发展吗？财富不就是人的创造天赋的绝对发挥吗？这种发挥，除了先前的历史发展之外没有任何其他前提，而先前的历史发展使这种全面的发展，即不以旧有的尺度来衡量的人类全部力量的全面发展成为目的本身。在这里，人不是在某一种规定性上再生产自己，而是生产出他的全面性；不是力求停留在某种已经变成的东西上，而是处在变易的绝对运动之中"②。所以，"在社会主义的前提下，人的需要的丰富性，从而某种新的方式和某种新的生产对象，具有什么样的意义。人的本质力量的新的证明和人的本质的新的充实"③。社会主义之所以把人的需要的多方面发展作为目的，其根据也就在这里。

三是人的社会关系的全面发展。马克思人的发展的学说的独特的贡献，就是着眼于社会关系及其历史变换来考察人的解放。他认为："社会关系实际上决定着一个人能够发展到什么程度。"④ 马克思正是从人的社会关系对人的发展的决定作用的角度，把人的存在与发展划分为三个阶

---

① 《马克思恩格斯全集》第 3 卷，人民出版社 2002 年版，第 339 页。
② 《马克思恩格斯全集》第 30 卷，人民出版社 1995 年版，第 479—480 页。
③ 《马克思恩格斯全集》第 3 卷，人民出版社 2002 年版，第 339 页。
④ 《马克思恩格斯全集》第 3 卷，人民出版社 1960 年版，第 295 页。

段：人的依赖关系、以物的依赖性为基础的人的独立性、自由个性。与人的依赖关系阶段相对应的社会经济形态是自然经济。这时候，人受自然支配，人们依照血缘或地域关系结成共同体才能生存，人与人之间的关系是一种互相依赖的关系。个人与个人之间或者"没有联系"，或者只有以自然血缘或统治服从关系为基础的地方性联系。

与以物的依赖性为基础的人的独立性相对应的社会经济形态是资本主义商品经济。它克服了人的自然局限性，消除了人的依赖关系，使得满足人本身生存和发展需要的创造使用价值的生产活动只有变成追求交换价值的活动才具有经济意义。也就是说，商品生产和交换使人与人的关系通过物（商品）间接表现出来，马克思把它概括为"物的依赖性"。尽管这种"物的依赖关系无非是与外表上独立的个人相对立的独立的社会关系，也就是与这些个人本身相对立而独立化的、他们互相间的生产关系"①。但是，在以物的依赖为基础的人的独立性的资本主义阶段，形成了普遍的社会物质交换、全面的关系、多方面的需求以及全面的能力体系。这种物的联系比单个人之间没有联系要好，或者比只是以自然血缘关系和统治服从关系为基础的地方性联系要好。这是因为，资本具有它自身的历史价值，它狂热地追求价值的增殖，肆无忌惮地迫使人类去为生产而生产，从而去发展社会生产力，去创造生产的物质条件；而只有这样的条件，才能为一个更高级的、以每个人的全面而自由的发展为基本原则的社会形式创造现实基础。所以，在马克思看来，必须反对那种留恋过去的那种浪漫主义观点。他说："全面发展的个人——他们的社会关系作为他们自己的共同的关系，也是服从于他们自己的共同的控制的——不是自然的产物，而是历史的产物。要使这种个性成为可能，能力的发展就要达到一定的程度和全面性，这正是以建立在交换价值基础上的生产为前提的，这种生产才在产生出个人同自己和同别人相异化的普遍性的同时，也产生出个人关系和个人能力的普遍性和全面性。在发展的早期阶段，单个人显得比较全面，那正是因为他还没有造成自己丰富的关系，并且还没有使这种关系作为独立于他自身之外的社会权力和社会关系同他自己相对立。留恋那种原始的丰富，是可笑的，相信必须停留在那种完全的空虚化之中，也是可笑的。"②

---

① 《马克思恩格斯全集》第30卷，人民出版社1995年版，第114页。

② 同上书，第112页。

　　在马克思的视野中，个人的全面性不是想象的或设想的全面性，而是他的现实关系的全面性，它是以人的普遍交往为基础的。交往的普遍性意味着随着生产力、分工和交换的发展，人们将积极广泛地参与各个方面、各个领域、各个阶层的社会交往，从而使个人摆脱个人的、地域的和民族的狭隘性，使个人作为独立的主体越来越成为世界历史中的个人，成为世界性的公民，同整个世界的物质生产和精神生产发生实际联系，能够利用人类全面生产的一切积极的成果丰富和发展自己，最终，狭隘的地域性的个人为世界历史性的，真正普遍的个人所代替。在马克思那里，交往的普遍发展的结果不仅表现在个人的社会关系内容的丰富性上，而且还表现为个人之间的关系成为他们自己的共同关系，联合起来的个人实现对他们的社会关系的全面占有和共同控制。共产主义之所以把个人关系的全面性作为人的全面发展的一个基本内容，就是因为只有在个人和他人之间以主体的身份建立起全面的社会关系，而不仅仅是金钱关系，才有可能把人从物化的社会关系状态中解放出来，把人从一个纯粹的经济动物提升为自然界和自己的社会关系的主人。

　　马克思着眼于人的自由而全面的发展，以交往形式一定要适合生产力发展状况的历史辩证法的眼光来审视资本主义，将其理解为解放（个人关系和个人能力的普遍性和全面性）与奴役（雇佣劳动制度所造成的个人同自己和同别人的普遍异化）[1] 相互交织的辩证过程，也就是：一方面，"在资本对雇佣劳动的关系中，劳动即生产活动对它本身的条件和对它本身的产品的关系所表现出来的极端的异化形式，是一个必然的过渡点，因此，它已经自在地、但还只是以歪曲的头脚倒置的形式，包含着一切狭隘的生产前提的解体，而且它还创造和建立无条件的生产前提，从而为个人生产力的全面的、普遍的发展创造和建立充分的物质条件"[2]。另一方面，"如果我们现在首先考察已经形成的关系，考察变成资本的价值和作为单纯同资本相对立的使用价值的活劳动，——因而，活劳动只不过是这样一种手段，它使对象化的死的劳动增殖价值，赋予死劳动以活的灵魂，但与此同时也丧失了它自己的灵魂，结果，一方面把创造的财富变成

_____

① 参见《马克思恩格斯全集》第 30 卷，人民出版社 1995 年版，第 112 页。
② 同上书，第 511—512 页。

了他人的财富,另一方面只是把活劳动能力的贫穷留给自己"①。

在马克思看来,"无产者,为了实现自己的个性,就应当消灭他们迄今面临的生存条件,消灭这个同时也是整个迄今为止的社会的生存条件,即消灭劳动"②。正如美国学者丹尼尔·贝尔所言:"意识上的变革——价值观和道德说理上的变革——会推动人们去改变他们的社会安排和体制。"③ 资本主义由于自身的发展必然会走向它的对立面,从而以自由联合的劳动为形式的个人自主活动来取代之。在《1857—1858 年经济学手稿》中,马克思对以自由联合的劳动为形式的个人自主活动作了注解,批判了亚当·斯密把劳动看作是对安逸、自由和幸福的牺牲的观点。

人类解放所要求的制度转换就是实现建立在公有制基础上的自由人的联合体,即共产主义制度。马克思在《关于费尔巴哈的提纲》中称之为"人类社会"或"社会化的人类"。"人类社会"或"社会化的人类"作为马克思对于超越个人与社会共同体的分裂、超越市民社会与政治国家的分裂的理想社会模式的表述,是一个对"人的自由全面发展何以可能"作出明确回答的规范性和价值性的概念,它是对"合乎人性"的、人的自由得到真正实现的社会政治制度的诉求。

在《神圣家族》中,马克思、恩格斯谈到了制度与人的发展的关系。他们指出:"必须这样安排周围的世界,使人在其中能认识和领会真正合乎人性的东西,使他认识到自己是人……既然人的性格是由环境造成的,那就必须使环境成为合乎人性的环境。"④ 这里所说的"合乎人性的环境"就是指合乎人性的制度。当然,他们所言的"人性"与资产阶级启蒙思想家所说的抽象人性不同,指的人的自主性活动。所以,当资产阶级启蒙思想家们以人权为旗帜来对抗封建专制制度的等级特权时,马克思则以人的自由自觉的劳动或人的自主性劳动来对抗资产阶级制度的资本特权。在《1844 年经济学哲学手稿》中,马克思把自由自觉的活动或劳动看作是人的类特性或类本质,并以此为立脚点,对私有财产与劳动、私有财产与共产主义的关系作了分析。他认为,在私有制条件下,异化劳动把自主活

---

① 参见《马克思恩格斯全集》第 30 卷,人民出版社 1995 年版,第 453 页。
② 《马克思恩格斯选集》第 1 卷,人民出版社 1995 年版,第 121 页。
③ [美]丹尼尔·贝尔:《后工业社会的来临》,商务印书馆 1984 年版,第 527 页。
④ 《马克思恩格斯全集》第 2 卷,人民出版社 1957 年版,第 166—167 页。

动、自由活动贬低为手段，也就是把人的类生活变成维持人的肉体生存的手段，这样一来，异化劳动导致人的类本质同人相异化，最终的结果就是人同人相异化。由此，马克思得出结论："我们已经看到，对于通过劳动而占有自然界的工人来说，占有表现为异化，自主活动表现为替他人活动和表现为他人的活动，生命的活跃表现为生命的牺牲，对象的生产表现为对象的丧失，转归为异己力量、异己的人所有。"① 既如此，马克思从制度上把共产主义看作"私有财产即人的自我异化的积极的扬弃，因而是通过人并且为了人而对人的本质的真正占有。因此，它是人向自身、向社会的即合乎人性的人的复归"②。这是马克思就资本主义私有制对于人权而言所存在的制度缺陷的初步揭示，以及对共产主义制度对于人的权利的伸张一种肯定。

在《关于费尔巴哈的提纲》中，马克思关于"人的本质并不是单个人所固有的抽象物，在其现实性上，它是一切社会关系的总和"的论断，为他以后从人的现实性出发，去分析人与人之间的社会关系，去寻求人的自主个性实现的条件奠定了基础。对人的自主个性实现的条件的分析与研究，是马克思毕其一生的精力所追求的。

在马克思看来，在人的诸种社会关系中，生产关系是最根本的关系，它是生产力的产物。生产力和社会关系（生产关系）是"社会个人的发展的不同方面"③。如果说生产力是影响人的全面发展的根本因素，生产关系则是影响人的全面发展的直接因素。马克思正是从影响人的全面发展的这两个基本因素出发去考察资本与雇佣劳动之间的矛盾关系及其发展趋势的。

马克思指出，在资产阶级社会里，资本本身是矛盾存在着的，一方面，资本具有力求全面地发展生产力的趋势，这为新的生产方式产生创造了物质前提；另一方面，这种趋势又是与资本这种狭隘的生产形式相矛盾的，表现为资本本身的限制，即生产力、财富和知识等的创造，在表现为从事劳动的个人本身力量的外化的同时，从事劳动的个人不是把自己创造

---

① 《马克思恩格斯全集》第 3 卷，人民出版社 2002 年版，第 279—280 页。
② 同上书，第 297 页。
③ 《马克思恩格斯全集》第 31 卷，人民出版社 1998 年版，第 101 页。

出来的东西当作他自己的财富的条件，而是当作他人财富和自身贫穷的条件。① 马克思认为，这种对立的形式本身是暂时的，它产生出消灭它自身的现实条件，所以，"结果就是：生产力——财富一般——从趋势和可能性来看的普遍发展成了基础，同样，交往的普遍性，从而世界市场成了基础。这种基础是个人全面发展的可能性，而个人从这个基础出发的实际发展是对这一发展的限制的不断扬弃，这种限制被意识到是限制，而不是被当作神圣的界限。个人的全面性不是想象的或设想的全面性，而是他的现实关系和观念联系的全面性。由此而来的是把他自己的历史作为过程来理解，把对自然界的认识（这也作为支配自然界的实践力量而存在着）当作对他自己的现实躯体的认识。发展过程本身被设定为并且被意识到是这个过程的前提。但是，要达到这点，首先必须使生产力的充分发展成为生产条件，不是使一定的生产条件表现为生产力发展的界限"②。这里，所谓的"不是使一定的生产条件表现为生产力发展的界限"指的就是资本主义私有制的扬弃与新的社会生产方式的建立。新的社会生产方式的建立就是人的劳动解放的实现，就是从资本主义的雇佣劳动向人的自由联合劳动发展的过程。

那么，雇佣劳动向人的自由联合劳动发展的内在动力是什么呢？答案是资本运动的本身。

在《1857—1858 年经济学手稿》中，马克思对雇佣劳动的界定是："雇佣劳动是设定资本即生产资本的劳动，也就是说，是这样的活劳动，它不但把它作为活动来实现时所需要的那些对象的条件，而且还把它作为劳动能力存在时所需要的那些客观要素，都作为同它自己相对立的异己的权力生产出来，作为自为存在的、不以它为转移的价值生产出来。"③ 严格的政治经济学意义上的雇佣劳动概念的提出，使马克思对资本主义生产方式下劳动的异化有了一个科学的分析，也使马克思再次以劳动的异化为主体价值批判向度，完成了他对现代资本主义社会的严格的经济学批判。

由此，马克思展开了他对雇佣劳动制度下工人劳动异化的具体分析。在马克思看来，资本主义的雇佣劳动是奴役劳动的最高形式。而奴役劳动

---

① 参见《马克思恩格斯全集》第 30 卷，人民出版社 1995 年版，第 539—541 页。
② 《马克思恩格斯全集》第 30 卷，人民出版社 1995 年版，第 541 页。
③ 同上书，第 455—456 页。

的任何一种形式，都是从劳动者身上榨取剩余劳动的劳动形式，但具体的形式是不一样的。马克思指出："一般剩余劳动，作为超过一定的需要量的劳动，必须始终存在。只不过它在资本主义制度下，像在奴隶制度等等下一样，具有对抗的形式，并且是以社会上的一部分完全游手好闲作为补充。为了对偶然事故提供保险，为了保证必要的、同需要的发展以及人口的增长相适应的累进的扩大再生产（从资本主义观点来说叫作积累），就需要一定量的剩余劳动。"① 剩余劳动是和必要劳动相比较而存在的，因而只有在必要劳动存在时它才存在。剩余劳动只是活劳动的使用价值在耗费的过程中，超过再生产活劳动的劳动能力所必须的那部分对象化劳动而形成的余额。这样，资本把必要劳动时间作为活劳动能力的交换价值的界限，把剩余劳动时间作为必要劳动时间的界限，把剩余价值作为剩余劳动时间的界限；与此同时，资本又驱使生产超出所有这些界限，因为资本把劳动能力单纯作为交换者，作为货币与自己对立，而把剩余劳动时间作为剩余价值的唯一界限，因为它是剩余价值的创造者。所以，资本的规律是创造剩余劳动，资本的趋势是要尽量多地创造劳动，把必要劳动减少到最低限度。

马克思指出，如果资本一般的规律是增殖自己的价值，它必须二重地存在，并且必须在这种二重的形式上二重地增殖自己的价值。所以，资本从活劳动那里强制压榨出来的剩余价值，要作为资本来增殖价值，它被分为两种形式：劳动的客观条件——材料和工具；劳动的主观条件——现在必须开始工作的活劳动的生活资料。于是，剩余价值表现为剩余资本。结果是，"通过新的生产行为本身，——这种行为只是证实了在它之前发生的资本和活劳动之间的交换，——剩余劳动，从而剩余价值，剩余产品，以至劳动（剩余劳动和必要劳动）的全部结果，都表现为资本，表现为同活劳动能力相独立的和与之无关的交换价值，或把活劳动能力只当作自己的使用价值而与之相对立的交换价值"②。基于此，马克思看到了活劳动的劳动能力从生产过程中出来时不仅没有比它进入时更富有，反而更贫穷了。这是因为，"劳动能力不仅把必要劳动的条件作为属于资本的条件创造出来，而且潜藏在劳动能力身上的增殖价值的可能性，创造价值的可

① 《马克思恩格斯全集》第25卷，人民出版社1974年版，第925页。
② 《马克思恩格斯全集》第30卷，人民出版社1995年版，第444页。

能性，现在也作为剩余价值，作为剩余产品而存在，总之，作为资本，作为对活劳动能力的统治权，作为赋有自己权力和意志的价值而同处于抽象的、丧失了客观条件的、纯粹主体的贫穷中的劳动能力相对立。劳动能力不仅生产了他人的财富和自身的贫穷，而且还生产了这种作为自我发生关系的财富的财富同作为贫穷的劳动能力之间的关系，而财富在消费这种贫穷时则会获得新的生命力并重新增殖。"①

　　这一切都来源于工人用自己的活劳动能力换取一定量对象化劳动的交换。但是，本来是自由和平等的交换，却造成了这样一种状况：劳动的产品表现为他人的财产，表现为独立地同活劳动相对立的存在方式，也表现为自为存在的价值；劳动的产品，对象化劳动，由于活劳动本身的赋予而具有自己的灵魂，并且使自己已成为与活劳动相对立的他人的权力。所以，马克思说："如果我们现在首先考察已经形成的关系，考察变成资本的价值和作为单纯同资本相对立的使用价值的活劳动，——因而，活劳动只不过是这样一种手段，它使对象化的死的劳动增殖价值，赋予死劳动以活的灵魂，但与此同时也丧失了它自己的灵魂，结果，一方面把已创造的财富变成了他人的财富，另一方面只是把活劳动能力的贫穷留给自己。"②

　　既然资本与活劳动的关系表现为活劳动是资本增殖的手段，表现为一方是财富的积累，另一方是贫穷的积累，那么，劳动就异化了。劳动的异化表现为："劳动表现为同人格化为的资本家的价值相对立的，或者说同劳动条件相对立的他人的劳动；财产同劳动之间，活劳动能力同它的实现条件之间，对象化劳动同活劳动之间，价值同创造价值的活动之间的这种绝对的分离——从而劳动内容对工人本身的异己性；上述这种分裂，现在同样也表现为劳动本身的产品，表现为劳动本身的要素的对象化，客体化。"③ 马克思指出，如果从劳动的角度来考察上述状况，"那么劳动在生产过程中是这样起作用的：它把他在客观条件中的实现同时当作他人的实在从自身中排斥出来，因而把自身变成失去实体的、完全贫穷的劳动能力而同与劳动相异化的、不属于劳动而属于他人的这种实在相对立；劳动不是把它本身的现实性变成自为的存在，而是把它变成单纯为他的存在，因

　　①　《马克思恩格斯全集》第 30 卷，人民出版社 1995 年版，第 444 页。
　　②　同上书，第 453 页。
　　③　同上书，第 443—444 页。

而也是变成单纯的他在，或同自身相对立的他物的存在。劳动的这种变为现实性的过程，也是丧失现实性的过程。劳动把自己变成客观的东西，但是它把它的这种客体性变为它自己的非存在，或它的非存在——资本——的存在。"① 这种客体化的东西对活劳动来说是统治性的权力，它迫使活劳动不得不一再地去创造新的剩余价值，如此反复。结果是，一方面，资本家不断扩大他的权力，扩大他的同活劳动能力相对立的作为资本的存在；另一方面，一再把丧失物质实体的贫穷中的活劳动能力重新变为活劳动能力的唯一条件。也正是在上述意义上，马克思把创造资本的劳动称为雇佣劳动。

马克思在界定了雇佣劳动概念内涵的基础上，指出以资本增殖为目的的资本主义生产对劳动的主体——工人的残酷压榨是一种错乱和颠倒。"资本死的劳动，像吸血鬼一样，必须吸收活的劳动，方才活的过来，并且吸收得越多，它的活力就越大。""资本主义生产所特有并且可以作为特征来看得颠倒，是死劳动和活劳动（价值和创造价值得能力）得关系得颠倒。"② 所以，"从资本和雇佣劳动的角度来看，活动的这种物的躯体的创造是在同直接的劳动能力的对立中实现的，这个对象化过程实际上从劳动方面来说表现为劳动的外化过程，从资本方面来说表现为对他人劳动的占有过程，——就这一点来说，这种错乱和颠倒是真实的，而不是单纯想象的，不是单纯存在于工人和资本家的观念中的"③。由此可见，此时的马克思关于异化的看法，已经实现了他和恩格斯在《德意志意识形态》中批判施蒂纳用关于异化、异物、圣物的空洞思想来代替一切纯经验关系的发展的错误做法时所主张的从现实关系出发来说明劳动异化的思想。雇佣劳动制度把资本与工人的劳动关系搞得错乱颠倒，人不能控制和驾驭自己的劳动创造物，反而为自己的劳动创造物所控制和驾驭，这样工人的劳动就异化了。马克思指出："在资本主义体系内部，一切提高社会劳动生产力的方法都是靠牺牲工人个人来实现的；一切发展生产的手段都变成统治和剥削生产者的手段，都使工人畸形发展，成为局部的人，把工人贬低为机器的附属品，使工人受劳动的折磨，从而使劳动失去内容，并且随着

---

① 《马克思恩格斯全集》第30卷，人民出版社1995年版，第445—446页。
② 《马克思恩格斯全集》第23卷，人民出版社1972年版，第233、324页。
③ 《马克思恩格斯全集》第31卷，人民出版社1998年版，第244页。

科学作为独立的力量被并入劳动过程而使劳动过程的智力与工人相异化；这些手段使工人的劳动条件变得恶劣，使工人在劳动过程中屈服于最卑鄙的可恶的专制，把工人的生活时间变成劳动时间，并且把工人的妻子儿女都抛到资本的札格纳特车轮下。"① 这同马克思在《1844 年经济学哲学手稿》中对于异化劳动所造成的人的异化的描述，不无一致。其共同的主旨，是揭示资本主义私有制下，由于资本具有独立性和个性，而工人没有独立性和个性，造成的物的世界的增值与人的世界的贬值的那种物化的、异化的社会关系。

在理论批判上，把资本主义生产颠倒的社会关系形式再颠倒回来，是马克思《资本论》及其手稿对人类社会发展的重大贡献。资本主义雇佣劳动制度是历史上奴役形式的最高峰，它由于自身的发展必然会走向它的对立面。马克思指出："在资本对雇佣劳动的关系中，劳动即生产活动对它本身的条件和对它本身的产品的关系所表现出来的极端的异化形式，是一个必然的过渡点，因此，它已经自在地、但还只是以歪曲的头脚倒置的形式，包含着一切狭隘的生产前提的解体，而且它还创造和建立无条件的生产前提，从而为个人生产力的全面的、普遍的发展创造和建立充分的物质条件。"② 因此，奴役劳动的这一最高的形式成为向劳动最终摆脱奴役形式发展的历史转折点，成为开始向新的劳动组织形式过渡的历史起点。

资本作为过渡点，表现为它自身的发展是一个扬弃的过程。已成为桎梏的旧的资产阶级生产方式必然会被适应于比较发达的生产力，因而也适应于更进步的个人自主活动方式的新的生产方式，即共产主义的生产方式所代替。而"共产主义和所有过去的运动不同的地方在于：它推翻一切旧的生产关系和交往关系的基础，并且第一次自觉地把一切自发形成的前提看作是前人的创造，消除这些前提的自发性，使它们受联合起来的个人的支配。因此，建立共产主义实质上具有经济的性质，这就是为这种联合创造各种物质条件，把现存的条件变成联合的条件"③。只有在这个阶段，才能实现个人的自主活动，才能使各个人向完全的个人发展。这种自主活动就是对生产力总和的占有以及由此而来的才能总和的发挥。

---

① 《马克思恩格斯全集》第 23 卷，人民出版社 1972 年版，第 707—708 页。
② 《马克思恩格斯全集》第 30 卷，人民出版社 1995 年版，第 511—512 页。
③ 《马克思恩格斯选集》第 1 卷，人民出版社 1995 年版，第 122 页。

在资本主义生产方式范围内，资本或雇佣劳动的扬弃有两种基本形式：一是"消极的扬弃"，就是资本的股份公司制度；二是"积极的扬弃"，就是工人的劳动合作制。马克思认为，资本主义的股份企业，也和合作工厂一样，应当被看作由资本主义生产方式转化为联合的生产方式的过渡形式，只不过在前者那里，对立是消极地扬弃的，而在后者那里，对立是积极地扬弃的。

作为资本主义生产发展的必然要求和产物的股份公司，从财产的社会性质上讲，它是生产者个人资本的直接联合，是联合起来的生产者的财产，是直接的社会财产。从资本的职能上讲，它是由过去的单个资本的职能转化为联合起来的资本的社会职能的过渡点。这是资本主义生产方式在资本主义生产方式自身范围内的扬弃，因而是一个自行扬弃的矛盾，这个矛盾首先表现为通向一种新的生产形式的单纯过渡点。这就是说，在股份制度内，已经存在着社会生产资料借以表现为个人财产的旧形式的对立面。但是，这种向股份形式的转换本身，还局限在资本主义界限以内。因此，这种转化并没有克服财富作为社会财富的性质和作为私人财富的性质之间的对立，而只是在新的形态上发展了这种对立。

马克思认为，工人自己的合作工厂，是在旧形式内对旧形式打开的第一个缺口，虽然它在自己的实际组织中，当然到处都再生产出并且必然会再生产出现存制度的一切缺点。但是，资本和劳动之间的对立在这种工厂内已经被扬弃，虽然起初只是在下述形式上被扬弃，即工人作为联合体是他们自己的资本家，也就是说，他们利用生产资料来使他们自己的劳动增殖。① 劳动合作制表明，在物质生产力和与之相适应的社会生产形式的一定的发展阶段，一种新的生产方式怎样会自然而然地从一种生产方式中形成并发展起来。资本主义生产方式中的工厂制度和信用制度，是合作工厂发展的必要条件。当然，马克思也指出：只有经过新条件的漫长发展过程，"资本和土地所有权的自然规律的自发作用"才能被"自由的联合的劳动的社会经济规律的自发作用"代替，正如过去奴隶制经济规律的自发作用和农奴制经济规律的自发作用之被代替一样。作为社会革命的历史过程，以自由的联合的劳动条件去代替劳动受奴役的经济条件，需要相当一段时间才能逐步完成。这是经济改造，它不仅需要改变分配方法，而且

<hr>

① 参见《马克思恩格斯全集》第25卷，人民出版社1974年版，第497—498页。

需要一种新的生产组织形式，使目前由现代工业所造成的有组织的劳动中存在着的各种生产社会形式摆脱掉奴役的锁链，这需要在全国范围内和国际范围内进行协调的合作。①

当然，以自由联合的劳动为形式的个人自主活动的实现需要借助于无产阶级的革命实践。马克思强调："共产主义和所有过去的运动不同的地方在于：它推翻一切旧的生产关系和交往关系的基础，并且第一次自觉地把一切自发形成的前提看作是前人的创造，消除这些前提的自发性，使它们受联合起来的个人的支配。因此，建立共产主义实质上具有经济的性质，这就是为这种联合创造各种物质条件，把现存的条件变成联合的条件。"② 而在人的自由联合的劳动组织中，"一方面，任何个人都不能把自己在生产劳动这个人类生存的自然条件中所应参加的部分推到别人身上；另一方面，生产劳动给每一个人提供全面发展和表现自己全部的即体力的和脑力的能力的机会，这样，生产劳动就不再是奴役人的手段，而成了解放人的手段，因此，生产劳动就从一种负担变成一种快乐"③。这就是说，以劳动解放为基本内容的制度的转换和建构在马克思、恩格斯人类解放学说中占据着核心地位，劳动解放同人的自由全面的发展是一致的，人的自由联合的劳动的实现就是人类解放。

可以看出，未来的"人类社会化"的生活与早期马克思思想语境中的"类生活"密切相关。当马克思在后来通过政治经济学研究不断描绘未来"人类社会化"生活的状态时，也在延续着他早期的梦想。也可以说，马克思后来对"人类社会化"生活的描绘并没有截然超越其早期的价值指向，只不过更强调实现这一社会理想的前提和基础，这也是他要试图解决他的"苦恼的疑问"的重要体现。因此，马克思早期思想中关于"类生活"的观念可以而且应当成为其关于"人类社会化"生活思想的本质内涵。这一"类生活"就是在现实社会存在条件下"个体"价值的实现，也是作为"社会存在物"的"个体"本质的确证。"个体生活的存在方式是——必然是——类生活的较为特殊的或者较为普遍的方式，而类生活是较为特殊的或者较为普遍的个体生活"。"作为类意识，人确证自己

① 参见《马克思恩格斯全集》第17卷，人民出版社1963年版，第594页。
② 《马克思恩格斯选集》第1卷，人民出版社1995年版，第122页。
③ 《马克思恩格斯选集》第3卷，人民出版社1995年版，第644页。

的现实的社会生活，并且只是在思维中复现自己的现实存在；反之，类存在则在类意识中确证自己，并且在自己的普遍性中作为思维着的存在物自为地存在着。因此，人是一个特殊的个体，并且正是他的特殊性使他成为一个个体，成为一个现实的、单个的社会存在物，同样，他也是总体，观念的总体，被思考和被感知的社会的自为的主体存在，正如他在现实中既作为对社会存在的直观和现实享受而存在，又作为人的生命表现的总体而存在一样。"① 也正是在这样的"类生活"中，个体才能以全面的方式占有自己的本质存在。这样，马克思就通过私人劳动转化为公共劳动的这一制度性的变革，扬弃了黑格尔的国家伦理思想，为人的解放描绘了一幅新的蓝图。

需要指出的是，从利益的角度讲，马克思关于每个人自由而全面发展的思想关涉共同体利益与个人利益之间的关系。在《德意志意识形态》中，马克思指出，个人利益与公共利益分离的根本原因在于现代社会分工和生产力的发展。分工发展的各个不同阶段，也就是所有制的不同形式。随着分工的发展，产生了个人利益或单个家庭的利益与所有相互交往的人们的共同利益之间的矛盾；同时，这种共同的利益不是仅仅作为一种普遍的东西存在于观念之中，而是首先作为彼此分工的个人之间的相互依存关系存在于现实之中。而且，分工也表明，"只要人们还处在自发地形成的社会中，也就是说，只要私人利益和公共利益之间还有分裂，也就是说，只要分工还不是出于自愿，而是自发的，那么人本身的活动对人说来就成为一种异己的、与他对立的力量，这种力量驱使着人，而不是人驾驭着这种力量。原来，当分工一出现之后，每个人就有了自己一定的特殊的活动范围之内，这个范围是强加于他的，他不能超出这个范围"②。

马克思指出，在现代社会，"公共利益"与"私人利益"的分裂产生了国家这一虚幻的共同体的形式。"正是由于私人利益和公共利益之间的这种矛盾，公共利益才以国家的姿态而采取一种和实际利益（不论是单个的还是共同的）脱离的独立形式，也就是说采取一种虚幻的共同体的形式。"③ 然而这始终是在一定的物质生产关系的基础上才发生的。因此，

① ［德］马克思：《1844 年经济学哲学手稿》，人民出版社 2000 年版，第 84 页。
② 《马克思恩格斯全集》第 3 卷，人民出版社 1960 年版，第 37 页。
③ 同上书，第 37—38 页。

国家内部的一切斗争，不过是一种虚幻的形式，在这些形式下进行着各个不同阶级间的真正斗争。于是，每一个统治阶级要想消灭旧的社会形态和统治，就必须夺取政权并把自己的阶级利益说成是普遍的利益。

在马克思看来，建立在资本和劳动基础上的共同体，其实是一种虚幻的共同体。其中，个人的存在受到资本普遍性力量的统治，个体之间的联系是通过"异化的劳动"来维系的。"共同体只是劳动的共同性以及由共同的资本——作为普遍的资本家的共同体——所支付工资的平等的共同性。关系的两个方面被提高到想象的普遍性：劳动是为每个人设定的天职，而资本是共同体公认的普遍性和力量。"① 究其实质，这一"共同体"乃是一种"资本的帝国"，这也是至今无法解脱的人类现实境遇。在这种"虚幻的共同体"中，"个人"只能是一定阶级中的个人，现实的社会关系以及由这一关系所建构的"集体"只能凌驾于"个体"之上，成为高高在上的"权力王国"。因此，在这一状况下，个体只有"形式"的自由，也只享有"片面"的独立性，真正自由、独立的是"资本"及其代言人。"在过去的种种冒充的集体中，如在国家等等中，个人自由只是对那些在统治阶级范围内发展的个人来说是存在的，他们之所以有个人自由，只是因为他们是这一阶级的个人。从前各个个人所结成的那种虚构的集体，总是作为某种独立的东西而使自己与各个个人对立起来；由于这种集体是一个阶级反对另一阶级的联合，因此对于被支配的阶级说来，它不仅是完全虚幻的集体，而且是新的桎梏。"② "某一阶级的个人所结成的、受他们反对另一个阶级的那种共同利益所制约的社会关系，总是构成这样一种集体，而个人只是作为普通的个人隶属于这个集体，只是由于他们还处在本阶级的生存条件下才隶属于这个集体；他们不是作为个人而是作为阶级的成员处于这种社会关系中的。"③ 看似相互关联的个体，却被深层次的"利益"所左右，他们的个体欲求只能从属于"阶级"的需要。于是，在这样的社会生活中，"个体"与"共同体"之间只能是一种"偶然性"关联。因为他们所生存的条件是受"偶然性"支配的，并且成为独立于个体存在的"权力"，马克思认为这种联合只是一种"协定"。"过去

---

① ［德］马克思：《1844 年经济学哲学手稿》，人民出版社 2000 年版，第 80 页。
② 《马克思恩格斯全集》第 3 卷，人民出版社 1960 年版，第 84 页。
③ 同上书，第 84 页。

的联合只是一种（决不像'社会契约'中所描绘的那样是任意的，而是必然的）关于这样一些条件的协定（参阅例如北美合众国和南美诸共和国的形成），在这些条件下，个人然后又可能利用偶然性为自己服务，这种在一定条件下无阻碍地享用偶然性的权利，迄今一直被称为个人自由。而这些生存条件当然只是现存的生产力和交往形式。"①

马克思指出："从前各个人联合而成的虚假的共同体，总是相对于各个人而对立的；由于这种共同体是一个阶级反对另一个阶级的联合，因此对于被统治的阶级来说，它不仅是完全虚幻的共同体，而且是新的桎梏。在真正的共同体的条件下，各个人在自己的联合中并通过这种联合获得自己的自由。"② 在这里，马克思区分了两种不同性质的共同体："虚幻的共同体"与"真正的共同体"。"虚幻的共同体"作为统治阶级成员的利益联合体与被统治阶级的各个成员相对立，而"真正的共同体"则是在消灭了生产资料资本主义私人占有制的前提下，个人不是作为阶级成员而是作为个人之间的联合。"它是各个人的这样一种联合（自然是以当时发达的生产力为前提的），这种联合把个人的自由发展和运动的条件置于他们的控制之下。"③ 这就是说，真实的集体不仅不与个人相对立，而且肯定个人的独立与自由发展。

过去，在对待个人利益与集体利益关系问题上，人们把将马克思、恩格斯的上述思想演绎成"个人利益必须符合集体利益"。当然，这一理解还可以从马克思的经典著作中找到佐证，即马克思在论述剩余价值理论过程中对"李嘉图定律"的评论。"李嘉图定律"的实质就是：社会生产力发展和社会的进步是以牺牲某些阶级或阶层的利益为代价的。"李嘉图把资本主义生产方式看作最有利于生产，最有利于创造财富的生产方式，对于他那个时代来说，李嘉图是完全正确的。他希望为生产而生产，这是正确的。如果象李嘉图的感伤主义的反对者们那样，断言生产本身不是目的，那就是忘记了，为生产而生产无非就是发展人类的生产力，也就是发展人类天性的财富这种目的本身。如果象西斯蒙第那样，把个人的福利同这个目的对立起来，那就是主张，为了保证个人的福利，全人类的发展应

---

① 《马克思恩格斯全集》第3卷，人民出版社1960年版，第85页。
② 《马克思恩格斯选集》第1卷，人民出版社1995年版，第119页。
③ 同上书，第121页。

该受到阻碍，因而，举例来说，就不能进行任何战争，因为战争无论如何会造成个人的死亡。（西斯蒙第只是与那些掩盖这种对立、否认这种对立的经济学家相比较而言，才是正确的。）这种议论，就是不理解：……在人类，也象在动植物界一样，种族的利益总是要靠牺牲个体的利益来为自己开辟道路的，其所以会如此，是因为种族的利益同特殊个体的利益相一致……因此对李嘉图来说，生产力的进一步发展究竟是毁灭土地所有权还是毁灭工人，这是无关紧要的。"① 我们都把这句话作为"个人利益应当无条件服从集体利益，当个人利益与集体利益发生矛盾时，应当牺牲个人利益"的佐证，从而将"个人利益应当无条件服从集体利益"作为社会主义社会的一条普遍的道德要求。但事实上，马克思说的是，李嘉图崇尚生产力法则并承认资本主义社会阶级对立和不和谐是正确的，但他力图证明资本同劳动严重对立的资本主义社会是天然合理和永恒的社会，并赋予其绝对合理性和规律必然性是错误的。马克思所说的"种族利益牺牲个体的利益"这一情况只限于阶级存在与阶级对立的社会中，而在阶级对立的共产主义社会，个体利益与共同体利益是一致的，因为，"代替那存在着阶级和阶级对立的资产阶级旧社会的，将是这样一个联合体，在那里，每个人的自由发展是一切人的自由发展的条件"②。

在现实的社会主义建设过程中，受"左"的错误思想支配，我们对"个人利益合于集体利益"这一集体主义道德原则的理解产生了偏差，把集体主义的道德原则等同于集体主义的组织原则。作为一个政党的政治原则，集体主义要求该政党的成员个人必须无条件服从组织和集体，政党组织和集体享有某种特定的绝对的权威地位。然而，作为一种道德原则，它的实施必须以人的意志自由和意识自觉为基础。对集体主义道德原则的政治化解释，即只将个人对社会、个人利益对集体利益理解为单向的奉献和服从，宣扬集体利益至上，把维护和实现个人的正当利益视作个人主义或利己主义，实际上是取消了个人正当利益的道德合法性，借集体之名行剥夺了个人利益之实。结果导致个人对以"集体利益高于个人利益"为基石的集体主义道德原则有一种情感拒绝和逆反心理，使得集体主义原则在人们的道德信念中认同度降低。这就要求我们要正确理解马克思、恩格斯

---

① 《马克思恩格斯全集》第 26 卷第 2 册，人民出版社 1973 年版，第 124—125 页。
② 《马克思恩格斯选集》第 1 卷，人民出版社 1995 年版，第 294 页。

的关于共同体与个人关系的思想。

马克思、恩格斯的集体主义价值观包含如下的基本内容:"个人"与"集体"是相互依存的;"集体利益"和"个人利益"是辩证统一的。在这里,集体利益主要指民族、国家、集体的整体利益;个人利益主要指社会个体的合理的、正当的利益和需求。集体主义作为道德原则和价值导向,它坚持集体利益和个人利益的辩证统一,在强调集体利益高于个人利益的前提下,充分肯定合理的、正当的个人利益和个人需求;充分肯定个人的权利、自由、价值和尊严。集体利益如同个人利益的具体性、现实性一样,有其独立存在的根据。它虽不等于每个具体的个人利益和需求的简单相加,但却反映了个人利益的共同性、一般性。从集体利益和个人利益相一致这一点来看,集体利益是实现个人利益的保证。集体或集体利益不是神秘的怪物,集体利益是许多个个人利益,归根到底要体现个人的利益和需求。故此,集体利益优先应视为理所当然。从个人全面发展和全面占有自身本质这个最终目的来讲,个人的利益是内容和目的,是决定性的;集体或集体利益是条件、形式和手段,是服务性的。集体利益并从个人利益那里获得了存在意义和价值认可。这里我们要建立权利本位的价值观,如果说集体利益是前提、基础,是决定性的,那只能是义务本位了。在个人利益与集体利益发生矛盾,不能兼顾的时候,我们讲集体主义,集体利益优先,这并不是因为集体利益是前提、基础,是决定性的,而是因为,集体利益作为共同的利益,是对个人利益狭隘性、偏颇性的矫正和超越。甚至在极端的情况下,为了共同利益和共同幸福,不得不牺牲某些局部的或个人的利益。但这绝不是说集体利益可以代替个人利益,个人利益必须服从集体利益,牺牲个人利益维护集体利益只是在特殊情况下的无奈之举。所以,实现个人利益绝不等于信奉个人主义,同时,信奉集体主义也绝不等于排斥个人利益。

结　语

政治国家与市民社会的互动：
和谐社会构建的伦理路径

　　众所周知，黑格尔和马克思都把市民社会与政治国家的分离看作资产阶级社会的基本特征。这一分离所具有的划时代的意义就在于个体不再受宗教的束缚与国家的压迫，无论是在精神上还是在行动上都享有充分的自由。黑格尔的断言是："我认为人类自身像这样被尊重是时代最好的标志，它证明压迫者和人间上帝们头上的灵光消逝了。哲学家证明了这种尊严，人们感到了这种尊严，并把他们被践踏的权利夺回来，不是去祈求，而是把它牢牢地掌握在自己手中。"① 马克思的评价是："政治解放当然是一大进步；尽管它不是一般人的解放的最后形式，但在迄今为止的世界制度内，它是人的解放的最后形式。不言而喻，我们这里指的是现实的、实际的解放。人把宗教从公法领域驱逐到私法领域中去，这样人就在政治上从宗教中解放出来。宗教不再是国家的精神；因为在国家中，人——虽然是以有限的方式，以特殊的形式，在特殊的领域内——是作为类存在物和他人共同行动的；宗教成了市民社会的、利己主义领域的、一切人反对一切人的战争的精神。"②

　　但是，黑格尔与马克思也都认为市民社会就是一个私人利益为基础的名利场，人与人之间必将陷入霍布斯所说的狼与狼之间的关系。对黑格尔而言，"公民社会洛克式的自由是买者与卖者的自由，买卖的商品之中有一个是劳动。黑格尔观察出卖劳力的下场（加上他对苏格兰启蒙运动的

---

　　① 　[德] 黑格尔：《黑格尔通信百封》，上海人民出版社1981年版，第43页。
　　② 　《马克思恩格斯全集》第3卷，人民出版社2002年版，第174页。

政治经济学的认识），使他对公民社会抱持略带悲观的看法。资产阶级社会是黑格尔说的权利领域，没有公理。他以‘无阻的活动’一词形容资产阶级社会的自由，并且指出公民社会尊重殊相，不及共相。黑格尔注意到，在资产阶级社会的无阻买卖活动中，出卖劳动者往往特别比较吃亏（他比较不问购买劳动者多么占便宜）。公民社会的底部将会积累一群‘贫民、暴民’，就是后来有名的民宪运动（Chartism）与马克思主义的‘工业后备军’。公民社会的自由对这个社会底层的人有何意义？黑格尔承认公民社会比旧体制下的社会自由，但他认为公民社会明显无法将自由普及共享……现代世界之现代性，据黑格尔之见，寓于它高举人人都能自由的希望，但社会底部有一层贫民、暴民，何来人人自由？……资产阶级社会将国家与社会分开，国家对公民想过什么生活再也没有任何限制。自由主义的根本要义，就在这项识别上。但黑格尔心想，国家与社会一分为二，吃亏的是社会底层”[1]。对马克思而言，“黑格尔说的公民社会里的‘贫民、暴民’，在马克思的笔下是终日有失业之忧的无产阶级。放眼未来，只见一个日益分裂的社会，劳工与雇主隔着阶级界限挥拳相向，这是一种无法永远由国家来调解的辩证矛盾”[2]。

矛盾的解决之道，在黑格尔那里，“答案很明显：如果公民社会也无法普及自由，那就只有寄望于国家。如果真正的自由能在任何时代实现，则它必须寓于国家。惟有国家有能力关心普遍，而非只顾特殊。国家必须超越公民社会的自私追求，要能作此超越，国家必须尽量与公民社会分开”[3]。而对马克思来说，他“与黑格尔分道扬镳，是在国家中立的问题上。黑格尔认为，国家如果与资产阶级分开，真的能在资产阶级社会的‘无阻活动’（即毫不妥协的个人主义）必然产生的冲突中担任中立的裁判。一个为人人提供教育，制定最高物价与起码工资，并且使贫民生活有依的国家，将能永远压下资产阶级社会发生的冲突，使之不成其为辩证的矛盾。国家之存在，即证明一个社会认知资本主义的异化效应，并且秉持积极的精神回应。马克思无法这么思考。他认为黑格尔解决资本主义难题

---

① ［美］约翰·麦克里兰：《西方政治思想史》，海南人民出版社 2003 年版，第 578—579页。

② 同上书，第 585 页。

③ 同上书，第 579 页。

之道根本是闹剧。马克思认为，黑格尔的国家理论是近代国家的代表。在一个层次上，近代国家与社会是分开的，因为近代国家并不试图管理经济生活的细节，然而在另一层次，近代国家深深为其时代所囿，因为它在调解辩证矛盾时偏向当下的强势阶级，即资产阶级……资产阶级表面上控制经济，其实是控制着国家……近代国家可能与公民社会分开，却并非中立"①。既如此，马克思便以消灭市民社会及以之为根基建立起来的政治国家为目标，把以资产阶级为主体的市民社会的特殊性转变为以无产阶级为主体的无阶级压迫社会的普遍性。这一主张，可从《德意志意识形态》中窥见一斑。

　　然而，也正是在《德意志意识形态》中，马克思强调人的"解放"不是思想活动，而是一种历史活动，人的"解放"是由历史的关系，是由工业状况、商业状况、农业状况、交往状况促成的，"只有在现实的世界中并使用现实的手段才能实现真正的解放；没有蒸汽机和珍妮走锭精纺机就不能消灭奴隶制；没有改良的农业就不能消灭农奴制；当人们还不能使自己的吃喝住穿在质和量方面得到充分保证的时候，人们就根本不能获得解放"②。正因为如此，马克思在《资本论》第一卷第一版序言中指出："我的观点是把经济的社会形态的发展理解为一种自然史的过程。不管个人在主观上怎样超脱各种关系，他在社会意义上总是这些关系的产物。同其他任何观点比起来，我的观点是更不能要个人对这些关系负责的。"③这里，马克思强调的是人类社会历史的发展是一个根植于特定的生产方式并像自然界一样遵循其自身固有规律发展的客观过程。

　　在《1857—1858年经济学手稿》中，马克思从生产方式与人的生存与发展关联的角度把经济的社会形态的发展是一种自然史的过程的思想具体化为："人的依赖关系（起初完全是自然发生的），是最初的社会形式，在这种形式下，人的生产能力只是在狭窄的范围内和孤立的地点上发展着。以物的依赖性为基础的人的独立性，是第二大形式。在这种形式下，才形成普遍的社会物质交换、全面的关系、多方面的需求以及全面的能力体系。建立在个人全面发展和他们共同的社会生产能力成为从属于他们的

---

① ［美］约翰·麦克里兰：《西方政治思想史》，海南人民出版社2003年版，第585页。
② 《马克思恩格斯选集》第1卷，人民出版社1995年版，第74页。
③ 《马克思恩格斯选集》第2卷，人民出版社1995年版，第101—102页。

社会财富这一基础上的自由个性,是第三个阶段。第二个阶段为第三个阶段创造条件。"① 这三大形式,是人的本质力量发展的三个阶段,也是人的解放的三大历史阶梯,表现为人类自身生存与发展价值的递次演进,体现着"物"的不断丰富与"人"的不断发展的辩证的历史的统一。在这里,马克思从不同时代人们的社会交往形式出发,勾勒出人的存在、发展及其活动的三个阶段时,他实际上给人们展现了人权产生与发展的内在动力,即生产力与生产关系的矛盾运动。人权作为市场经济社会的内生原则,一方面它强调个人利益不受国家政权的侵犯,另一方面它也确定了国家的活动范围。

马克思认为,在共产主义社会的第一阶段即社会主义社会,仍"不可避免"地要按照"资产阶级的权利"原则来规范社会的利益分配关系。列宁也曾经指出:"如果不愿陷入空想主义,那就不能认为,在推翻资本主义之后,人们立即就能学会不要任何权利准则而为社会劳动。"② 也就是说,社会主义社会还需要用人权原则来规范社会。马克思在 1844 年《关于现代国家的著作的计划草稿》中,指出政治文明涉及国家、政党、政治制度、宪法以及人民主权、公共权力、立法权、司法权力、执行权力等方面。这就是说,作为"文明"的政治,它既涵盖民主、法治、人权、自由、理性等价值理念,同时也被物化为那些承载或实现上述价值理念的种种制度、程序和手段。从一定意义上讲,民主与法治的各种原则和制度安排,都是为了保障每个公民都能充分享有人身权利、政治权利和社会经济权利,都是为了人民的权利和利益。正是这个意义上讲,尊重和保障人权既是政治文明的重要内容,也是政治文明程度的重要标志。

社会主义初级阶段作为当代中国最大的实际,它要求中国在必须走有中国特色社会主义市场经济道路的同时,必须着力加强有中国特色社会主义政治文明建设。走有中国特色社会主义市场经济道路的着眼点就是在以公有制为主体、多种经济成分共同发展的基础上,通过社会成员对自身利益的关注来调动人们的积极性与创造性,换言之,就是着眼于社会成员个性独立、个体权利意识的觉醒以激发社会活力。因此,在建设有中国特色社会主义政治文明的过程中,国家必须尊重和保障人权,公民社会成员之

---

① 《马克思恩格斯全集》第 30 卷,人民出版社 1995 年版,第 107—108 页。
② 《列宁选集》第 3 卷,人民出版社 1995 年版,第 196 页。

间更应该把尊重人权作为基本的行为准则。但毋庸讳言,虽然社会主义制度在我国的确立消除了国家的阶级压迫的性质,但是,由于我国的社会主义制度建立于半殖民地半封建社会的基础之上,加上社会主义民主法治建设不健全,政府权力还存在着大量滥用的现象,譬如,经常见诸报端的不合法的房屋强制拆迁、土地强制征用、人身自由强制限制,等等,这些现象已成为影响社会和谐的消极因素。因此,建设社会主义政治文明,加强社会主义民主法治建设,实现政治关系的和谐,关键在于尊重和保障人权。2004 年 3 月 14 日,第十届全国人民代表大会第二次会议通过了宪法修正案,首次将"人权"概念引入宪法,明确规定"国家尊重和保障人权"。这是中国民主宪政和政治文明建设的一件大事,是中国人权发展的一个重要里程碑。从尊重和保障人权的角度讲,建设社会主义政治文明,实现政治关系的和谐,关键就是要在坚持党的领导的基础上,以人为本,建设社会主义民主政治,保障以人民当家做主为本质的公民政治权利。

首先,在当下中国,建设社会主义民主政治,构建社会主义和谐社会,必须坚持以人为本的基本原则。

在马克思、恩格斯的理论中,虽然没有关于"以人为本"的直接表述,但是,通过马克思、恩格斯关于资本对人的统治,即资本家和工人都成为资本这一"物"的奴隶的思想可以看出,马克思、恩格斯人权理论视阈中有着深刻的"以人为本"的思想,它是同资产阶级所追求的"以物为本"观念截然对立的。在人类社会发展的历史上,启蒙思想家高举"人性"的旗帜,反对基督教的"以神为本"及其庇护下的封建专制统治,强调人的自由、平等,弘扬以人的理性为核心的人的能动性,提升人在世界中的地位。这些思想在社会进步过程中发挥了积极作用,因而在人类社会发展的特定历史阶段有其存在的合理性。但是,这些思想一开始就暴露出自身的局限性:一方面,在资本主义社会中,启蒙思想家所宣扬的人性变成了一部分人摧残另一部分人的反人性,人的自由和平等的权利就是资本自由和平等地剥削雇佣劳动的权利,资产阶级社会是财富的增殖和人的贬值相统一的过程。资本在无限度地提高生产力的同时,又使主要生产力,即人本身片面化,受到限制。另一方面,在资产阶级社会中,以人的理性为核心的人的能动性,虽然提升了人在世界中的地位,但人的理性却丧失了价值理性的方面,蜕变为工具理性。康德曾说过:"凡是自然欲望的对象,至多具有一种有条件的价值。这些对象,如果不是以某种欲望或需要为基础，那末它们便毫无价值……大自然中的无理性者，它们不依靠人的意志而独立存在，所以它们至多具有作为工具或手段的价值，因此，我们称之为'物'。反之，有理性者，被称为'人'。"① 在工具理性的支配下，人的主体性淹没在对物质财富的狂热的追求之中，人与自然的和谐变成了人与自然的对立。马克思指出："只有在资本主义制度下自然界才真正是人的对象，真正是有用物；它不再被认为是自为的力量；而对自然界的独立规律的理论认识本身不过表现为狡猾，其目的是使自然界（不管是作为消费品，还是作为生产资料）服从于人的需要。"② 恩格斯也指出："在各个资本家都是为了直接的利润而从事生产和交换的地方，他们首先考虑的只能是最近的最直接的结果。一个厂主或商人在卖出他所制造的或买进的商品时，只要获得普通的利润，他就满意了，而不再关心商品和买主以后将是怎样的。人们看待这些行为的自然影响也是这样。西班牙的种植场主曾在古巴焚烧山坡上的森林，以为木灰作为肥料足够最能盈利的咖啡树施用一个世代之久，至于后来热带的倾盆大雨竟冲毁毫无掩护的沃土而只留下赤裸裸的岩石，这同他们又有什么相干呢？"③ 由此可见，以资本的自由和平等为基本原则的资本主义的生产方式在造成资本与劳动之间分裂的同时，也使得人与自然处于严重的对立状态之中。

马克思、恩格斯所阐述的上述两个方面，揭示了资本主义社会发展的"以物为本"的价值取向，即"在现代世界，生产表现为人的目的，而财富表现为生产的目的"④。也就是说，资本主义社会"以物为本"价值取向的实质是对物质财富的追求成为衡量社会发展的唯一尺度，人的发展只能服从于物质财富的增长，财富只是物，而不是人的创造天赋的绝对发挥。资本主义社会"以物为本"的价值取向规定了资本主义社会发展的基本矛盾：资本主义生产方式在极大地激发人的内在本质力量的发展，促使工人从自然界中获得更多的物质财富、发展生产力的同时，又使由此创造出来的物质财富成为支配与奴役工人的条件，从而限制了人类的自由全面的发展的空间。这一深刻矛盾不可避免地导致资本主义社会的发展危

---

① 周辅成：《西方伦理学名著选辑》下卷，商务印书馆1987年版，第391页。
② 《马克思恩格斯全集》第30卷，人民出版社1995年版，第390页。
③ 《马克思恩格斯选集》第4卷，人民出版社1995年版，第386页。
④ 《马克思恩格斯全集》第30卷，人民出版社1995年版，第479页。

机。马克思在分析了资本主义生产关系的矛盾之后指出："在资本主义生产方式内发展的、与人口相比显得惊人巨大的生产力，以及虽然不是与此按同一比例的、比人口增加快得多的资本价值（不仅是它的物质实体）的增加，同这个惊人巨大的生产力为之服务的、与财富的增长相比变得越来越狭小的基础相矛盾，同这个日益膨胀的资本的价值增殖的条件相矛盾。危机就是这样发生的。"① 基于此，马克思提出了解决这一矛盾的设想：在资本主义所创造出的巨大生产力的基础上，通过消灭"社会上一部分人靠牺牲另一部分人来强制和垄断社会发展（包括这种发展的物质方面和精神方面的利益）"的现象，以及缩短工作日来建立"自由王国"，实现人的自由全面的发展。

实现人的自由全面发展的自由王国的思想，从人类发展的价值取向上讲，实质上主张的是"以人为本"。这种"以人为本"的价值取向是对"以物为本"的价值取向的扬弃。概言之，马克思在批判资本主义制度"以物为本"的价值取向所固有的"见物不见人"的弊端，强调共产主义制度"以人为本"的价值取向就是要实现每个人的自由全面发展的同时，也指出实现每个人的自由全面发展这一目的离不开生产力的高度发展。这样，马克思、恩格斯人权理论视阈中"以人为本"的价值取向就蕴含着人是发展的主体、人是发展的目的等唯物史观的基本观点。

需要指出的是，以人为本是具体的、历史的。马克思、恩格斯所主张的以人的自由全面发展为核心的以人为本不是我们裁剪社会现实的抽象原则，而是指导我们观察现实、解决社会主义市场经济在发展过程中所面临的实际问题的方法论。因此，我们不能超越社会主义初级阶段的实际，而必须结合基本国情来正确认识和把握以人为本的价值原则，并把它落实到经济、政治和文化的发展实践中去。党的十六届六中全会通过的《中共中央关于构建社会主义和谐社会若干重大问题的决定》把以人为本确立为构建社会主义和谐社会的首要原则，提出："必须坚持以人为本，始终把最广大人民的根本利益作为党和国家一切工作的出发点和落脚点，实现好、维护好、发展好最广大人民的根本利益，不断满足人民日益增长的物质文化需要，做到发展为了人民、发展依靠人民、发展成果由人民共享，

---

① 《马克思恩格斯全集》第 25 卷，人民出版社 1974 年版，第 296 页。

促进人的全面发展。"① 这就为我们构建社会主义和谐社会指明了方向。从人权的角度讲，以人为本主张的就是人权全面发展观。

在我国现阶段，坚持以人为本的人权全面发展观，构建社会主义和谐社会，就是要在坚持社会主义基本经济制度的前提下，尊重人民群众首创精神，以人民群众的根本利益为价值标准，处理好经济发展与人的全面发展、人的个体发展与社会整体发展之间的关系，促进以生存权和发展权为基础的人权全面发展。具体地说：

第一，坚持以人为本的价值原则，构建社会主义和谐社会，必须以人民群众为实践主体，尊重人民群众首创精神。

作为唯物史观的一个基本原则，以人为本强调人民群众是历史的真正创造者和社会发展的决定力量。在《神圣家族》中，马克思、恩格斯指出："历史什么事情也没有做，它'并不拥有任何无穷尽的丰富性'，它并'没有在任何战斗中作战'！创造这一切、拥有这一切并为这一切而斗争的，不是'历史'，而正是人，现实的、活生生的人。'历史'并不是把人当做达到自己目的的工具来利用的某种特殊的人格。历史不过是追求着自己目的的人的活动而已。"② 列宁在《全俄中央执行委员会会议》一文中说："群众生气勃勃的创造力是新社会的基本因素……生气勃勃的创造性的社会主义是由人民群众自己创立的。"③ 无产阶级革命家都把人民群众作为历史的主体，一贯注意发挥人民群众的历史主动性，尊重人民群众的首创精神，把广泛地动员群众作为革命取得成功的首要条件。

从上述观点出发，在新的历史时期，坚持以人为本，构建社会主义和谐社会，就要充分肯定人在社会历史发展中的主体作用。具体地讲，一是构建社会主义和谐社会，必须坚持和发展人民民主。在坚持四项基本原则基础上，积极稳妥地推进政治体制改革，保证人民当家做主的政治地位，完善民主权利保障制度，巩固和发展民主团结、生动活泼、安定和谐的政治局面。二是构建社会主义和谐社会，必须全面贯彻尊重劳动、尊重知识、尊重人才、尊重创造的方针，不断增强全社会的创造活力。三是构建

---

① 《中共中央关于构建社会主义和谐社会若干重大问题的决定》，《人民日报》2006 年 10月 19 日。

② 《马克思恩格斯全集》第 2 卷，人民出版社 1957 年版，第 118—119 页。

③ 《列宁全集》第 26 卷，人民出版社 1959 年版，第 269 页。

社会主义和谐社会，必须始终保持党同人民群众的血肉联系。对于共产党人来说，坚持以人为本就是坚持以人民群众为本，坚持群众观点和群众路线。正如邓小平在 1956 年党的"八大"上所作的《关于修改党的章程的报告》中指出的："我们的目的是要让全党记住：如果正确地实行群众路线，使我们得到成功，那末，违背群众路线，就一定要使我们的工作遭受损失，使人民的利益遭受损失。如同前面已经说过的，由于我们党现在已经是在全国执政的党，脱离群众的危险，比以前大大地增加了，而脱离群众对于人民可能产生的危害，也比以前大大地增加了。"① 这就是说，坚持群众路线，是保持党同人民群众的血肉联系，实现党与人民群众关系和谐的根本保证。

第二，坚持以人为本，就是要处理好经济发展与人的发展、个人发展与社会发展的关系，实现好、维护好、发展好最广大人民的根本利益。

随着社会主义市场经济改革的日益深入，我国社会生产力快速发展，人民生活水平普遍提高。然而，不能否认的是，社会主义市场经济也有着市场经济的资本趋利性的共同特征，这就使得，一方面，我国社会发展面临着实现共同富裕与贫富差距扩大的矛盾；另一方面，现实的人的发展面临着"全面"发展与"单向"发展以及人的现代化与物的现代化的二难情结。从某种意义上可以说，马克思曾痛切感受和为之殚精竭虑的所谓"资本具有独立性和个性，而活动着的个人却没有独立性和个性"的问题，并没有远离我们的时代。因此，如何解决社会发展与个人发展过程中的这些矛盾，是构建社会主义和谐社会必须面对而又亟待解决的问题。

作为唯物史观的一个基本原则，以人为本就是要坚持从历史尺度与价值尺度统一的角度去评价社会进步与否。历史尺度指的是生产力的发展对人类社会发展的最终决定作用，价值尺度指的是从人的发展出发来对社会发展作出评价。这两个尺度既对立又统一。对立的方面表现为：一是生产力的发展与满足人的生存和发展的需要之间并不是直接对应的关系，有时为了发展生产需要牺牲人的生存和发展所必须的条件，如经济建设需要土地征用、房屋拆迁以及环境的破坏，这就决定了经济发展与人的发展之间存在着矛盾；二是在社会主义市场经济条件下，生产又都是在一定的生产关系下进行的，生产力也就有为谁所占有、怎样占有和为谁的利益而生产

---

① 《邓小平文选》第 1 卷，人民出版社 1994 年版，第 221 页。

的问题，这就决定了人的个体发展与社会整体发展之间也存在着矛盾，这种矛盾在我国现阶段的表现就是劳资冲突以及社会利益的分化，尤其是贫富差距扩大化。这些矛盾在我国现阶段表现得尤为突出。统一的方面表现为：生产力的发展为人的生存和发展提供物质基础，而人的发展又会促进生产力的发展。因此，在构建社会主义和谐社会的过程中，必须正确处理经济发展与人的发展之间的矛盾，处理好个人发展与社会整体发展之间的矛盾，在保持经济持续发展的基础上，实现人与自然、人与人、人与社会之间的和谐，以人民群众的根本利益为价值标准，实现好、维护好、发展好最广大人民的根本利益。

其次，在当下中国，建设社会主义民主政治，构建社会主义和谐社会，最根本的就是要保障公民有序的政治参与。

公民政治参与是市场经济发展的产物和民主政治的和主要内容，民主政治的正常运转和继续进步都依赖于公民的政治参与。政治参与是普通公民通过各种合法方式，如政治投票、政治选举、政治结社、政治接触等参加政治生活，并影响政治体系的构成、运行方式、运行规则和政府决策的行为。改革开放以来，我国社会主义民主政治建设取得了很大成就。但是，我国公民的政治参与的总体水平仍然较低。表现为：一是我国公民政治参与的主动性和自觉性较低，自动参与的数量较少，动员参与或消极参与的数量较多。二是我国公民政治参与的理性化程度较低，大量的非理性化政治参与较多。造成上述现象的原因主要在于：一是传统的依附型政治文化的影响。中国两千多年的封建专制统治使得崇圣意识和依附心理在民众中普遍存在并在历史发展中长期积淀，人治成为一种政治习惯和心理定势。艾森斯塔特指出："中国皇帝的合法性，要求他关怀他的臣民并使之处于监管之下；但是政权的意识形态取向，却几乎没有在民众之中造成多少积极而长久的政治参与。"① 这种政治文化的影响是持久的，使得人们的民主意识缺乏，不少人认为政治是官员的事情，没有民主平等、积极参与的习惯。二是由于当前我国政治参与的制度、程序与途径的残缺也使得公民的政治参与受到严重的制约，这样就造成公民政治参与的积极性与主动性不高，政治参与呈现出形式化和被动性的特点。特别是我国市场经济的发展在带来社会利益分化的同时，也造成不同的社会利益群体政治参与

---

① ［以色列］艾森斯塔特：《帝国的政治体系》，贵州人民出版社1992年版，第234页。

能力和方式的不平衡。弱势群体的政治参与更多的是采取集体上访、围攻党政机关等过激行为表达自身的政治诉求。因此，作为实现公民政治权利的主要途径的制度化的政治参与是社会政治秩序的稳定剂，在构建社会主义和谐社会中起着重要的作用。这是因为，一方面，制度化的政治参与作为一种民众的利益诉求机制有助于实现社会和谐。制度化的政治参与在为不同利益阶层提供利益表达的场所和渠道，引导群众以理性、合法的形式表达利益需求的同时，也使得政府能够正确及时地洞悉社会各利益群体及阶层的不同利益要求，从中增强对民情的了解和把握，这为政府及时协调、缓和不同利益群体及阶层之间的矛盾提供了方便和可能。另一方面，制度化的政治参与通过管理的民主化，能够激发社会活力，从而实现社会的政治稳定与和谐。和谐社会是公民权利得到充分保障、国家权力达到有效制约、公民权利和国家权力均衡、社会活力得到激发的社会。人类政治发展业已证明，国家权力有着不断扩张的强大惯性，如果缺乏足够的制约手段，就会不可避免地趋于腐败和滥用，最终吞噬整个社会肌体内部的活力和社会财富，导致社会失序。而制度化的政治参与在保障公民权利得以实现的同时，可以有效地制约国家权力的盲目扩张和滥用。民主的制度化的政治参与通过对政治体系的信息输入和活力的补充，"可以在国家和社会之间稳妥地矫正政府行动与公民意愿和选择之间矛盾……公民通过政治参与，表达自己对公共财富和价值分配的意愿和选择，并施加压力，使政府的行为不至与公民的意愿和选择发生矛盾，从而左右政府的决策"[1]。这样做的结果，就是在激发社会活力的同时，能够增强人民群众对党的执政权威的心理认同和支持。

再次，建设社会主义政治文明，实现政治关系的和谐，就是要树立社会主义法治理念，实施依法治国基本方略，合理确定公民权利与公共权力的界限并有效制约公共权力以实现公民权利。

相对于传统社会的人治而言，现代法治的根本要义在于制约公共权力和保障公民权利。国家权力作为公共权力，总是倾向于无限的扩张，而权力滥用和腐化的直接对象就是公民的权利和自由。在当下中国，很多沉痛的事例就折射出寻求公民社会与政治国家的制衡对构建社会主义和谐社会具有重要的现实意义。譬如，湖南省嘉禾县的房屋强行拆迁事件、广州市

---

① ［日］蒲岛郁夫：《政治参与》，经济日报出版社 1989 年版，第 5 页。

收容站的孙志刚被毒打致死案、湖北的佘祥林杀妻冤案以及各地出现的对农民土地强行违法征收的政府行为等。因此，以法律界定和制约国家权力，以法律确认和保障公民的各种权利，是现代法治强调依法治国的真谛所在。从这个意义上说，依法治国的重点是依法制约公共权力。而从权利的角度来看，法律有效地制约公共权力则为公民的权利和自由提供了保障。

因此，一方面，要实现党、政府和人民群众在政治关系上的和谐，必须适应社会主义市场经济发展对现代法治的需要，在党、政府和人民群众中树立社会主义法治理念，遵循宪法至上的原则，以法律制约公共权力和保障公民权利。事实上，只有公民权利成为目的，公共权力成为手段，国家权力受到公民权利和社会权力有效制约的时候，中国社会才会真正走向法治与和谐。另一方面，政治国家运用其政治权力对公民社会内部存在的压迫性进行干预，以实现公民社会内部关系的和谐，是分析和谐社会何以可能的关键。在这里，重温一下黑格尔以及马克思关于市民社会内部的压迫与欠缺的思想，对我们认识和构建和谐社会会有所裨益。黑格尔在肯定了资产阶级市民社会对个人利益解放的作用的同时，又窥见了资产阶级市民社会的冲突与欠缺等不和谐的情形。在黑格尔看来，市民社会的冲突与欠缺就内在于市民社会的成就即对个人利益、个人特殊性的解放和推进之中。冲突是以欲望和需要等自然的必然性为基础的私人任性之间的冲突，而欠缺则是私人任性之间的冲突的结果，即不平等与不自由的问题、贫富悬殊的问题、贫困的问题。黑格尔指出："当市民社会处在顺利展开活动的状态时，它本身内部就在人口和工业化方面迈步前进，人通过他们的需要而形成的联系既然得到了普遍化，以及用以满足需要的手段的准备和提供方法也得到了普遍化，于是一方面财富的积累增长了，因为这两重普遍性可以产生最大利润；另一方面，特殊劳动的细分和局限性，从而束缚于这种劳动的阶级的依赖性和匮乏，也愈益增长。与此相联系的是，这一阶级就没有能力感受和享受更广泛的自由。……这里就显露出来，尽管财富过剩，市民社会总是不够富足的，这就是说，它所占有而属于它所有的财产，如果用来防止过分贫困和贱民的产生，总是不够的。"① 正因为存在这种欠缺，市民社会才必须过渡到国家。只有国家才能最终既包容市民社

---

① 〔德〕黑格尔：《法哲学原理》，商务印书馆 1961 版，第 244—245 页。

会的成就，又克服市民社会的欠缺。它既尊重公民自由追求自身利益、实现自己特殊性的权利，又防止这种自由的过分繁滋以致压迫普遍的利益和权利。国家的目的就是普遍的利益本身，而这种普遍的利益又包含着特殊的利益。

公民社会的压迫性主要体现为强势群体对弱势群体的压迫、公民社会的贫富差距的扩大以及贫困人口的存在。在我国，随着经济体制的转型，各种利益矛盾冲突不断加剧，各种社会问题不断涌现，如贫富差距不断扩大，贫困人口数量依然不少，农民工工资低下且被长期拖欠。这就需要国家发挥其保护性作用。一方面，国家通过法律来规定公民的基本权利，并运用其公共权力来保护这些基本权利不受侵犯；另一方面，国家通过一系列社会经济政策和法规来实现社会利益的协调，保证每一个公民，特别是在社会中处于弱势地位的公民具有能够积极有效地行使和实现其公民权利的基本社会经济条件，从而抵消，至少是一定程度地抵消市民社会的压迫性，以维护和实现社会公平。维护和实现社会公平和正义，涉及最广大人民群众的根本利益，是我国社会主义制度的本质要求。只有切实维护和实现社会公平和正义，人们的心情才能舒畅，各方面的社会关系才能协调，人们的积极性、主动性、创造性才能充分发挥出来。这就要求政府在促进发展的同时，依法实施管理社会的公共权力，做到：（1）维护社会公平，建立以权利公平、机会公平、规则公平为主要内容的社会公平保障体系，为人们发挥积极性、主动性、创造性提供一个公平的社会环境。（2）在全国人民根本利益一致的基础上，建立科学的利益协调机制，妥善协调各种具体的利益关系和内部矛盾，正确处理个人利益和集体利益、局部利益和整体利益、当前利益和长远利益的关系。（3）重视收入分配问题，更好地处理以按劳分配为主体和实行多种分配方式的关系，既坚持鼓励一部分地区、一部分人通过诚实劳动和合法经营先富起来，并推动先富带未富、先富帮未富，同时也要在经济发展的基础上，通过改革税收制度、增加公共支出、加大转移支付等措施，合理调整国民收入分配格局，逐步解决地区之间和社会成员之间收入差距过大的问题。（4）进一步完善社会保障体系，切实保障各方面困难群众的基本生活。当然，发挥政治国家对于公民基本权利的保护性作用，需要以国家的能力的提高为基础，反之，国家是不可能为它的公民的基本权利提供有效的保障的。

最后，在当下中国，建设社会主义民主政治，构建社会主义和谐社会，还要不断培育公民社会的公共精神。

所谓公共精神，是指公民具有超越个人狭隘眼界和个人直接功利目的，对公共事务的积极参与，对社会基本价值观念的认同和对公共规范的维护。公共精神作为公民美德，本质上是公民的公共责任意识在行为和性格上的体现。首先，它体现为公民积极参与公共事务管理与合理监督政府行政的精神态度；其次，它体现为公民自觉关怀与维护公共安全、公共卫生、公共环境、公共资源、公共财物等公共利益的态度与情怀；其三，它体现为公民在公共生活中理解、尊重、包容他人并与他人平等相处、合作共事的精神气度和行为取向。公民具有公共精神，意味着公民对个体自然性和私人界限的超越，意味着公民个人与社会共同体取得了一致。

因此，实现我国社会的和谐发展，既离不开公民社会与政治国家的互动，也需要相应的公共精神与之相辅相成。一个社会的全体成员如果缺乏公民社会所应有的公共精神，那么，这个社会就很难实现和谐。为此，应该在以下几个方面进行思考。

第一，实现社会和谐，公民要培养和形成强烈的公民意识和主体意识。事实上，个体主体性和个体特殊性价值，是催生市民社会的最基本的前提。这意味着在成熟的市民社会中，任何公民无论在社会关系上还是在政治关系上都不存在人身依附关系，他始终是一个独立的主体，有独立自主的权利。而市民社会的生长则内生出公民意识。一方面，公民意识确保了民主政治的心理基础，使权力制约和权利保障更为有效，另一方面，公民意识又促进了普遍有效的法治秩序的实现。当然，一个人作为公民，他是权利和义务的统一体，应该知道根据宪法和法律赋予自己什么样的权利和义务，自己可以做什么和应当做什么。但是，现阶段我国社会关系在更大程度上是"熟人"社会关系，民众更多地认为"有权好办事"、"有人好商量"、"有钱能使鬼推磨"，缺乏公民意识和主体意识，这种社会心理容易导致在社会生活中国家公共权力被腐蚀，公民的权利与义务不统一，社会和谐难以实现。

第二，实现社会和谐，公民应具备良好的参与意识，积极行使自己的政治权利。作为公民社会的主体，公民必须充分明了自己的权利与责任，知道如何行使自己的政治权利，积极地承担监督和参政的责任。只有这样，才能不断地加强公民的政治认同感，实现社会的政治和谐。然而，现实政治生活中，民众所持有的"事不关己，高高挂起"的明哲保身的处世态度，以及保障公民民主权利的渠道尚不畅通，严重制约了我国社会政治和谐发展的进程。

第三，培养公民的契约观念和诚信道德。契约作为市场经济与公民社会中理性的交换主体双方权利平等和意志自由的产物，反映了公民社会的根本精神。所以，在公共精神建设中，要在公民中广泛地树立起自由、平等的观念和人格独立的意识，破除"身份"意识，树立"契约"意识。契约观念呼唤诚信。诚信是市场经济的核心价值观念，它表现为人的一种信守承诺的责任感，是行为人对自己行为后果负责的道德感。它既是公民社会中公民个体的一种品性，同时也是社会的一种德性。社会成员之间的互相信任，以及以组织形式进行合作的传统，在社会学中被称作社会资本。而这种社会资本的形成，要靠公民诚信道德的培育。在我国，公民的契约观念和诚信道德的培养和化育，不应停留在口号式的宣传上，而应着眼于制度文明的建设。制度不文明，精神就很难文明起来。

第四，培养公民的公共人格和公共责任意识，即现代公民社会的公民风范。一方面，它要求公民具有较强的社会认同感，即在个体与个体之间直接交往时应保持礼貌、谦逊、尊重、克制、容忍等良好的风范，以保持人与人、人与社会的和谐。另一方面，它要求公民应具有对自己行为的一切后果负责的公共伦理观念，即哈耶克所宣称的市场经济最重要的道德基础——公共"责任感"。

参考文献

1. 《马克思恩格斯全集》第 1 卷，人民出版社 1995 年版。

2. 《马克思恩格斯全集》第 3 卷，人民出版社 2002 年版。

3. 《马克思恩格斯全集》第 30 卷，人民出版社 1995 年版。

4. 《马克思恩格斯全集》第 31 卷，人民出版社 1998 年版。

5. 《马克思恩格斯选集》，人民出版社 1995 年版。

6. 〔德〕康德：《历史理性批判文集》，何兆武译，商务印书馆 1990 年版。

7. 〔德〕康德：《实践理性批判》，韩水法译，商务印书馆 1960 年版。

8. 〔德〕康德：《法的形而上学的原理》，沈叔平译，商务印书馆 1991 年版。

9. 〔德〕黑格尔：《法哲学原理》，范扬等译，商务印书馆 1961 年版。

10. 〔德〕黑格尔：《历史哲学》，王造时译，上海书店出版社 2006 年版。

11. 〔德〕亨利希·库诺：《马克思的历史、社会和国家学说》，袁志英译，上海译文出版社 2006 年版。

12. 〔美〕约翰·罗尔斯：《道德哲学史讲义》，王国清译，上海三联书店 2003 年版。

13. 〔美〕列奥·施特劳斯：《自然权利与历史》，彭刚译，三联书店 2003 年版。

14. 〔英〕霍布斯：《利维坦》，黎思复译，商务印书馆 1985 年版。

15. 〔英〕洛克：《政府论》，叶启芳等译，商务印书馆 1964 年版。

16. 〔法〕卢梭：《社会契约论》，何兆武译，商务印书馆 2003 年版。

17. 〔英〕史蒂文·卢克斯：《个人主义》，阎克文译，江苏人民出版社 2001 年版。

18. 〔美〕梯利：《西方哲学史》，葛力译，商务印书馆 1995 年版。

19. 〔英〕罗素：《西方哲学史》，何兆武等译，商务印书馆 1963 年版。

20. 〔德〕卡尔·洛维特：《从黑格尔到尼采》，李秋零译，三联书店 2006 年版。

21. 〔美〕科斯塔斯·杜兹纳：《人权的终结》，郭春发译，江苏人民出版社 2002 年版。

22. 〔美〕阿拉斯代尔·麦金太尔：《伦理学简史》，龚群译，商务印书馆 2003 年版。

23. 〔美〕尼柯尔斯：《苏格拉底与政治共同体——〈王制〉义疏：一场古老的争论》，王双洪译，华夏出版社 2007 年版。

24. 〔美〕约翰·麦克里兰：《西方政治思想史》，彭淮栋译，海南出版社 2003 年版。

25. 〔美〕汉娜·阿伦特：《马克思与西方政治思想传统》，孙传钊译，上海人民出版社 2007 年版。

26. 〔美〕莱文：《不同的路径：马克思主义与恩格斯主义中的黑格尔》，臧峰宇译，北京师范大学出版社 2009 年版。

27. 〔美〕古尔德：《马克思的社会本体论：马克思社会是在理论中的个性和共同体》，王虎学译，北京师范大学出版社 2009 年版。

28. 〔加〕查尔斯·泰勒：《黑格尔与现代社会》，徐文瑞译，吉林出版集团有限责任公司 2009 年版。

29. 〔德〕恩斯特·卡西尔：《国家的神话》，范进等译，华夏出版社 1999 年版。

30. 郁建兴：《自由主义的批判与自由理论的重建——黑格尔政治哲学及其影响》，学林出版社 2000 年版。

31. 高兆明：《伦理学理论与方法》，人民出版社 2005 年版。

32. 申建林：《自然法理论的演进——西方主流人权观探源》，社会科学文献出版社 2005 年版。

33. 马长山：《国家、市民社会与法治》，商务印书馆 2002 年版。

34. 马德普：《普遍主义的贫困——自由主义政治哲学批判》，人民出版社 2005 年版。

35．常卫国：《劳动论——马克思恩格斯全集探义》，辽宁人民出版社
2005 年版。

36．秦国荣：《市民社会与法的内在逻辑——马克思的思想及其时代
意义》，社会科学文献出版社 2006 年版。

37．苗贵山：《马克思恩格斯人权理论及其当代价值》，人民出版社
2007 年版。

38．杨晓东：《马克思与欧洲近代政治哲学》，社会科学文献出版社
2008 年版。

39．郁建兴：《马克思政治思想的黑格尔主义起源》，《浙江大学学
报》（人文社会科学版）2001 年第 4 期。

40．苗贵山：《马克思人类社会化思想研究》，《理论探讨》2011 年第
1 期。

41．苗贵山：《黑格尔和谐社会观的伦理意蕴》，《道德与文明》2011
年第 2 期。

后　记

　　本书系河南省社科规划项目"和谐社会的伦理意蕴——马克思与黑格尔的比较"（2009FZX009）的最终成果。经过课题组主要成员的共同努力，该课题已于2011年上半年通过河南省社科规划办的鉴定并准予结项。由于时间上的匆忙以及理论视野上的欠缺，课题虽已结项但总让人觉得意犹未尽，我们又对已有成果进行了深加工。在历时两年多的修改之后，不足之处已有了明显的改观，遂决定付梓。

　　和谐社会的伦理意蕴是一个理论性非常强的课题，诸多前贤在相关领域的研究成果夯实了本研究的基础，开阔了我们的视野，加深了我们的思考，特此谨表谢忱。在课题申报、研究与结项的过程中，我们得到了河南科技大学科技处、马克思主义学院以及彭富明博士等的大力支持和热情帮助，在此一并致谢。

彭晨慧　苗贵山

2013年9月于河南科技大学文科楼